U0147561

深度学习

基础与工程实践

郭泽文 编著

電子工業出版社
Publishing House of Electronics Industry
北京•BEIJING

内 容 简 介

本书以工程实践为主线，基于 TensorFlow 2.0 软件框架详细介绍了深度学习的工作原理和方法，并以实际代码为例，剖析了构建神经网络模型的流程、全连接网络的运行原理、卷积神经网络的结构与运行机制、循环神经网络的结构与运行机制，讨论了使用 Dense、Conv1D、Conv2D、SimpleRNN、LTSM、GRU、Bidirectional 等深度学习模型解决计算机视觉、序列问题的方法，并在此基础上通过具体示例介绍了深度学习的高阶实践。

本书致力于为人工智能算法工程师及从事人工智能引擎相关工作的人提供理论与实践指导，适合对人工智能及其应用感兴趣的读者阅读。

图书在版编目（CIP）数据

深度学习基础与工程实践 / 郭泽文编著. —北京：电子工业出版社，2021.9
ISBN 978-7-121-41922-5

Ⅰ. ①深… Ⅱ. ①郭… Ⅲ. ①机器学习 Ⅳ. ①TP181

中国版本图书馆 CIP 数据核字（2021）第 177734 号

责任编辑：潘 昕
印 刷：北京雁林吉兆印刷有限公司
装 订：北京雁林吉兆印刷有限公司
出版发行：电子工业出版社
北京市海淀区万寿路 173 信箱 邮编：100036
开 本：787×980 1/16 印张：18.75 字数：330 千字
版 次：2021 年 9 月第 1 版
印 次：2021 年 9 月第 1 次印刷
定 价：89.00 元

凡所购买电子工业出版社图书有缺损问题，请向购买书店调换。若书店售缺，请与本社发行部联系，联系及邮购电话：（010）88254888，88258888。
质量投诉请发邮件至 zlts@phei.com.cn，盗版侵权举报请发邮件至 dbqq@phei.com.cn。
本书咨询联系方式：（010）51260888-819，faq@phei.com.cn。

画外音：四圣谛

> 观自在菩萨。行深般若波罗蜜多时。照见五蕴皆空。度一切苦厄。舍利子。色不异空。空不异色。色即是空。空即是色。受想行识。亦复如是。……乃至无老死。亦无老死尽。无苦集灭道……
>
> ——《心经》

在展开这本书的内容之前，我想先说一下佛。与佛结缘，源于 2007 年 3 月时任香港理工大学校长潘宗光先生赠予的《心经与生活智慧》《心经与现代管理》这两本书。书中说，无数大德高僧践行的佛教教义，可以解决俗世中的很多问题。生活与工作中的“色”“受”“想”“行”“识”，无一例外，被认知的局限性困扰——不懂得夫妻相处之道，家庭就不会和谐美满；不了解项目管理的理论和方法，就谈不上有效的、高质量的项目管理。但如果我们能像“观自在菩萨”一样，修为到达“行深般若波罗蜜多时”，就能“照见五蕴皆空”，进而“度一切苦厄”，尘世间的种种，均能迎刃而解。

那么，怎么才能做到“行深般若波罗蜜多时”呢？佛教的知识体系提出了“四圣谛”的理论来解决这个问题。所谓“四圣谛”，即“苦”“集”“灭”“道”。“苦”是指发现存在的问题；“集”是指找到问题的根源；“灭”是指寻求解决问题的方法；“道”是指使用正确的方法解决存在的问题。

人工智能是研究如何模拟人类认知的一门科学。认知的含义非常广泛，最朴素的理解是将“所见所闻”变成“所感”。“所见所闻”可以理解为人类的感知智能，其中，“所见”是计算机视觉要解决的问题，“所闻”是自然语言处理（或者说，计算机听觉）要解决的问题。“所感”就是人类认知智能的范畴了。认知智能表现在对“所见所闻”的内容进行理解、解释、规划、推理、演绎、归纳等一系列能力上，并能进一步作出相应的、适当的反应。

本书的重点是向读者详细介绍如何使用深度学习解决人工智能中“所见所闻”的问题，包括以下内容。

第 1 章详细介绍如何搭建一个以学习为主的深度学习开发环境。本书的所有程序示例都是在这个开发环境中实现的。

第 2 章简要介绍了人工智能的发展历程、流派，以及机器学习与深度学习的基本内容与相关概念。

第 3 章以一个用全连接网络实现单标签多分类任务的例子，讲解如何从零构建一个神经网络模型的工作流程和方法，剖析各个流程的相关阶段的主要任务及实现过程。

第 4 章详细阐述了如何使用全连网络解决计算机视觉、自然语言处理中的二分类、多分类、标量回归等问题，初步介绍了优化模型的方法、原理与实践，让读者对全连接网络有一个全面的理解。

第 5 章基于程序示例，系统地介绍了卷积神经网络的基本原理、思想及相关模型，帮助读者整体理解卷积神经网络的基础架构，并详细介绍了常用内置回调函数的使用方法，以及防止卷积神经网络过拟合问题的关键技术。

第 6 章系统地介绍了循环神经网络的基本原理，以及典型模型的演化历程及相关思想，并通过程序示例比较了 SimpleRNN、LSTM、GRU、Bidirectional 模型的性能优势，详细介绍了解决循环神经网络过拟合问题的方法及 Dropout 的独特之处。

第 7 章通过程序示例，详细介绍了深度学习的高阶实践，包括函数式神经网络模型、混合网络模型、基于 Xception 架构的实践、残差网络的实践、基于预训练词嵌入的实践、使用预训练模型实现特征提取与模型微调、生成式深度学习的实践以及如何使用自定义回调函数监控模型训练过程，并详细阐述了如何从零构建数据集、如何实现数据增强、如何进行数据的批标准化等关键技术。

第 8 章详细介绍了深度学习模型的封装方法与工程部署方式。

第 9 章对本书内容进行了概要性的回顾。

回到“四圣谛”的主题上，在佛教的知识体系中，提供了一整套指导方案，践行“四圣谛”的各个环节，比丘们藉此解决其面临的各种人生难题——解决自己的问题称为小乘，教化而替别人解决问题视为大乘。笔者不是佛教徒，不会去面对青灯古佛修习佛法，自然也没有小乘、大乘之说。不过，佛教典籍的博大精深隐隐左右着笔者的思想和行为。写这本书的目的，就是试图为 AI 工程师找到解决人工智能在感知问题上的“苦”“集”“灭”“道”，或许暗合大乘之意——尽管笔者连小乘都没达到。

郭泽文

2021 年 1 月于北京

读者可以扫描本书封底的二维码并发送“41922”，关注博文视点微信客服号，获取本书的参考链接和配套代码。

目　录

第 4 章　全连接网络

第 5 章　卷积神经网络

第 6 章　循环神经网络

第 7 章 深度学习高阶实践

第 1 章　搭建环境

好风凭借力，送我上青云。

——《临江仙·柳絮》　曹雪芹

本书所有示例程序均基于 TensorFlow 2.0 版本开发，使用了集成在 TensorFlow 2.0 中的 Keras 深度学习库 tf.keras，IDE 环境为 Spyder 3.3.6。

操作系统及相关硬件环境说明如下。

- 操作系统：Windows 10 专业版。
- 处理器：Intel Core i7-8550U，1.80GHz/1.99Hz。
- 显卡：NVIDIA GeForce MX150。
- 内存：8GB。
- 系统类型：基于 x64 处理器的 64 位操作系统。

TensorFlow 的开发环境如下。

- Python 解释器 Anaconda：Anaconda3-2019.10-Windows-x86_64[①]。
- CUDA 加速库：CUDA 软件的版本为 cuda_10.0.130_411.31_win10[②]，cuDNN 神经网络加速库的版本为 cudnn-10.0-windows10-x64-v7.6.5.32[③]（在编写本书时为 Window 10 x64 平台最新版本）。
- TensorFlow：TensorFlow 2.4.0-dev20200706。

---

① 下载地址：链接 1-1。
② 下载地址：链接 1-2。
③ 下载地址：链接 1-3。

准备好上述软件包后，就可以安装开发环境了。安装过程分三个步骤：安装 Python 解释器 Anaconda；安装 CUDA 加速库；安装 TensorFlow 框架。本书代码实现均使用 Anaconda3 自带的 Spyder，通过 Spyder 的 IDE 环境进行调试与结果分析。如果读者习惯使用 Python 的原生开发环境，可以考虑使用 PyCharm（在完成上述步骤后安装 PyCharm Pro 2018.3.5[①]）。

1.1 安装 Anaconda

Anaconda 集成了 Python 解释器及 Spyder、Jupyter Notebook 等组件。Python 解释器是 Python 语言的核心组件，其作用是将 Python 语言编写的代码解释成 CPU 能执行的机器码。安装 Anaconda 后便可以获得相应的服务。

Anaconda 的安装过程比较简单，双击 Anaconda3-2019.10-Windows-x86_64.exe 程序图标，按引导步骤安装即可。在安装过程中，如果想以命令行模式运行 Anaconda 程序，需要勾选“Add Anaconda to my PATH environment variable”复选框。安装完成后，可以在命令行模式下执行“conda list”命令。如图 1-1 所示，说明安装成功；否则，需要找到问题，重新安装。

```
C:\Users\T480S>conda list
# packages in environment at C:\Users\T480S\Anaconda3:
#
# Name                    Version                   Build  Channel
_ipyw_jlab_nb_ext_conf    0.1.0                    py37_0
absl-py                   0.8.1                    pypi_0    pypi
alabaster                 0.7.12                   py37_0
anaconda                  2019.10                  py37_0
anaconda-client           1.7.2                    py37_0
anaconda-navigator        1.9.7                    py37_0
anaconda-project          0.8.3                      py_0
asn1crypto                1.0.1                    py37_0
astor                     0.8.0                    pypi_0    pypi
astroid                   2.3.1                    py37_0
astropy                   3.2.1            py37he774522_0
atomicwrites              1.3.0                    py37_1
attrs                     19.2.0                     py_0
babel                     2.7.0                      py_0
backcall                  0.1.0                    py37_0
backports                 1.0                        py_2
backports.functools_lru_cache 1.5                    py_2
backports.os              0.1.1                    py37_0
```

图 1-1

① 下载地址：链接 1-4。

1.2 安装 CUDA 及其加速器

CUDA 是 NVIDIA 提供的一套 GPU 加速程序库。尽管主流的深度学习框架，例如 TensorFlow、PyTorch、CNTK、MXNet、Kaldi、Keras 等，都支持 NVIDIA 的 CUDA 架构，但是在安装 CUDA 之前，需要确定是否有支持 CUDA 的 GPU。如果没有，则应直接安装 TensorFlow 的 CPU 版本（如前面所述，本书的某些示例程序需要在 NVIDIA GeForce MX150 的 GPU 上运行）。

CUDA 的安装过程比较简单，双击 cuda_10.0.130_411.31_win10.exe 程序图标，按引导步骤安装即可。安装完成后，在 cmd 命令行模式下执行“ncvv -V”命令。如果能输出 CUDA 的版本信息，如图 1-2 所示，则表示安装成功；否则，安装失败，需要根据提示修正错误，完成安装。在安装过程中经常出现的问题是需要升级或安装 Visual Studio 相关组件。

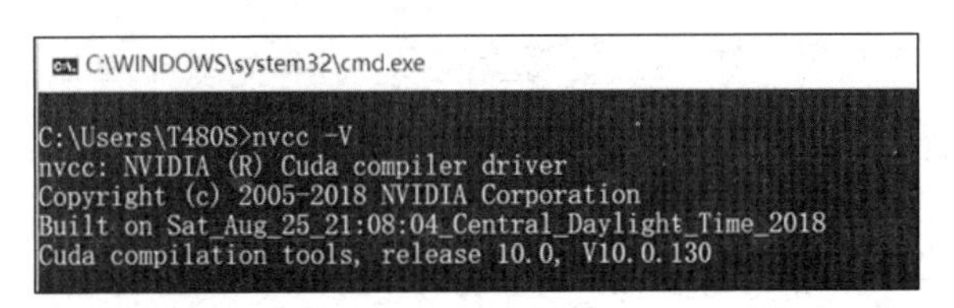

图 1-2

为了让神经网络真正使用 CUDA 的 GPU 加速库，还需要安装 cuDNN 神经网络加速库。需要说明的是：当神经网络模型在 GPU 上运行时，TensorFlow 封装了一个高度优化的深度学习运算库，这个库就是 NVIDIA CUDA 深度神经网络库（cuDNN）。从下载的 cuDNN 安装文件来看，cuDNN 库不是一个可运行程序，而是一个压缩包，使用方式是通过环境变量 Path 指定解压路径，如图 1-3 所示。

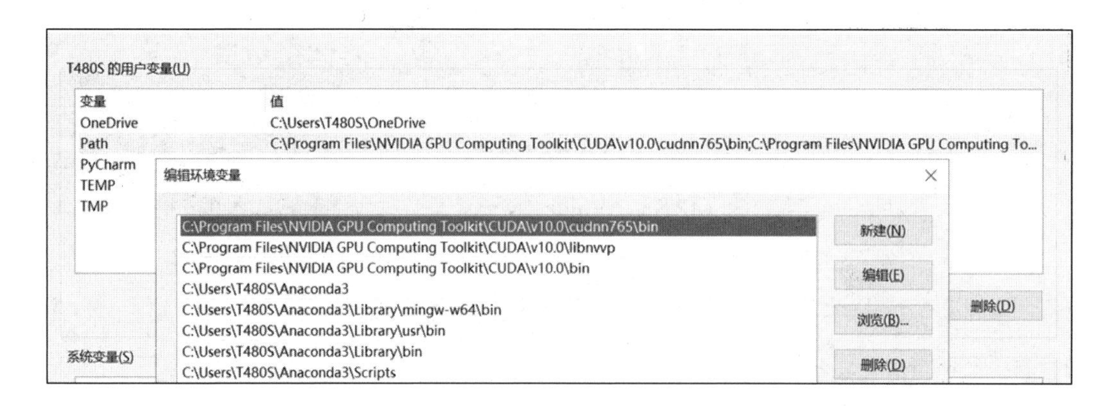

图 1-3

1.3 安装 TensorFlow 2.0

我们通过清华大学开源软件镜像站①安装 TensorFlow 2.0。安装过程分为两步：安装 NumPy 程序包；安装 TensorFlow 的 GPU 版本。

在 cmd 命令行模式下执行如下命令。

```
pip install numpy -i https://pypi.tuna.tsinghua.edu.cn/simple
pip install -U tensorflow-gpu -i https://pypi.tuna.tsinghua.edu.cn/simple
```

接下来，判断安装是否成功。在 cmd 命令行模式下，执行 IPython 命令，进入交互式 IPython 终端，输入“import tensorflow as tf”“tf.__version__”，即可查看 TensorFlow 的版本信息。

然后，检测 GPU 是否可用。输入“tf.test.is_gpu_available()”，得到的结果为“True”，表示 TensorFlow 的 GPU 版本安装成功，如图 1-4 所示。

① 清华大学开源软件镜像站：链接 1-5。

```
IPython: C:Users/T480S
Cuda compilation tools, release 10.0, V10.0.130

C:\Users\T480S>ipython
Python 3.7.4 (default, Aug  9 2019, 18:34:13) [MSC v.1915 64 bit (AMD64)]
Type 'copyright', 'credits' or 'license' for more information
IPython 7.8.0 -- An enhanced Interactive Python. Type '?' for help.

In [1]: import tensorflow as tf
2020-04-09 19:21:36.836963: I tensorflow/stream_executor/platform/default/dso_loader.cc:44] Successfully opened dynamic library cudart64_100.dll

In [2]: tf.__version__
Out[2]: '2.0.0'

In [3]: tf.test.is_gpu_available()
2020-04-09 19:23:59.980444: I tensorflow/core/platform/cpu_feature_guard.cc:142] Your CPU supports instructions that this TensorFlow binary was not compiled to use: AVX2
2020-04-09 19:24:00.013011: I tensorflow/stream_executor/platform/default/dso_loader.cc:44] Successfully opened dynamic library nvcuda.dll
2020-04-09 19:24:00.455091: I tensorflow/core/common_runtime/gpu/gpu_device.cc:1618] Found device 0 with properties:
name: GeForce MX150 major: 6 minor: 1 memoryClockRate(GHz): 1.0375
pciBusID: 0000:01:00.0
2020-04-09 19:24:00.471919: I tensorflow/stream_executor/platform/default/dlopen_checker_stub.cc:25] GPU libraries are statically linked, skip dlopen check.
2020-04-09 19:24:00.484583: I tensorflow/core/common_runtime/gpu/gpu_device.cc:1746] Adding visible gpu devices: 0
2020-04-09 19:24:03.864679: I tensorflow/core/common_runtime/gpu/gpu_device.cc:1159] Device interconnect StreamExecutor with strength 1 edge matrix:
2020-04-09 19:24:03.869569: I tensorflow/core/common_runtime/gpu/gpu_device.cc:1165]      0
2020-04-09 19:24:03.872755: I tensorflow/core/common_runtime/gpu/gpu_device.cc:1178] 0:   N
2020-04-09 19:24:03.878589: I tensorflow/core/common_runtime/gpu/gpu_device.cc:1304] Created TensorFlow device (/device:GPU:0 with 1355 MB memory) -> physical GPU (device: 0, name: GeForce MX150, pci bus id: 0000:01:00.0, compute capability: 6.1)
Out[3]: True

In [4]:
```

图 1-4

如果读者的计算机上没有 GPU，则可以安装 TensorFlow 2.0 的 CPU 版本（同样通过清华大学开源软件镜像站安装），cmd 命令行模式下的命令为：

```
pip install -U tensorflow -i https://pypi.tuna.tsinghua.edu.cn/simple
```

检查是否安装成功的方法与前面介绍的类似，只是不需要执行检测 GPU 是否可用的命令了。

到此为止，整个开发环境搭建完成。单击 Windows 菜单中的“Anaconda3”→“Spyder”选项，即可进入 IDE 环境进行深度学习，如图 1-5 所示。

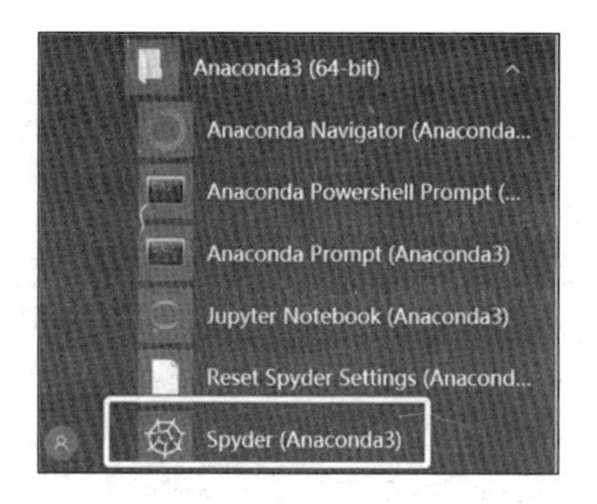

图 1-5

1.4 开发环境——Spyder

在工程实践和科学研究中，开发环境通常比较复杂且成本高昂，因此，需要建立算力比较强的且符合商业和科研要求的深度学习工作站。例如，要有超大的内存、TB 级的存储空间、多核 CPU、集群式 GPU，甚至要有 FPGA 等异构环境。

本书为了学习之用，仅使用简单的开发环境。Anaconda 内置的 Spyder①是一个不错的工具。如图 1-6 所示，Spyder 是一个典型的 C/S 模式的开发环境：顶部是菜单；左边是编辑区，所有的开发和调试工作都在这里进行；右边是信息展示区，集成了 IPython 环境，主要呈现左边编辑区的程序运行结果，包含运行时消息、图表或日志、错误提示等，也可以手动输入相关程序并运行，以获得结果。在本书的学习环境中，我们使用的是 Spyder 3.3.6，它集成了 Python 3.7.4 的程序环境。

① Spyder 官方网站：链接 1-6。

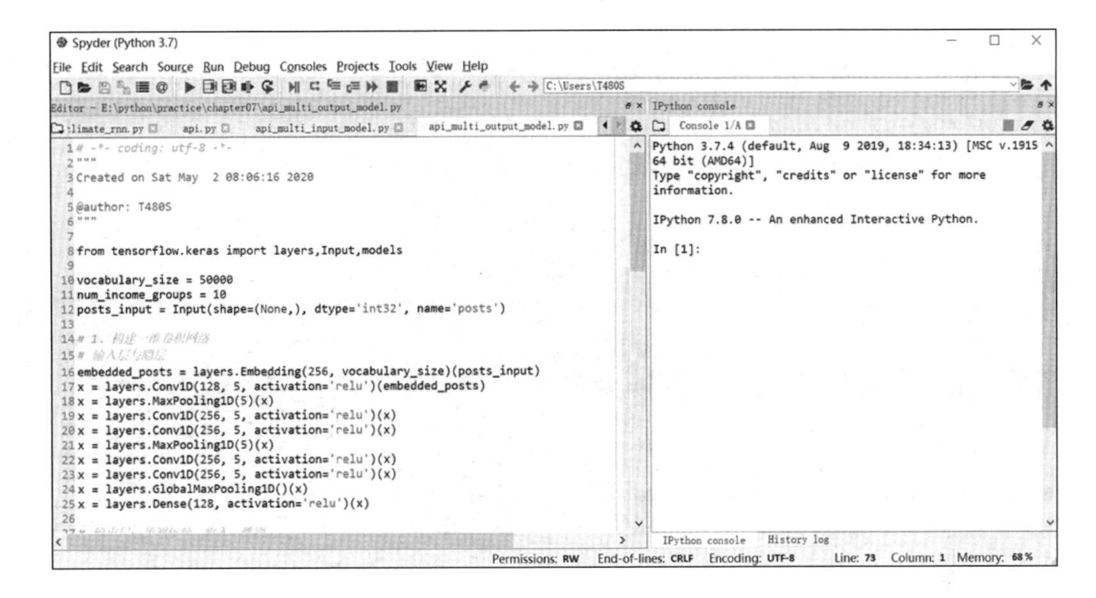

图 1-6

1.5　可视化分析工具——TensorBoard

为了帮助读者直观地了解深度学习的内部运行机制，本书使用 TensorBoard 工具。该工具是 TensorFlow 内嵌的一个 Web 应用程序套件，可以通过浏览器访问，能够以丰富的图表形式在 Web 页面中呈现各种数据（例如训练误差、训练精度、验证误差、验证精度等神经网络模型的性能指标）及神经网络的相关信息。

TensorBoard 一般会随 TensorFlow 2.0 默认安装。我们可以通过 Windows 菜单中的“Anaconda3”→“Anaconda Prompt”选项启动 TensorBoard 服务，如图 1-7 所示。

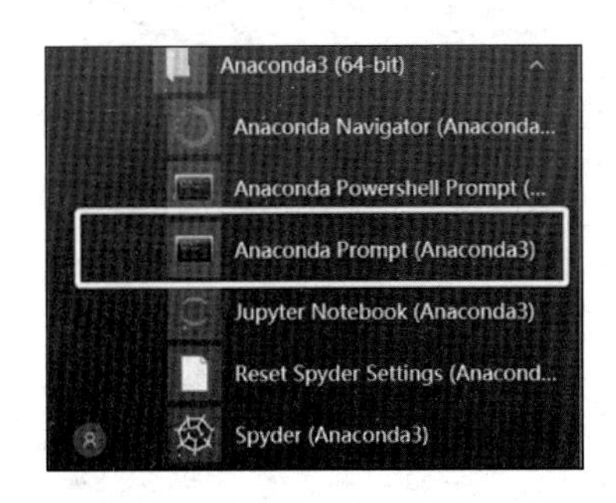

图 1-7

启动 TensorBoard 服务的命令如下。

```
Tensorboard --logdir path --host=127.0.0.1
```

TensorBoard 是基于运行日志进行可视化分析的。在以上命令中，“path”表示具体的日志路径（在后面的例子中会详细说明）。TensorBoard 启动成功的界面，如图 1-8 所示。如果启动失败，请检查与 TensorFlow 有关的环境变量配置是否正确。

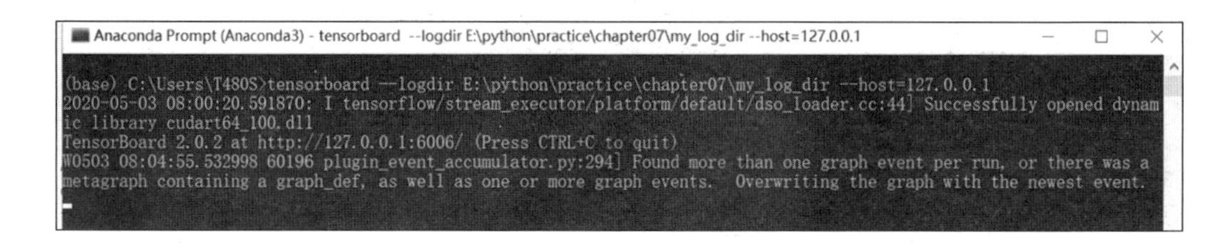

图 1-8

TensorBoard 服务成功启动后，可打开浏览器，在地址栏中输入“http://127.0.0.1:6006”或“http://localhost:6006”，对其进行访问，如图 1-9 所示。

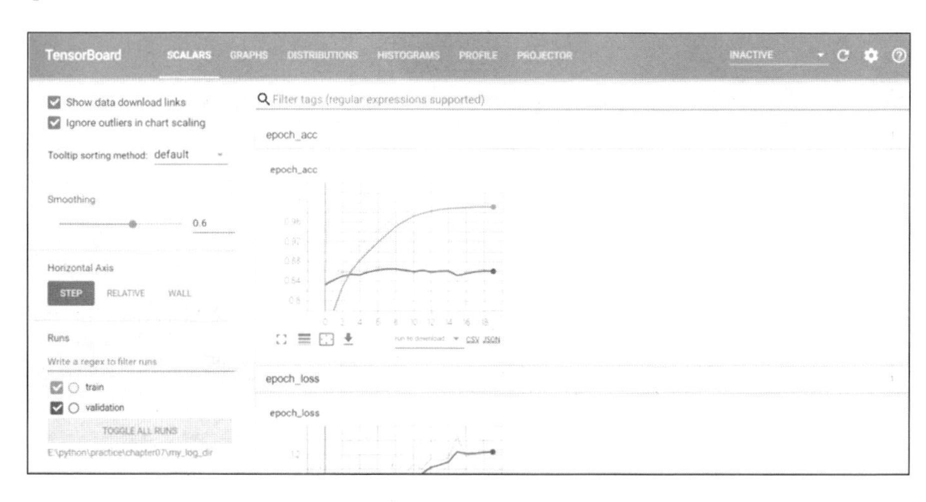

图 1-9

TensorBoard 服务的默认端口为 6006。可通过“tensorboard --logdir=/tmp --port=8008”命令将端口修改为 8008。

TensorBoard 的具体功能将在本书后续的实例中穿插介绍。

第 2 章　机器学习与深度学习

忆昔午桥桥上饮，坐中多是豪英。

——《临江仙·夜登小阁忆洛中旧游》　陈与义

本书的主要目的是通过实际的程序样例阐述深度学习的基础知识及各种模型的工程应用。在本节中，笔者将对人工智能、机器学习、深度学习的关系和渊源进行简单的介绍。

人工智能的起源可以追溯到 1950 年艾伦·麦席森·图灵（Alan Mathison Turing）的论文《计算机器与智能》。图灵提出了“通用计算机是否能够学习与创新”的问题。这一问题具有里程碑意义，让人们开始思考和创造非自然演化的另一类智能体。

1956 年夏天，在达特茅斯会议上首次提出了人工智能的概念，并指出“人工智能是让机器获得像人类一样具有思考和推理机制的智能技术”。从此以后，人工智能的发展经历了 60 多年的起伏。

对于人工智能的发展历程——仁者见仁，智者见智——有不同的观点与阶段划分方法。常见的是“三起两落”与“两阶段”划分方式。前者认为，人工智能经历了以下三个阶段。

- 1970 年以前，人工智能表现在逻辑规则以计算机程序的方式实现，并开发出相关的智能系统上。
- 1970 年—2006 年，利用知识库加推理的方式解决问题，通过构建庞大、复杂的专家系统来模拟人类专家的智能。
- 2006 年以后，以深度学习为代表，开启了人工智能的第三个阶段。目前，处于第三个阶段的兴盛期——AI 的盛夏（AI Summer）。

“两阶段”划分方法是加州大学洛杉矶分校（UCLA）的朱松纯教授提出的①，具体如下。

- 第一阶段：前 30 年以数理逻辑的表达与推理为主，代表人物有 John McCarthy、Marvin Minsky、Herbert Simon 等。
- 第二阶段：后 30 年以概率统计的建模、学习和计算为主，代表人物有 Ulf Grenander、Judea Pearl、Leslie Valiant、David Mumford、Geoffrey Hinton 等。

在 60 多年的发展过程中，科学家们从不同的角度或切入点对人工智能进行研究，由此形成了三个主要流派。

- 以 John McCarthy、Marvin Minsky、Herbert Simon 等人为代表的一群 AI 领域先驱认为：人类智能的本质是一个物理符号系统，计算机也是一个物理符号系统，因此，可以用计算机来模拟人类的智能行为，即人类的认证过程本质上是一个符号操作过程。这一流派因此被称为符号主义，其理论基础是“物理符号系统假设和有限合理性”。
- 与符号主义相反的一派认为，人类智能的基本单元是神经元，而不是符号，代表人物有 McCulloch、Pitts、Hopfield、Rumelhart、Hinton 等。他们认为，人脑不同于电脑，并提出以连接主义的大脑工作模式来取代符号操作的电脑工作模式。他们在人工智能研究与实践中坚定地以工程技术手段模拟人脑神经系统的结构和功能，并获得了一系列神经网络间的连接机制和学习算法方面的研究成果。这一流派被称为连接主义，目前正以深度学习之名引领第三次人工智能浪潮。
- 第三个流派被称为行为主义，它的理论基础是控制论。该流派的学者认为，智能取决于感知和行动，并提出了智能行为的“感知—动作”模式，认为智能行为只能通过在现实世界中与周围环境的交互作用表现出来，需要通过不同的行为模块与环境交互，以此产生复杂的行为。该流派的代表人物是 Brooks，经典的研究成果是 AlphaGo、AlphaZero。

从历史、现在与未来的角度看，人工智能研究的各个流派应该会长期共存，取长补短，且必将走向融合。

人工智能体是由物理物质组成的——牛顿找到了物理世界的一般规律，那么这个智能体

① 朱松纯，《浅谈人工智能：现状、任务、构架与统一》，链接 2-1。

必定遵循牛顿的理论。然而，人类智能与文明经过数千年的漫长进化才走到了今天。笔者比较认同朱松纯教授的观点：人工智能要变成智能科学，它本质上必将是达尔文与牛顿这两个理论体系的统一[①]。

那么，人工智能、机器学习与深度学习的关系是怎样的呢？用维恩图（Venn Diagram）描述三者之间的关系，如图 2-1 所示。

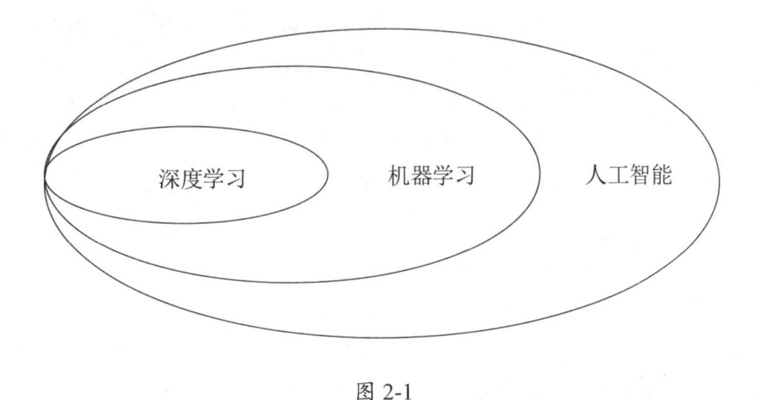

图 2-1

人工智能包含的领域非常广，横跨计算机科学、心理学、哲学、语言学等学科领域。人工智能是研究、开发用于模拟、延伸和扩展人类智能的理论、方法、技术及应用系统的一门新的技术科学[②]。机器学习是实现人工智能的一种方法。深度学习是机器学习的一种技术。

2.1　机器学习

机器学习（Machine Learning）是在以符号主义为代表的人工智能陷入困境时兴起的。专家系统是符号主义人工智能的经典范式，它的工作原理是：设计一个程序，将行业专家提炼的规则和数据作为程序的输入，通过程序输出结果。在这个范式里，程序通过输入数据获得答案的所有规则，不是由程序自己学习得到的，而是由行业专家根据领域知识和先验知识预先提供的。

① 朱松纯，《浅谈人工智能：现状、任务、构架与统一》，第十一节“智能科学牛顿与达尔文理论体系的统一”。

② 百度百科：链接 2-2。

机器学习则不同——所有的规则都是机器自己通过学习得到的。如同教一个刚刚学会说话的孩子识别苹果一样，用画有苹果的图片（苹果可能有叶子，也可能没有叶子）告诉孩子：这是苹果。这里有两个信息：一个是画有苹果的图片；另一个是图片中物体的名称，即答案。于是，孩子就能通过图片对苹果产生一种认知。以后，不论苹果是在树上、在水果摊上还是在果盘里，孩子都能将苹果识别出来。当然，人脑的认知过程比机器学习复杂得多，也高明得多。对一幅画有苹果的图片，机器可能会认为苹果必须要有一片叶子或类似叶子形状的东西，否则就不是苹果，而人类的认知肯定不是这样的。机器之所以会这样认为，是因为它过度学习了，即学到了一些不属于苹果本身的特征。机器的学习能力太强，导致出现过拟合现象，这是人工智能工程师需要穷尽智慧、花费大量时间解决的问题。

孩子之所以能识别苹果，是因为他通过图片和他人对图片的说明学到了一种规则。机器学习同样需要两个输入：画有苹果的图片；对图片的说明，即“苹果”。机器通过这两个输入习得一个规则：这种形状、颜色的物体就是苹果。在机器学习里，把画有苹果的图片称为样本，把对图片的说明“苹果”称为标签（当然，一幅图片可能会有多个标签）。样本和标签一起，组成了机器学习的训练数据集。

通过上面的例子可以看出，机器学习本质上是通过“观察”来训练，从而学习相关知识的。类比于传统的软件开发，一个可执行程序是软件工程师手工开发出来的，而机器学习是通过观察训练数据自动开发程序的，这个程序就是“模型”，观察数据生产模型的过程就是“学习”，如图 2-2 所示。

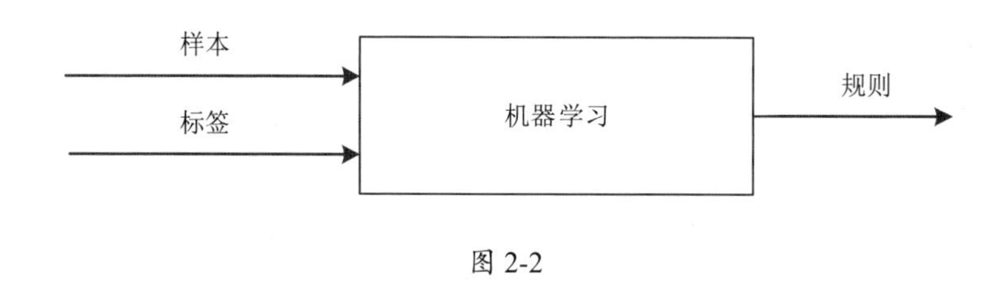

图 2-2

按照标签的生成方式，可以将机器学习分为三类。

- 监督学习：前面孩子学习认识苹果的例子，就是典型的监督学习。在监督学习中，训练数据集包含样本和样本所对应的标签，机器要做的就是学习从样本到标签的映射。在这个过程中，会产生一个算法模型及一系列模型参数。模型参数通过样本的标签与算法模型的预测值的误差进行优化。这是目前主流的学习方法。常见的监督学习算法有支持向量机、逻辑回归、线性回归、随机森林等。

- 无监督学习：训练数据集中只有样本，没有样本所对应的标签。机器需要自我监督、自行学到样本的真实特征。无监督学习通过观察算法模型的预测值与样本的误差对模型参数进行优化。自编码器、生成对抗网络是典型的无监督学习算法。
- 强化学习：没有样本所对应的标签，而且样本是动态的（是一个动态的训练数据集）。强化学习通过与环境进行交互获得样本数据，并通过环境的反馈进行学习。典型的强化学习算法有基于深度神经网络实现的 Q-Learning 算法、DQN 算法及其变种等。

2.2　深度学习

深度学习（Deep Learning）是一种实现机器学习的技术，它是由 Hinton 在 2006 年首次提出的。深度学习本质上是一种深度神经网络。这个“深度”是指模型的深度，也就是网络的层数。与之对应的是浅层学习（Shallow Learning），一般指网络层数在 5 层以下的神经网络。早期的 MP 神经元模型、感知机、BP 反向传播、Hopfield 网络、Boltzmann 机器、MLP、LeNet、DBN 等，都是浅层神经网络。

神经网络是一个由大量神经元模型连接形成的网络结构，由输入层、隐层、输出层组成。输入层接收数据；输出层预测输出结果；隐层进行学习。三类网络层前后相连，相互嵌套，由浅到深逐层学习样本特征。这种从低层特征（例如边缘、角点、色彩）到中层特征（例如纹理）再到高层特征（例如物体）的学习过程，称为表示学习（Representation Learning）。神经网络是一种典型的表示学习，分为线性网络与非线性网络。只包含线性网络的神经网络是浅层神经网络，其学习能力差，只能学到样本的简单特征。混合了线性网络和非线性网络的神经网络，一般都是深度神经网络，尽管其学习能力比较强，但也会面临一些问题（解决这些问题是本书的重要任务之一）。

神经网络的复杂度是由各种参数决定的，例如网络层数、每层的节点数、学习率等。其中，网络的层数决定了神经网络是浅层的还是深层的。第一个真正的深层神经网络，是由 Hinton 和他的学生在 2012 年开发的 8 层神经网络 AlexNet，它是由 5 个有 7×7 卷积核的卷积层和3个全连接层组成的。AlexNet第一次将ReLU函数和Dropout应用到深度神经网络中来解决梯度和拟合问题，获得了2012年ILSVRC①的ImageNet数据集分类任务的冠军。神经网络中的一些概念，本书后续会详细说明。

下面以监督学习为例，描述一下深度学习的过程。如图2-3所示，深度学习是一个循环过程，通过循环训练获得一个神经网络模型，这个模型可以对与训练数据集类似的数据进行预测。深度学习分为两类计算过程。

1. 正向传播过程

正向传播（Forward Propagation）过程是指数据沿神经网络从低层到高层的正向流动过程。

在人工智能软件框架中，数据称为张量（Tensor）②。张量通过输入层、隐层、输出层逐层流动（当然，复杂的神经网络内部会有分支）。在流动过程中，神经网络逐层提取张量从低层、中层到高层的特征，获得张量的一种新的表示方法。这种表示方法其实是神经网络通过一系列数据变换实现的从输入到目标的映射。数据变换是通过观察样本进行学习的，每一层产生的数据变换会保存在该层被称为权重（Weight）的模型参数中。从这个意义上，神经网络学习的目的就是找到网络每一层的权重。在第一次正向传播过程中，由于各层的模型参数大都是根据算法工程师的经验或随机定义的，因此，每一个神经网络层的权重值也是随机的，这通常会导致输出的预测值与标签的差别较大。

神经网络定义了一个函数来衡量这种差异，这个函数叫作损失函数（Loss Function）。损失函数是一类非常重要的函数。神经网络根据不同的任务，定义了一系列损失函数（后面我们会遇到一些常用的损失函数）。损失函数计算模型的预测值与真实标签之间的差异，在没有满足一定的要求或规则时，需要进行以下第二类计算——反向传播。

---

① ImageNet Large Scale Visual Recognition Challenge，大规模视觉识别挑战赛。

② TensorFlow就是张量（Tensor）在各种神经网络层中流动（Flow）的意思，比较真实地反映了神经网络的训练过程。

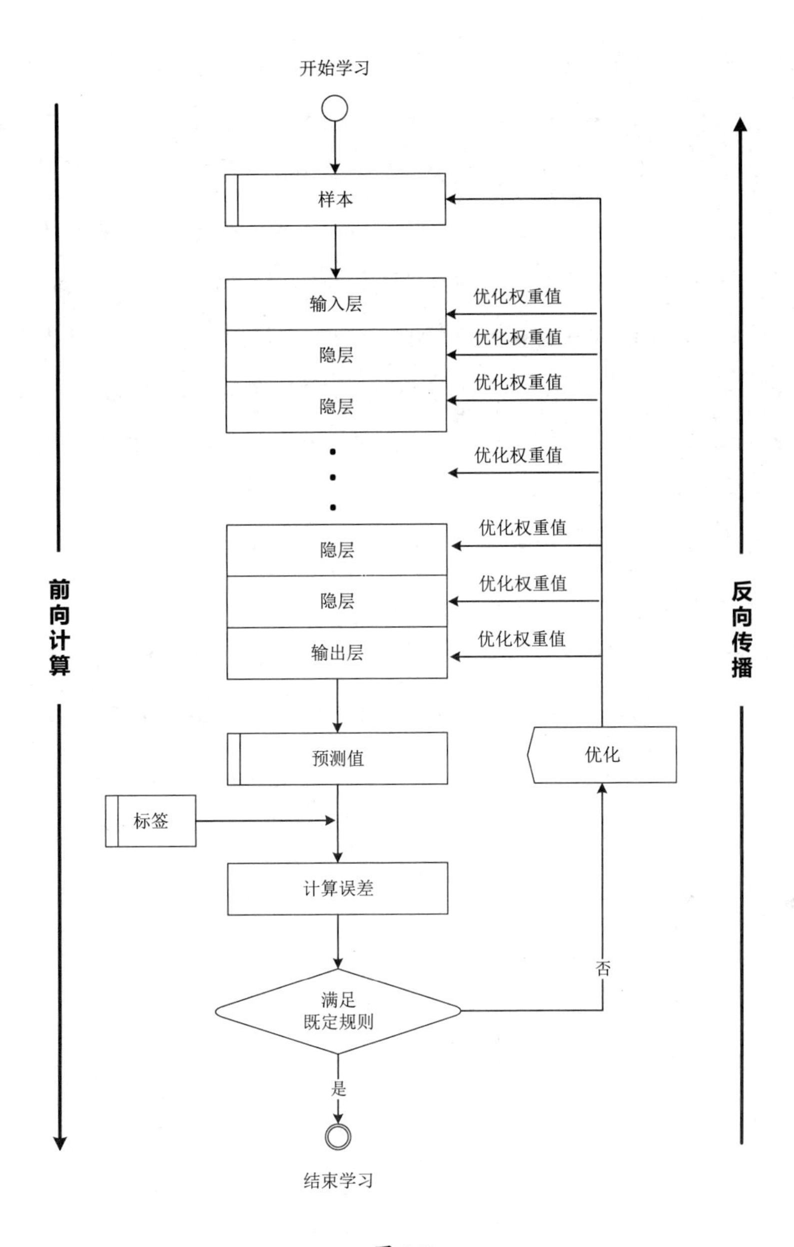

图 2-3

2．反向传播过程

反向传播（Back Propagation）过程与正向传播过程相反，由顶层网络向底层网络（即从输出层、隐层到输入层）流动，流动的是由损失函数获得的误差信号。

反向传播过程的主要目标是找到这些误差出现在哪里，具体来说就是：有哪些神经网络层，各个网络层的误差比是多少；修正或优化相应网络层的权重值，直到损失函数满足既定要求为止。当然，仅就这个指标而言，损失函数的值为 0 是神经网络模型的最佳状态。在这一过程中，使用的是梯度下降算法。在通常情况下，反向传播并不是训练一两个轮次就能达到损失最优的，常常要训练多个轮次。每一个轮次称为一个 epoch，一个 epoch 是指所有训练样本都参与一次模型训练。与 epoch 配套使用的一个参数是 batch_size，它表示每个训练批次（batch）的样本数。在通常情况下，一个 epoch 中有多个批次，批次数等于训练样本数除以 batch_size。epoch 与 batch_size 是神经网络模型训练中两个非常重要的参数，必须在执行模型训练任务时指定。

在反向传播过程中，把损失误差作为反馈信号，从输出层到输入层对神经网络进行逐层权值优化，是深度学习的核心能力。这个核心能力是由优化器（Optimizer）实现的。使用优化器的主要目的是合理优化每个网络层的权重值，使网络模型的整体损失函数值最小、度量指标最优。本书例子中经常使用的优化器是 RMSprop，它能解决大部分优化问题。

第 3 章　构建神经网络模型

江南可采莲，莲叶何田田。鱼戏莲叶间。

鱼戏莲叶东，鱼戏莲叶西，鱼戏莲叶南，鱼戏莲叶北。

——《汉乐府》

有了前面的铺垫，我们就可以开始学习如何搭建一个神经网络模型了。下面以一个具体的程序实例来介绍构建神经网络模型的过程。

3.1　搭建一个全连接网络

我们将以全连接网络为例，使用机器学习领域的经典数据集 MNIST 来搭建第一个神经网络。

MNIST 是 20 世纪 80 年代由美国国家标准技术研究院（National Institute of Standards and Technology）收集的[①]数据集。MNIST 数据集包含 70000 幅手写数字灰度图片，每幅图片均为 28 像素 × 28 像素，已经进行了初步的预处理（包括标注与划分数据集）。MNIST 数据集将训练集与测试集按 6∶1 的比例划分，即训练集有 60000 幅图片，测试集有 10000 幅图片。

现在，神经网络要解决的问题是如何识别手写数字。考虑到所有图片上的数字都为 0 ~ 9 之一，所以该任务其实是一个多分类任务。我们可以建立 0 ~ 9 的 10 个类别，以识别每幅图片上的手写数字在这 10 个类别中的概率。我们将构建一个两层的全连接网络来解决这个问题。先看如下完整代码。如果看不懂，也不要着急，后面会详细分析。

① 下载地址：链接 3-1。

```
# -*- coding: utf-8 -*-
# 导入 Keras 相关库
from tensorflow import keras
from tensorflow.keras import layers,models,datasets,utils
# 1、数据准备：下载 MNIST 数据集，并构建训练集与测试集
print('load MNIST...')
(train_images_datasets,train_labels_datasets),
    (test_images_datasets,test_labels_datesets) = datasets.mnist.load_data()
# 数据预处理：对数据进行预处理，将数据转换成符合神经网络要求的形状
# 训练集
train_images = train_images_datasets.reshape((60000, 28 * 28))
train_images = train_images.astype('float32') / 255
# 测试集
test_images = test_images_datasets.reshape((10000, 28 * 28))
test_images = test_images.astype('float32') / 255
# 对分类进行编码
train_labels = utils.to_categorical(train_labels_datasets)
test_labels = utils.to_categorical(test_labels_datesets)
# 2、构建神经网络：全连接网络
model = models.Sequential()
model.add(layers.Dense(512,activation='relu',input_shape=(28*28,)))
model.add(layers.Dense(10,activation='softmax'))
model.summary()
# 3、编译模型：指定模型的优化器、损失函数、评价指标
model.compile( optimizer='rmsprop',
               loss='categorical_crossentropy',
               metrics=['acc'])
# 4、使用 TensorBoard 回调函数对模型进行训练
tb_callbacks=[
        keras.callbacks.TensorBoard(
                log_dir = 'log_my_dir',
                histogram_freq = 1,
                write_graph=True,
                write_images=False,
                update_freq="epoch",
                profile_batch=2,
                embeddings_freq=0,
                embeddings_metadata=None,
                )
        ]
model.fit( train_images,train_labels,
           epochs = 10,
           batch_size = 128,
           validation_split=0.1,
           callbacks = tb_callbacks)
```

```
# 5、模型测试
# 评估网络模型：性能评估
test_loss,test_acc = model.evaluate(test_images,test_labels)
# 对模型进行预测：预测新样本的标签信息
out = model.predict(test_images)
print(out)
# 6、模型保存
# 将模型参数保存到文件中
model.save_weights('mnist_dense_weights.ckpt')
print('save mnist_dense_weights.')
# 7、模型恢复：加载模型
# 删除模型
del model
# 重新构建相同的网络结构
model = models.Sequential()
model.add(layers.Dense(512,activation='relu',input_shape=(28*28,)))
model.add(layers.Dense(10,activation='softmax'))
model.summary()
# 从参数文件中读取数据并写入当前网络
model.load_weights('mnist_dense_weights.ckpt')
print('loaded weights.')
```

到此为止，我们就完成了网络模型的构建。

通过上面的程序可以看出，构建一个神经网络模型：首先，需要明确使用神经网络要解决什么问题；然后，需要明确，根据要解决的问题要准备什么数据、准备多少数据及对数据进行哪些必要的预处理；接下来，设计一个合适的模型，对模型进行编译、训练、评估；最后，把满足要求的模型保存下来。

保存的模型可以作为商业化应用，或者用来进行二次开发和再训练。在模型商业化过程中，通常都会进行工程化封装，即将模型封装成 AI 引擎，然后基于引擎进行产品化、项目定制化开发或提供其他（如 PaaS、SaaS 等）服务。

下面我们逐步分析构建神经网络模型的流程。

3.2　确定要解决的问题

深度学习算法的设计逻辑是什么呢？就是通过学习获得从输入到输出的映射模型——损失函数越小，模型就越好。那么，为什么要获得这种映射模型呢？就是想让这种模型替我们高效地解决一些实际问题。这些问题分为三类，分别是分类、回归和聚类。其实，聚类应该是分类的一种。

机器学习中的分类任务，目标是解决离散实数值预测的问题，分为二分类、多分类，多分类又有单标签多分类与多标签多分类之分。二分类就是将问题抽象为 0 和 1，从而解决“是”与“否”的问题。例如，判断一幅图片中是否有人脸，通过心跳声判断一个人是否有心脏病，判断一段视频中是否存在违规内容，判断某个客户是否会流失，等等。多分类就是把问题抽象成多个类别（3.1 节中的例子就是一个典型的多分类问题）。解决分类问题的算法属于监督学习算法。

回归任务是对连续实数或者某个/某些段连续实数区间的预测，也属于监督学习算法。例如，对房价的预测，对客户年龄的预测，对股价走势的预测，对天气的预测，等等。回归有标量回归与向量回归之分。标量回归是指预测结果在一个连续的实数区间内。向量回归是指预测结果在可能的几个连续实数区间的某个区间内。

聚类任务就是将具有相同特征的数据进行分组。用户画像、用户行为分析、声纹聚类（将内容相同的声音放在同一个目录下）、人脸聚类（将同一个人的脸部图像放在同一个目录下）等都属于聚类的典型应用。聚类算法属于无监督学习算法。

确定要解决的问题是什么非常重要。不同的问题有不同的解决方法，也就是说，待解决的问题在决定我们将采用哪种神经网络模型的同时，决定了我们要采用哪种损失函数、哪种优化器及使用什么样的性能指标来衡量模型的优劣。

3.3 准备数据与数据预处理

深度学习引领人工智能的第三次浪潮，有其深刻的社会与技术背景：海量的数据；算力的强大；不断演进的优秀算法。数据在深度学习中的重要性不言而喻，有人甚至把数据比作深度学习的“石油”——能量之源。正因如此，许多组织、团体为推动人工智能的研究与发展，在数据收集、整理方面作出了巨大的贡献。他们收集各个行业、各种业务类型的大量图片、文本、语音、视频等数据，在进行数据清洗、去重、降噪、去污等基本的预处理甚至标注后，公开给用户使用，为人工智能领域的科学研究、科技竞赛、商业化应用带来了极大的便利。例如，Kaggle[①]就提供了很多数据集，如图 3-1 所示。

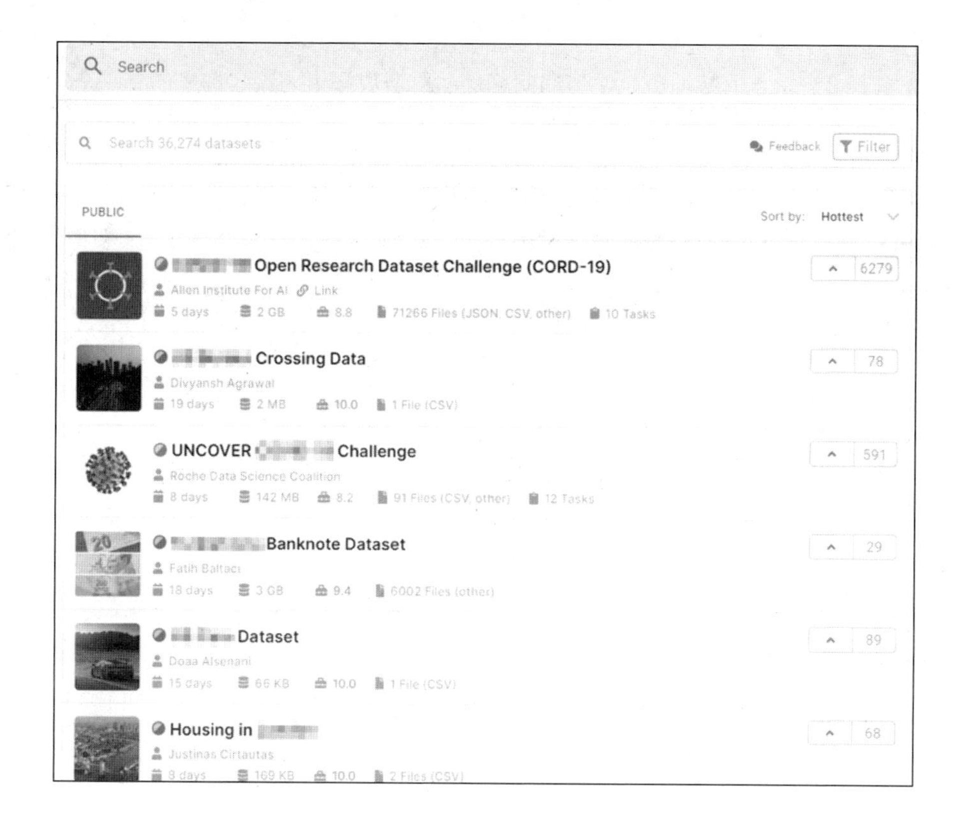

图 3-1

常用的数据集列举如下。

- MNIST 数据集：70000 幅 28 像素×28 像素的手写数字灰度图像集。这是一个非常经典的数据集，被视作深度学习“Hello World”级的基础数据集（3.1 节使用的就是这个数据集）。
- IMDB 数据集：自然语言处理领域一个单标签二分类的文本序列数据集，包含 50000 条互联网影评数据，正面评价与负面评价各占 50%。序列数据的二分类问题实例，通常会使用这个数据集（本书后续的很多案例都使用 IMDB 数据集）。
- Reuters 数据集：由路透社在 1986 年发布的文本分类数据集，共包含 46 个主题，是一

① 与 ILSVRC 类似的机器学习竞赛。Kaggle 官网：链接 3-2。

个单标签多分类数据集。

- 波士顿房价（Boston Housing）数据集：包含 404 个训练样本和 102 个测试样本，每个样本有 13 个数值特征，是学习回归算法的典型数据集。该数据集还有一个特点，就是 13 个指标的差异很大，因此，该数据集也是一个比较经典的如何实施数据标准化的案例。由于训练样本较少，通常也使用该数据集展示数据增强技术（第 4 章使用全连接网络解决标量回归问题时就使用了该数据集，但没有用到数据增强技术；数据增强技术将在第 7 章详细介绍）。
- CIFAR10 数据集：由 60000 幅 32 像素 × 32 像素的彩色图片组成的包含 10 个类别的数据集。其中，训练集图片 50000 幅，测试集图片 10000 幅，10 个类别分别是 airplane、automobile、bird、cat、deer、dog、frog、horse、ship、truck（在第 7 章中将使用该数据集训练一个 ResNet 分类网络）。

3.3.1 数据集

数据集是如何使用深度学习的呢我们先看下面这段代码。

```
# 导入 Keras 相关库
from tensorflow import keras
from tensorflow.keras import layers,models,datasets,utils
(train_images_datasets,train_labels_datasets),
    (test_images_datasets,test_labels_datesets) = datasets.mnist.load_data()
```

datasets 是 tf.keras 下一个非常重要的模块（Module），它提供了一些已经基于 NumPy 格式向量化的、可用于创建与调试神经网络模型的小型数据集。TensorFlow 的 datasets 也提供了一些数据集，但这些数据集的规模要比 tf.keras.datasets 大。在使用这些数据样本进行模型训练时，需要使用性能良好甚至 AI 专业级的服务器。本书使用的是 Keras 提供的数据集。

tf.keras.datasets 包含以下数据集。

- 用于分类任务的数据集：MNIST digits classification dataset、CIFAR10 small images classification dataset、IMDB movie review sentiment classification dataset、Reuters newswire classification dataset 等。
- 用于回归任务的数据集：Boston Housing price regression dataset 等。

AI 工程师可以通过 load_data 方法下载数据后直接使用。MNIST 数据集已经将训练集与测试集按 6：1 的比例划分好了，在下载时可以直接将两个数据集赋予相关的张量：将训练集样本赋予 train_images_datasets，将训练集标签赋予 train_labels_datasets；将测试集样本赋予 test_images_datasets，将测试集标签赋予 test_labels_datasets。

可以通过 Spyder 的 IPython 控制台获得各数据集的相关信息，示例如下。

```
In [3]:train_images_datasets.shape,train_labels_datasets.shape
Out[3]: ((60000, 28, 28), (60000,))
In [4]:test_images_datasets.shape,test_labels_datesets.shape
Out[4]: ((10000, 28, 28), (10000,))
In [5]:train_images_datasets.dtype,train_labels_datasets.dtype
Out[5]: (dtype('uint8'), dtype('uint8'))
In [6]:test_images_datasets.dtype,test_labels_datesets.dtype
Out[7]: (dtype('uint8'), dtype('uint8'))
```

train_images_datasets 是一个数据类型为 uint8、存储格式为 (60000, 28, 28) 的 4D 张量。其中，只有灰度一个颜色通道，故通道轴为 1（省略了）。该 4D 张量表示的是 60000 幅 28 像素 ×28 像素的灰度图片数据。测试标签 train_labels_datasets 是一个数据类型为 unit8 的向量，是一个 1D 张量，表示 60000 个训练样本所对应的标签值，取值范围为 0 ~ 9，每一幅样本图片只对应于其中一个值。一定不要弄混了——在通常情况下，标签值对应的是样本的索引值，而本例的标签值刚好和图片所对应的值相同；测试样本的含义类似。

3.3.2　拟合问题初探

为什么要准备训练集与测试集呢？

前面我们已经多次提到训练集。训练集的作用我们已经很清楚了，就是通过训练神经网络获得相关模型，具体来说，就是获得神经网络的模型参数。在训练环境中，一般都能训练出一个比较理想的模型，但这个模型真正的能力如何，需要通过另外的数据集进行检验，这个数据集就是测试集。

模型在测试集上的表现能力称为拟合（Fitting）能力。解决拟合问题是 AI 工程师奋斗的目标。之所以说 AI 工程师不同于传统的软件开发工程师，更像一个艺术家，就是因为 AI 工程师需要优雅地解决拟合问题。

拟合问题有两类，分别是欠拟合（Underfitting）与过拟合（Overfitting）。

欠拟合是指训练出来的网络模型在训练集和测试集上表现都很差，不能满足预测的目标。产生欠拟合的原因是网络模型学习能力差。我们知道，深度学习是一种表示学习，即通过逐层提取训练样本的特征，建立从样本到标签的映射。这种映射其实就是通过数据变换实现的从一个空间到另一个空间的映射。Keras 的作者弗朗索瓦·肖莱（François Chollet）对深度学习有一个形象的比喻：把一张平整的纸揉成一个纸团，深度学习过程就是将这个纸团一点一点展开，直到展平，最佳结果是展平后的纸像被揉成纸团前一样平整。由此可见，深度学习过程就是一系列几何空间变换，是一个从高维空间到低维空间的降维过程。因此，在构建深度学习模型时，先要假设这一系列几何空间。假设空间的重要参考指标是神经网络的参数量。假设空间的大小非常重要：如果太小，则纸团还没有被展平便没有可用空间了；如果太大，就会造成空间浪费，花费不必要的降维代价，甚至把纸团周边的无用信息（噪音）也进行了降维；只有假设空间刚刚好，才是最佳模型。

神经网络模型简单、有效。遵循奥卡姆剃刀（Occam's Razor）原则，切勿过度设计是AI 工程师追求的目标。这个假设空间称为神经网络的模型容量。模型容量既表示模型拟合各种函数的能力，也表示模型的表达力。我们可以做如下推论：

模型容量过小→学习能力弱→没有学习到训练样本的真正特征→欠拟合→泛化能力差

欠拟合比较容易解决，因为它在训练阶段就会表现出来。我们可以通过增加网络参数、增加网络层数、甚至使用相对复杂的网络来解决。算法工程师真正面临并要解决的是过拟合问题。

过拟合是指模型在训练集上表现很好，但是在测试集上表现很差的现象。这显然违背了奥卡姆剃刀原则（模型简单、有效）——这是模型容量过大，也就是假设空间过大造成的。同样，我们可以做如下推论：

模型容量过大→学习能力强→过分学习训练样本的特征→过拟合→泛化能力差

解决过拟合的思路与方法，我们会在后面的实例中介绍。总之，无论是欠拟合还是过拟合，最终的结果都是模型的泛化能力差，损失函数的值比较大，模型的性能指标（例如精度等）比较差，预测表现不尽人意。

那么，如何解决模型的拟合问题呢？

3.3.3　数据集划分与数据污染

我们会在训练集中预留一部分数据作为验证集。验证集有两个目的：一是判断模型是否存在拟合问题；二是调整模型的学习率、每个网络层的权重值、训练次数等超参数。为了使模型在测试集上有良好的泛化能力，我们甚至可以根据模型在验证集上的性能表现调整神经网络的结构。

训练集、验证集、测试集的比例，在数据集充足的情况下，通常按 6∶2∶2 划分。AI 工程师可以根据实际情况进行数据集规划。当数据量不足时如何规划验证集是有一些技巧的，我们会在后续的实例中详细介绍。总结一下三种数据集的作用。

- 训练集：训练模型，获得神经网络的模型参数。
- 验证集：判断模型是否存在拟合现象；获得神经网络模型的超参数。
- 测试集：验证模型的泛化能力。

关于数据集，应注意如下几点。

- 训练集、验证集、测试集应遵循独立同分布（Independent Identical Distribution，i.i.d）假设。所谓独立，是指三个数据集相互独立，互不参与其他数据集的活动。所谓同分布，就是三个数据集来自同一业务场景，有相同的数据分布。例如，在 MNIST 数据集中，60000 个训练样本与 10000 个测试样本中 0 ~ 9 手写数字图片的分布概率基本相同。具体来说，在 60000 个训练样本中，手写数字为 2 的概率是 10%；在 10000 个测试样本中，手写数字为 2 的概率也是 10%；70000 幅手写数字图片中的任意一幅，要么在训练集中，要么在测试集中，不能有任何一幅图片既在训练集中，又在测试集中。这就是独立同分布假设。在本例中，我们把 60000 个训练样本中的 10% 作为验证集（validation_split=0.1），遵循独立同分布假设。
- 数据的代表性：随机打乱数据，确保训练集、验证集与测试集均匀分布。同时，数据集的划分要科学、合理。
- 数据的时间问题：在使用过去的数据预测未来的应用中，应确保测试集中的所有数据都晚于验证集中的所有数据、验证集中的所有数据都晚于训练集中的所有数据。这种情况在对时间敏感的序列数据中表现尤为突出。例如，用过去的股价信息预测未来股价的走势，预测房价的趋势，预测某地的犯罪率，等等。

这里简要说明一下数据集的独立同分布假设。这是现阶段深度学习的无奈之举，也是有待研究与突破的地方。理论上，一个人工智能体的泛化能力，与训练数据出现在什么场景中无关，也与数据和类别的数量无关。

还有一类问题，是数据污染问题。神经网络是通过数据进行学习的，如果数据出现问题，那么对模型泛化能力的打击将是巨大的。典型的数据污染方式就是使用测试集样本来训练模型，这种情况其实就是将测试集当成训练集使用。模型的泛化能力没有得到评估就投放到生产环境中，将会带来巨大的性能风险。还有一种数据污染问题是标注问题。标注质量不高、标注错误，或者人为故意标注错误——这些因标注产生的错误标签，对模型的影响是巨大的，甚至是毁灭性的。“指鹿为马”是对数据污染最恰当的比喻。如果标注人员给“鹿”的图片标注了“马”的标签，那么完成学习、已经“毕业”的网络模型，就会将“鹿”视为“马”。在准备数据、划分数据集、进行训练评估的过程中，一定要避免数据污染问题。

数据集划分好了。数据集里的数据是怎么表示的呢？或者说，数据结构是怎样的呢？

3.3.4 神经网络中的数据表示

TensorFlow、Keras、PyTorch、Caffe（Caffe2 已在 2018 年并入 PyTorch）、CNTK、Kaldi、MXNet、PaddlePaddle 等 AI 软件框架，本质上是面向深度学习算法的科学计算库。截至 2020 年年初，各个 AI 软件框架的发展路线[①]，如表 3-1 所示。这些框架运行的所有操作都是基于张量进行的。张量是所有机器学习系统使用的基本数据结构。

表 3-1

厂　商	框　架			
Facebook	Torch	Caffe	Caffe2 PyTorch	Caffe2 并入 PyTorch
	2002 年	2013 年	2017 年	2018 年

① Caffe 是贾扬清 2013 年在加州大学伯克利分校攻读计算机科学博士学位时编写的，并在同年 12 月开源。2016 年 2 月，贾扬清入职 Facebook 时开发了 Caffe2，故把 Caffe 归入 Facebook 公司。2014 年，陈天齐、李沐开发 MXNet 时，也不在 Amazon 公司。

续表

厂　商	框　架		
Google	DistBelief	TensorFlow 1.0 Keras	TensorFlow 2.0
	2011 年	2015 年	2019 年
Amazon	MXNet	MXNet	MXNet
	2014 年	2016 年	2017 年 Apache 基金会
Microsoft	Kaldi	CNTK	
	2011 年	2016 年	
Baidu	PaddlePaddle	PaddlePaddle 开源	PaddlePaddle ML 产业级开源
	2013 年	2016 年	2019 年

Tensor 是一个数据容器。由于 Tensor 存储的数据基本上是数值，因此它其实是一个数值容器。Tensor 有三个重要的属性。

- 轴（aixs）：张量的维度（Dimension）称为轴。例如，2D 张量有两个轴，3D 张量有三个轴。可以通过 Tensor 的 ndim 成员属性获得张量的维度。在以下代码中，张量 train_images 有两个轴，是一个 2D 张量。

```
Out[51]: train_images.ndim
Out[51]: 2
```

- 形状（shape）：张量的每个轴的维度大小，是一个整数元组。可以通过 Tensor 的 shape 成员属性获得张量的形状。在以下代码中，张量 train_images 是一个矩阵。

```
Out[52]: train_images.shape
Out[52]: (60000,784)
```

- 数据类型（dtype）：张量包含的数据类型。前面说过，张量是一个数值容器，它的数据类型通常是 float16、float32、float64、uint8、uint16、uint32、uint64。我们知道，数值位越长，精度越高，占用内存就越多；相反，数值位越短，精度越低，数据就越容易发生溢出。因此，大部分机器学习算法使用 uint32 或 float32 数据类型。而基于深度学习算法训练模型的过程，实际上是在张量之间进行大量浮点运算。float32 是普遍使用的一种数据类型。在强化学习算法中，因为需要高精度张量，所以一般使用的数据类型是 uint64 和 float64。可以通过 Tensor 的 dtype 成员属性获得张量的数据类型。以下代码表示数据类型是 float32。

```
Out[53]: train_images.dtype
Out[53]: dtype('float32')
```

下面我们来看看张量的数值类型。

- 标量（Scalar）：由单个数值组成的张量。ndim 为 0，形状为 shape[]，称为 0D 张量。
- 向量（Vector）：由 n 个数值组成的数组。ndim 为 1，形状为 shape[n]，称为 1D 张量。虽然 1D 张量只有一个轴，但这个轴下面可以有很多元素，这些元素也称为维度。由 n 个数值组成的数组，又称为 nD 向量，合并在一起称为 nD 向量 1D 张量。
- 矩阵（Matrix）：由向量组成的数组。ndim 为 2，矩阵有行和列两个轴（n 行，m 列），形状为 shape[n,m]，称为 2D 张量。
- 3D：由多个矩阵组成的数组。ndim 为 3，例如由 k 个 n 行 m 列数据组成的张量，其形状为 shape[k,n,m]，称为 3D 张量。
- 高维张量：由多个 3D 张量组成的数组，可以生成一个 4D 张量。依此类推，可以创建 5D、6D 甚至更高维度的张量。

我们在利用深度学习解决各种问题时，需要面对各种类型的数据，例如文本、图片、语音、视频等。在本章的例子中，就是利用图片数据解决单输入多分类问题的。那么，这些数据在神经网络学习过程中的张量形状是什么样的呢？如表 3-2 所示。

表 3-2

输入的数据	张量维度	张量形状
向量数据	2D 张量	(samples,features)
图片数据	4D 张量	(samples,height,width,channels) (samples,channels,height,width)
声音/语音数据	3D 张量	(samples,timesteps,features)
文本数据	2D 张量	(samples,features)
时间序列数据	3D 张量	(samples,timesteps,features)
视频数据	5D 张量	(samples,frames,height,width,channels) (samples,frames,channels,height,width)

在通常情况下，所有张量的第一个轴是样本轴，后面的轴用于描述数据的关键特征。

- 向量数据：深度学习在使用向量数据进行训练时，通常使用的是 2D 张量，第一个轴是样本轴，第二个轴是特征轴。例如，要对一所大学的在校生进行普查，这所大学共有 5000 个学生，要调查每个学生的姓名、性别、出生年月、出生地、民族、所在学院、所学专业、届别、个人爱好与特长 9 个指标，那么，这个向量数据就可以存储在形状为 (5000,9) 的 2D 张量中。
- 图片数据：本例中的手写图片数据是一个 4D 张量，是由图片样本数、图片的高、图片的宽、图片颜色四个轴组成的。MNIST 数据集中有 70000 个样本，图片的高是 28 像素，宽也是 28 像素。关于图片颜色的特征，彩色图片有三种编码方式，分别是 RGB（红—绿—蓝）、HSV（色相—饱和度—明度）、RGBA（红—绿—蓝—Alpha），常用的是前两种方式。这三种编码方式都有三个维度，也称为颜色的三个通道，而手写的灰度图片只有一个颜色通道，因此，MNIST 数据集可以存储在形状为 (70000,28,28,1) 的 4D 张量中。图片张量的形状有通道在前、通道在后两种约定，TensorFlow 支持通道在后的方式。
- 声音数据：这类数据我们也经常遇到，它一般与时间有关，是由样本、时间、特征三个轴组成的 3D 张量。如果我们想保存时间长度不大于 120 秒的 100 条语音中包含“张三”的语音数据，就可以把它存储在形状为 (100,120,1) 的 3D 张量中。
- 文本数据：这类数据一般与时间无关，但与顺序有关。与向量数据类似，它有两个轴，分别是样本、特征。假如我们要进行词云分析，想知道 500 篇文本文档里重复词语的情况，词语字典中有 2000 个词向量，那么，可以将这个数据集存储在形状为 (500,2000) 的 2D 张量中。
- 时间序列数据：这是一类在时间维度上有先后顺序的数据。声音数据是时间序列数据的一种。之所以把它单独拿出来，是因为声音数据是自然语言处理任务主要面临的数据集。在现实生活中，还有很多与时间相关的数据，例如股票价格数据、房价数据、天气预报数据等。与声音数据类似，这类数据也以 3D 张量的方式存储。
- 视频数据：视频数据是由图片数据和语音数据组成的。如果整个视频中都没有语音信息（例如哑剧，只有肢体表演，没有台词），那么它就是一个 5D 张量，也就是在图片数据的基础上增加了帧的维度。帧的生成方式有很多种，在研究或工程活动中，根据实际情况的不同，可以以不同的方式抽帧，例如关键帧、每秒 25 帧、按一定的步长抽帧等。如果有语音数据且需要分析视频中的语音信息，那么还要提取视频中的音轨信息，以 3D 张量的方式处理时间序列。时间序列与图片特征的提取应同步进行，以确保这两类数据在进行特征学习时的一致性与关联性。

3.3.5 张量操作

本例在 fit 方法中使用了 batch_size 参数，在对数据进行预处理时使用了 reshape 函数以及“train_images.astype('float32') / 255”表达式，这些都是对张量进行的操作。

在使用深度学习训练模型时，并不是一次性将全部训练数据传入神经网络进行学习来提取特征的，而是分批次传入的，每个批次的大小是由 batch_size 参数决定的。这些参与训练的张量称为批张量。本章的示例如下。

```
model.fit( train_images, train_labels,
           epochs = 10, batch_size = 128, validation_split=0.1,
           callbacks = tb_callbacks)
```

train_images 的样本数是 60000 个，预留 10%（即 6000 个）作为验证集，参与训练的样本数为 54000 个。每个 batch_size 有 128 个样本，完成一个 epoch 的训练需要 422 个批次的样本。如果训练指定 10 个 epoch，那么完成整个训练需要 4220 个批次的样本。第 10 个 epoch 的训练日志如下，每个样本的训练时间是 55 微秒，完成一个 epoch（即 422 个批次的样本）的训练耗时 3 秒。

```
Epoch 10/10
54000/54000 [=========] - 3s 55us/sample - loss: 0.0104 - categorical_accuracy:
0.9970 - val_loss: 0.0821 - val_categorical_accuracy: 0.9818
```

赋予 batch_size 的样本数是如何获得的呢？通过张量的一个重要操作——张量切片。

张量切片是指提取张量部分的数据。通过 start:end:step 切片方式，可以方便地提取一段数据，其中：start 为开始读取位置的索引，end 为结束读取位置的索引（不包含 end），step 为采样步长。存储在张量里的数据索引是从 0 开始的。start:end:step 切片方式有一些缩写，如表 3-3 所示，例如：step 为 1 时可以省略；全部省略时为“::”，表示从头读到尾，步长为

1，即不跳过任何元素；x[0,::] 表示读取第 1 个样本的所有行。

表 3-3

切片定义	含　义
start:end:step	从 start 开始，读取到 end（不包含 end），步长为 step
start:end	从 start 开始，读取到 end（不包含 end），步长为 1
start:	从 start 开始，读取后续所有元素，步长为 1
start::step	从 start 开始，读取后续所有元素，步长为 step
:end:step	从 0 开始，读取到 end（不包含 end），步长为 step
:end	从 0 开始，读取到 end（不包含 end），步长为 1
::step	步长为 step 的采样
::	读取所有元素
:	读取所有元素

step 可以为负数。考虑最特殊的一种情况，当 step=-1 时，start:end:-1 表示从 start 开始，逆序读取至 end 结束（不包含 end），索引号 end≤start。

还有一种方式可以做切片——张量索引。张量索引既支持基本的 [i]、[j] 等标准索引方式，也支持通过逗号分隔索引号的索引方式 [i,j,k,...]。

下面我们来认识一个函数：train_images_datasets.reshape((60000, 28 * 28))。reshape 是对张量进行维度变换的重要函数，维度变换是张量操作的核心。reshape 函数只改变张量的视图，即只改变对张量的理解方式，但不改变张量的存储顺序。该函数可将 train_images_datasets 这个 3D 张量转换成 2D 张量，示例如下。

```
In [6]: print(train_images_datasets.shape,train_images.shape)
        (60000, 28, 28) (60000, 784)
```

reshape 函数经常用于改变张量的视图，以适配不同神经网络对张量的不同要求。

与 reshape 相关的函数 transpose，既可以改变张量的视图，又可以改变张量的存储方式，经常用来进行维度变换。例如，将图片的通道轴由通道在后改为通道在前：以将 MNIST 数据集存储在形状为 (70000,28,28,1) 的 4D 张量 x 中为例，通过 transpose(x,perm=[0,3,1,2]) 就可以把通道放在样本之后。在 transpose(x,perm) 函数中，参数 perm 表示新维度的顺序 list。list 由张量的轴的索引组成，第 1 个轴的索引为 0。

张量支持基本数学运算加、减、乘、除。“train_images.astype('float32') / 255”表达式就是一个基本的除法运算，其目的是把张量 train_images 中的值缩小到 0 ~ 1 之间，以便神经网络进行运算。

由于与 TensorFlow 相关的基础知识不是本书的关注点，因此，本节只介绍与示例相关的张量运算与操作。读者要想深入了解其他内容，请参考 TensorFlow 的相关资料。

3.3.6 数据预处理

数据准备工作完成后，需要对数据进行预处理，例如将数据向量化、对标签进行编码、将数据标准化等，主要目的是满足神经网络对数据的要求，示例如下。

```
# 数据预处理：对数据进行预处理，将数据转换成符合神经网络要求的形状
# 训练集
train_images = train_images_datasets.reshape((60000, 28 * 28))
train_images = train_images.astype('float32') / 255
# 测试集
test_images = test_images_datasets.reshape((10000, 28 * 28))
test_images = test_images.astype('float32') / 255
# 对分类进行编码
train_labels = utils.to_categorical(train_labels_datasets)
test_labels = utils.to_categorical(test_labels_datasets)
```

神经网络要处理的数据是张量。图片是一个 4 维（4D）张量，形状为 (samples,height,width,channels) 或 (samples,channels,height,width)，即 (图片样本数量,高,宽,通道数) 或 (图片样本数量,通道数,高,宽)。彩色图片有三个通道，例如 100 幅 28 像素 × 28 像素的彩色图片的张量表示方式为 (100,28,28,3) 或 (100,3,28,28)。

在本例中，手写数字图片是 70000 幅灰度图片，通道数是 1，这些图片的高和宽均为 28 像素，那么张量表示方式为 (70000,28,28,1)。其中，若通道数为 1，则可以省略，表示方式为 (70000,28,28)。由此可以推导，本例中的训练样本和测试样本的张量表示方式，分别为 (60000,28,28) 和 (10000,28,28)。训练样本预留 10% 作为验证样本。下载的手写数字图片样本使用 NumPy 数组进行编码，标签是取值范围为 0 ~ 9 的数字数组，标签与图片一一对应。

在 Spyder 的 IPython 控制台中可以查看数据和标签的详细信息，示例如下。

```
In [36]: train_images_datasets.shape
Out[36]: (60000, 28, 28)
```

```
In [37]: train_labels_datasets,len(train_labels_datasets)
Out[37]: (array([5, 0, 4, ..., 5, 6, 8], dtype=uint8), 60000)
```

可以看出：训练集 train_images_datasets 是一个 NumPy 数组，包含 60000 幅 28 像素×28 像素的灰度图片；训练集标签 train_labels_datasets 的长度为 60000，取值范围是 0～9 的数字数组；train_images_datasets 与 train_labels_datasets 建立了一一对应关系。

不同类型的深度学习算法和网络层，对数据张量的格式有不同的逻辑要求。当现有的数据格式无法满足算法的要求时，需要通过维度变换将数据调整为正确的格式。reshape 是一个维度变换函数，它只改变张量的视图，不改变张量的存储顺序。前面的预处理就是将训练集与测试集转换为一个 float32 数组，形状为 (60000,784)、(10000,784)，取值范围为 0～1，示例如下。

```
Out[43]: test_images.shape
Out[43]: (10000, 784)
Out[44]: test_images
Out[44]:
array([[0., 0., 0., ..., 0., 0., 0.],
       [0., 0., 0., ..., 0., 0., 0.],
       [0., 0., 0., ..., 0., 0., 0.],
       ...
       [0., 0., 0., ..., 0., 0., 0.],
       [0., 0., 0., ..., 0., 0., 0.],
       [0., 0., 0., ..., 0., 0., 0.]], dtype=float32)
```

标签的预处理就是进行分类编码。to_categorical 是 Python & NumPy 实用工具里的一个函数，在 tf.keras.utils 下，它的主要功能是将数据类型为 uint8 的 train_labels_datasets、test_labels_datesets 的张量转换成数据类型为 float32 的二进制矩阵。float32 是 to_categorical 函数的默认类型，可以通过其成员参数 dtype 修改数据类型。

经过分类编码的 train_labels 的张量，形状如下。

```
Out[47]: train_labels.shape
Out[47]: (60000, 10)
Out[48]: train_labels
array([[0., 0., 0., ..., 0., 0., 0.],
       [1., 0., 0., ..., 0., 0., 0.],
       [0., 0., 0., ..., 0., 0., 0.],
       ...
       [0., 0., 0., ..., 0., 0., 0.],
```

```
[0., 0., 0., ..., 0., 0., 0.],
[0., 0., 0., ..., 0., 1., 0.]], dtype=float32)
```

在分类问题中，训练集的标签预处理方式与编译模型时选定的损失函数有关。标签预处理使用的是多分类方式，损失函数的类型为 categorical_crossentropy（多分类交叉熵）。这一点可以在示例代码的编译模型部分看到。

3.4 构建神经网络

数据准备好了，就可以开始构建合适的神经网络了。不同的样本数据与任务，需要由不同的神经网络来解决。数据可以分为欧几里得数据（Euclidean Data）与非欧几里得数据。

欧几里得数据是指有一定规律的拓扑结构的数据。例如，图片、视频这类数据在空间维度上的拓扑结构是有规律的，文本、语音、股票、房价、天气等数据在时间维度上的拓扑结构是有规律的。这些数据使用不同类型的深度学习算法来解决分类、回归、聚类等问题。与空间维度相关的数据所对应的问题，通常使用卷积神经网络来处理。与时间维度相关的数据所对应的任务，一般采用循环神经网络来处理。对时间不敏感的文本序列，也可以使用卷积神经网络来处理。这些内容将在后面的章节中通过具体的程序示例介绍。

非欧几里得数据是指那些具有不规则空间结构的数据，例如社交网络数据、通信网络数据、生物领域的蛋白质分子结构数据等。这些数据及相关问题的解决方法，与欧几里得数据的求解思路是不一样的。

3.4.1 构建神经网络的方法

构建神经网络的方法有以下三种。

1. Sequential 方法

Sequential 方法是目前最常见的一种网络架构定义方法。Sequential 按神经网络层的顺序构建模型，定义的是一种线性堆叠网络，通常在单输入单输出且网络内部为纯线性结构时使用。通过这种方法构建的模型称为 Sequential Model。这种模型每层只有一个输入张量和一个输出张量。

下面几种情况不适合使用 Sequential 方法构建网络模型。

- 多输入或多输出的神经网络模型。
- 神经网络内部的任何一个网络层有多输入或多输出。
- 网络共享，包括层共享、层图共享、模型共享（后面会详细介绍）。
- 模型组装或嵌套（后面会详细介绍）。
- 需要构建非线性神经网络拓扑结构的模型。

前面介绍全连接网络、卷积神经网络、循环神经网络时，使用的都是 Sequential Model。

2．函数式 API 方法

如上所述，如果要构建比较复杂的网络，例如多输入模型（多输入单输出）、多输出模型（单输入多输出、多输入多输出）、类图模型（网络内部，例如隐层有并行、分支结构），Sequential 方法就没有办法解决了。在这种情况下，可以使用函数式 API 方法。

函数式 API 方法的通用性更好，在设计网络模型时更灵活，同时，网络性能更强，可以构建任意形式的网络架构，在科研、竞赛、商业化应用中使用广泛。在第 7 章中，大都使用函数式 API 方法来构建网络模型。

3．通过继承 Model 基类构建自定义模型的方法

第三种方法是通过继承 Model 基类构建自定义模型。本书不涉及这方面的内容。

3.4.2　理解 Sequential Model 的构建方法

MNIST 数据集是一个典型的欧几里得数据集，神经网络的任务是预测一幅输入图片为 10 个类别的概率，要解决的其实是一个单输入单输出的多分类问题。在这里，用 Sequential Model 构建一个 2 层全连接网络（也称为密集连接网络）来解决这个问题，代码如下。

```
# 构建神经网络：全连接网络
model = models.Sequential()
model.add(layers.Dense(512,activation='relu',input_shape=(28*28,)))
model.add(layers.Dense(10,activation='softmax'))
model.summary()
```

使用 Sequential Model 构建神经网络有两种方式，一种是如上面代码所示的 add 方法，

另一种是通过 Sequential 构造器（Sequential Constructor）构建神经网络拓扑结构。

add 方法将一个层的实例以层堆叠（Layer Stack）的方式添加到神经网络模型的顶层。任何层的实例都可以通过 Sequential 的 add 方法添加到一个模型中。在本例中，使用了两个全连接层，通过 Sequential Model 的 add 方法逐层添加到 model 中。第一个全连接层接收一个 28×28 的 2D 张量，将 512 个输出单元传给第二个全连接层。在后面的章节中，读者可以看到通过 add 方法将卷积层、循环层、随机失活层、激活函数层、池化层、批标准化层等层实例添加到模型中的过程。

Sequential 构造器将模型的所有层实例放在一个层列表中，通过 Sequential 的构造函数来创建模型，示例如下。

```
model = Sequential(
                  [ layers.Dense(512,activation='relu',input_shape=(28*28,)),
                    layers.Dense(10,activation='softmax'),],
                name = 'model_constructor')
```

这段代码与通过 add 方法构建的模型的拓扑结构和功能是相同的。

现在，可以通过 model 的 summary 方法查看模型的概要信息，示例如下。

```
Model: "model_constructor"
_________________________________________________________________
Layer (type)                 Output Shape              Param #
=================================================================
dense_7 (Dense)               (None, 512)               401920
_________________________________________________________________
dense_8 (Dense)               (None, 10)                5130
=================================================================
Total params: 407,050
Trainable params: 407,050
Non-trainable params: 0
_________________________________________________________________
```

模型的概要信息包括模型的名称、各层的名称、各层输出张量的形状、各层与模型的参数信息。其中，“Trainable params”为参与模型训练的参数总数，“Non-trainable params”为不参与模型训练的参数总数。

神经网络模型的第一层接收输入张量。通常在添加第一个层实例时就要指定输入张量的形状。例如，本例中 Dense 层接收的张量的形状为 input_shape=(28*28,)，是一个 2D 张量。

也有不指定张量形状的时候，在这种情况下模型无法自动构建，需要在显式调用 model.build 方法指定输入张量的形状后再构建，这种方式称为延时构建模式（Delayed-Build Pattern）。与此对应，本例使用的构建模式称为自动构建模式。将本例使用的构建模式从自动构建模式改为延时构建模式的代码如下。

```
model = models.Sequential()
model.add(layers.Dense(512,activation='relu'))
model.add(layers.Dense(10,activation='softmax'))
model.build((None,784))
```

两种构建模式的网络拓扑结构和参数量完全相同。

Sequential 还提供了删除层的方法 pop，但该方法只能删除模型中的最后一个层实例。该方法还有一个非常实用的功能，就是通过 Sequential 构造数据增强器（在后面的示例中会用到）。

3.4.3　理解 layers 与 layer

我们通过分析构建模型的代码可以知道，全连接层（Dense）的实例化是通过 layers 调用 Dense 层实现的。那么，layers 是什么呢？在 tf.kersa 中，layers 是神经网络最基础的构建模块（Building Block），它为实例化各种类型的层提供了一系列 API，包括卷积层、循环层、池化层、激活层、数据标准化层、预处理层、张量维度变换层等。AI 工程师可以通过 layers 方便地使用这些网络层。

layer 是神经网络的核心组件，众多类型不同且相互兼容的 layer 堆叠或拼接在一起，组成了神经网络。layer 的兼容性是指两个相邻层之间的输出与输入的张量格式兼容。我们可以将 layer 理解为神经网络的一种数据处理模块，它可以作为一个对象来调用，接收的是一个或多个张量，输出的也是一个或多个张量。

layer 是所有层的父类，有很多不同类型的层，例如全连接层、卷积层、循环层等。目前在本书中只使用了 Dense 层，后面我们陆续会使用 Conv1D、Conv2D、Conv3D、RNN、SimpleRNN、LSTM、GRU、Bidirectional 等类型的层。这些类型的层都是上面三类层的可实例化层。不同类型的层能够处理不同类型的张量数据，如表 3-4 所示。

表 3-4

输入的数据	建议使用网络	张量维度	张量形状
向量数据	Dense	2D 张量	(samples,features)
图像数据	Conv2D	4D 张量	(samples,height,width,channels) (samples,channels,height,width)
声音数据	Conv1D（首选），RNN	3D 张量	(samples,timesteps,features)
文本数据	Conv1D（首选），RNN	2D 张量	(samples,features)
时间序列数据	RNN（首选），Conv1D	3D 张量	(samples,timesteps,features)
视频数据	Conv3D，帧级二维神经网络（提取特征）+RNN/Conv1D（处理序列）	5D 张量	(samples,frames,height,width,channels) (samples,frames,channels,height,width)
立体数据	Conv3D	5D 张量	(samples,frames,height,width,channels) (samples,frames,channels,height,width)

还有一些用于进行数据处理与优化网络的层，例如 Dropout、Embedding、Activation、Pooling 等。

层有两个重要的属性——kernel、bias。这两个属性称为层的权重或层的可训练参数，也称为神经网络的模型参数。层以表示学习的方式，从低层特征开始学习，直到高层特征，所有学习到的结果都保留在层的权重中。权重也是通过张量表示的。可以通过如下命令获得相关的权重信息。

```
In[9]: model.weights
Out[9]:
[<tf.Variable 'dense/kernel:0' shape=(784, 512) dtype=float32, numpy=
 array([[ 0.01090999, -0.02080502, -0.05425229, ..., -0.0101046 ,
          0.053599  ,  0.04064881],
        [ 0.06185037, -0.05702069, -0.03005208, ...,  0.00515331,
          0.02299489,  0.06580023],
        [-0.06505839,  0.03713857, -0.02494522, ...,  0.04880162,
          0.03891314, -0.06500998],
        ...
        [-0.06118438, -0.02361491, -0.0152462 , ..., -0.04948104,
          0.000674  ,  0.06765404],
        [ 0.02629289,  0.03709911,  0.01742355, ..., -0.05839168,
          0.00398863, -0.04438417],
        [-0.01891099, -0.02805801, -0.0200397 , ..., -0.01675848,
          0.05803376, -0.05438479]], dtype=float32)>,
```

基于本章示例，还可以通过 model.name、model.dtype、model.trainable_weights、model.non_trainable_weights、model.trainable、model.input_spec 获得与 layer 相关的属性信息。

3.4.4　理解 models 与 model

在本例中创建 model 时，先使用 models.Sequential 方法，然后利用 Sequential 的 add 方法，以线性堆叠的方式逐一添加 Dense 层，实现 model 的神经网络结构。

models 是指所有与模型有关的类的基类，提供了一系列 API，包括与 Sequential、model、compile、fit、evaluate、predict、save_model、load_model 等相关的 API（这些 API 在后面的章节中都会用到）。

那么，什么是模型呢？由很多层（Layer）组成的神经网络称为模型（Model）。可以把模型看成具备训练与推理功能的对象（Object）。神经网络模型是一种没有回路的有向图，即有向无环图（Directed Acyclic Graph，DAG）①。

神经网络模型概括起来分为如下两类。

- 线性堆叠模型：将所有层线性地堆叠在一起形成的网络模型。这是一种简单且常见的网络形态。由于拓扑结构是线性的，因此，它受限于输入与输出，只接受单输入单输出任务，例如单标签单输出任务。线性堆叠模型由 Sequential 方法构建。
- 非线性堆叠模型：由多个线性堆叠模型拼接而成的网络模型。这种网络拓扑结构复杂，可以解决许多复杂的任务，例如多标签输入任务、多标签输出任务、网络内部需要进行层的分解或合并等运算的任务等。非线性堆叠模型通过函数式 API 方法构建。

模型的拓扑结构是衡量神经网络学习能力的重要指标之一，因此，选择与设计正确的拓扑结构十分重要。模型的构建方法已经介绍过，这里不再赘述。

3.4.5　理解 Dense

我们一起了解一下“layers.Dense(512,activation='relu',input_shape=(28*28,))”的含义。

---

① 百度百科：有向无环图是无回路的有向图。有一个非有向无环图，且从 A 点出发向 B 点经 C 点可回到 A 点，形成一个环。将从 C 点到 A 点的边的方向改为从 A 点到 C 点，则变成有向无环图。有向无环图的生成树的个数，等于入度非零的节点的入度积。

可以将这个层理解为"relu(dot(W,input_shape=(28*28,))+b)"，其中：relu 是激活函数，该函数为括号里的线性表达式增加非线性因素，以提高学习能力（即表达能力），并返回一个 2D 张量；括号里有一个张量的点积运算，是张量 W 与 2D 张量 input_shape=(28*28,) 的点积运算，运算结果与张量 b 相加。W、b 是当前层的两个重要属性，如前面所述，称为当前层的权重，神经网络要训练的就是这两个参数。

在第一次训练时，W、b 的值是神经网络随机生成的，因此性能不会很好。随着训练循环次数的增加，W、b 在每个 layer 中的值将越来越合理，直到整个模型出现过拟合现象。我们来看一个例子，前 4 次的训练情况如下。

```
Function._initialize_uninitialized_variables.<locals>.initialize_variables at
0x0000025A33A190D8> could not be transformed and will be executed as-is. Please
report this to the AutoGraph team. When filing the bug, set the verbosity to 10
(on Linux, `export AUTOGRAPH_VERBOSITY=10`) and attach the full output. Cause:
54000/54000 [============================] - 14s 254us/sample - loss: 0.1862 -
accuracy: 0.9411 - val_loss: 0.0466 - val_accuracy: 0.9872
Epoch 2/10
54000/54000 [==============================] - 12s 218us/sample - loss: 0.0492 -
accuracy: 0.9849 - val_loss: 0.0453 - val_accuracy: 0.9862
Epoch 3/10
54000/54000 [============================] - 12s 219us/sample - loss: 0.0344 -
accuracy: 0.9896 - val_loss: 0.0376 - val_accuracy: 0.9883
Epoch 4/10
54000/54000 [============================] - 12s 214us/sample - loss: 0.0251 -
accuracy: 0.9921 - val_loss: 0.0358 - val_accuracy: 0.9913
```

第 1 个 epoch 的 loss 值为 0.1862，第 2 个 epoch 的 loss 值为 0.0492，即第 1 个 epoch 的 loss 值是第 2 个 epoch 的 loss 值的约 3.7 倍。但是，第 3 个、第 4 个 epoch 的 loss 值分别为 0.0344、0.0251，与第 2 个 epoch 的 loss 值的差别很小。

关于 Dense 层，我们将在第 4 章详细讨论。

3.4.6 激活函数

在添加 Dense 的实例化层时，有一个 activation 参数被赋值为 relu，说明这个全连接层使用 ReLU 函数作为激活函数（Activation Function，AF），示例如下。

```
layers.Dense(512,activation='relu',input_shape=(28*28,))
```

我们知道，神经网络是由线性网络和非线性网络组成的。只具有线性特性的神经网络是浅层神经网络，它的学习能力有限。我们大量使用的神经网络是由线性网络和非线性网络组成的，激活函数的作用就是在线性网络上添加非线性因素。

常用的激活函数如下。

- Sigmoid：其函数曲线是 S 形的，故又称为 S 曲线函数。Sigmoid 函数的曲线在 [0,1] 区间内，它将输入映射为 0～1 的输出，因此，可以实现概率输出，在二分类问题与多标签多分类问题中，经常作为分类器最后一层的激活函数。但是，在输入值较大或较小、神经网络层数较多的时候，Sigmoid 函数容易出现梯度弥散现象。
- Tanh（Hyperbolic Tangent Function）：双曲正切函数[①]，一般作为 Sigmoid 函数的升级版本。Tanh 函数将输入值压缩到 [-1,1] 区间内，输出的均值为 0，收敛速度比 Sigmoid 函数快，常用在循环神经网络的门控单元中。
- ReLU（Rectified Linear Unit，线性整流单元）：深度学习领域使用最为广泛的一种激活函数，具有单边抑制的特性。当输入值小于 0 时，全部抑制为 0；当输入值为正数时，输出其参数 max_value 指定的最大范围内的值，即取值范围为 max(0,x)。这与人类大脑的神经元接收外界信息时的处理方式极其相似：通常会忽略不感兴趣的信息，对感兴趣的信息感到兴奋。与 Sigmoid 函数和 Tanh 函数相比，ReLU 函数的收敛速度更快，因此多用在深度神经网络的输入层和隐层。但是，由于 ReLU 函数对负数的单边抑制性会导致当输入值小于 0 时梯度值恒为 0，所以，在使用随机梯度下降算法优化网络参数时，也可能出现梯度弥散现象。
- LeakyReLU：为解决 ReLU 函数因抑制负数产生的梯度弥散问题而设计，在 ReLU 函数的负区间引入一个很小的泄露（Leaky）值，使负轴的信息不会全部丢失，因此该激活函数也称为带泄露单元的 ReLU（Leaky ReLU）函数。在 tf.keras.layers.ReLU 中，设置 ReLU 函数的 negative_slope 参数，可以达到与 LeakReLU 函数相同的效果。
- Softmax：在深度学习中经常使用的一个激活函数。Softmax 函数将实数向量（Real Vector）转换为表示类别概率的向量，每个输出向量的元素的值在 [0,1] 区间内，所

① Tanh 为双曲正切。在数学中，双曲正切是由双曲正弦和双曲余弦这两种基本双曲函数推导而来的。

有输出向量的元素值之和为 1。作为概率分布，Softmax 函数常用于多分类神经网络的输出层。本例中第二个 Dense 层（也是输出层）使用的就是 Softmax 激活函数。

还有一些类型的激活函数，例如 softplus、softsign、SELU、elu、exponential 等，这里就不一一介绍了。

常见的激活函数有两类，分别是饱和激活函数与非饱和激活函数。Sigmoid 函数与 Tanh 函数属于饱和激活函数，其余的属于非饱和激活函数。相对而言，非饱和激活函数收敛速度快，可以有效地解决或缓解梯度弥散问题。

神经网络使用激活函数，除了本例中的方式，还可以以类似层实例化的方式将激活函数作为一个独立的层来调用，如下所示。

```
model = models.Sequential()
model.add(layers.Dense(512,input_shape=(28*28,)))
# 将 ReLU 函数作为一个层来调用
model.add(layers.ReLU())
model.add(layers.Dense(10))
# 将 Softmax 函数作为一个层来调用
model.add(layers.Softmax())
```

上面这段代码与本章示例中的代码效果一致。

3.5 编译模型

模型定义完成后，就可以对模型进行编译了。

在网络模型的编译过程中，有一些非常重要的工作，例如指定模型采用哪种优化器来优化神经网络各层的权重值、使用哪种损失函数获得训练误差作为反向传播的反馈信号、使用哪种指标来评价模型的性能。

模型编译（Compile）是与训练模型有关的一组非常重要的 API，它在 models 基类下。模型编译的完整参数如下。

```
model.compile(
              optimizer="rmsprop",
              loss=None,
              metrics=None,
              loss_weights=None,
```

```
            weighted_metrics=None,
            run_eagerly=None,
            **kwargs
           )
```

compile 方法的主要任务是为模型的有效训练进行相关配置，具体如下。

- optimizer：说明训练模型时使用的优化器，可以是一个优化器的实例或优化器的名称（字符串形式的标识名称）。
- loss：说明训练模型时使用的损失函数，可以是一个损失函数的实例、损失函数的字符串标识名或目标函数（例如自定义损失函数）。在多输出模型中，每个输出可以使用不同的损失函数，这时参数 loss 的值被赋予一个损失列表（List of Losses）。我们在第 7 章的实例中会详细介绍损失列表的用法。
- metrics：说明在训练与测试过程中对模型性能进行评价的指标列表（List of Metrics）。列表中的指标，可以是指标函数内置的函数名、Metrics 实例或自定义的度量指标。同样，在多输出模型中，不同的输出可以有不同的性能度量指标。这部分内容也将在第 7 章介绍。
- run_eagerly：布尔值，默认为 False，也就是即时执行（Eager Execution）。模型的执行模式，TensorFlow 提供了两种：一种是高性能、方便部署的图执行模式（Graph Execution）；另一种是灵活、易调试的即时执行模式。

其中，最重要的三个参数是 optimizer、loss、metrics（将在后面详细介绍）。

本例使用的优化器为 RMSprop，损失函数为 categorical_crossentropy，评价指标为 acc，代码如下。

```
# 编译模型：指定模型的优化器、损失函数、评价指标
model.compile(optimizer='rmsprop',
              loss='categorical_crossentropy',
              metrics=['acc'])
```

3.5.1　优化器

优化器是编译神经网络模型的重要参数之一，它的作用是通过执行梯度下降过程，使用损失函数获得的反馈信号更新神经网络各层的权重，并决定如何更新，直到网络性能最优。

使用优化器的方式有两种。

第一种方式是调用优化器的实例，具体如下。在这种情况下，可以自定义相关参数。

```
inst_rmsprop = optimizers.RMSprop(lr=0.001,rho=0.9,epsilon=None,decay=0.0)
```

- lr: float：学习率，大于等于 0。
- rho: float：RMSProp 梯度平方的移动均值的衰减率，大于等于 0。
- epsilon: float：模糊因子，大于等于 0。
- decay: float：每次参数更新后学习率的衰减值，大于等于 0。

因此，在进行模型编译时可以直接调用优化器已经实例化的对象，示例如下。

```
model.compile(optimizer=inst_rmsprop,
              loss='categorical_crossentropy',
              metrics=['acc'])
```

第二种方式是通过字符串标识名（String Identifier）来调用优化器。在这种情况下，优化器的学习率、衰减率等参数使用默认值。本例使用的就是这种方法。

RMSprop 优化器能解决很多优化问题，本书大部分例子使用的都是 RMSprop 优化器。

根据解决问题的不同，还有很多可以使用的优化器，例如随机梯度下降优化器 SGD、能动态调整每个参数的学习率的优化器 Adam、为学习率的上限提供了一个更简单的范围的优化器 Adamax、具有特定参数学习率的优化器 Adagrad 等。

3.5.2 损失函数

关于损失函数，前面已经提到了很多次，也是进行模型编译的重要参数之一，主要作用是计算网络模型的预测值与样本标签真实值之间的差异，从而获得神经网络反向传播的反馈信息。损失函数是衡量网络模型泛化能力的核心指标之一。在模型训练过程中，通常在损失函数的值不再发生变化时（也就是出现过拟合时）终止训练。

根据神经网络使用的数据集不同，损失函数会得到不同的损失值。神经网络在训练过程中使用训练集获得模型参数，使用验证集获得模型的超参数。损失函数在训练集上获得的损失称为训练损失（Training Loss），在验证集上获得的损失称为验证损失（Validation Loss）。只有当验证损失不再发生变化时，模型才具有最佳性能。

训练 10 个 epoch 的训练损失与验证损失的趋势图，如图 3-2 所示。随着训练的推进，训练损失值一直处于降低收敛趋势，验证损失值则在第 4 个 epoch 后开始上升，因此，被训练的模型在第 4 个 epoch 性能最优。

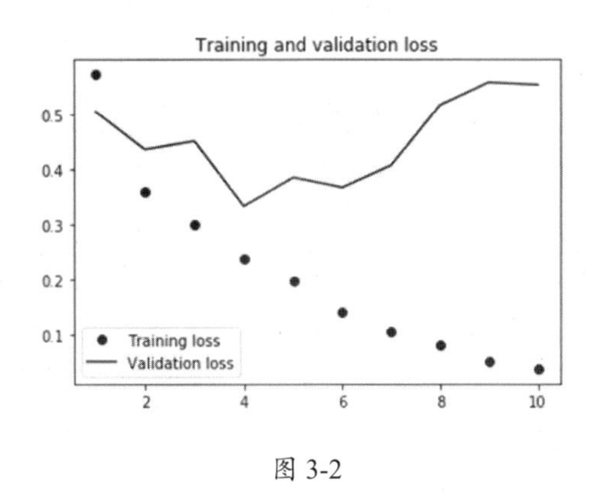

图 3-2

根据所解决任务的不同，模型使用的损失函数也不同。常见的损失函数如下。

- binary_crossentropy：二分类交叉熵，多用在二分类问题中。
- categorcial_crossentropy：多分类交叉熵，在对多分类目标进行 one-hot 编码时使用。在本节中，单标签多分类的例子使用的就是 categorical_crossentropy。
- sparse_categorcial_crossentropy：多分类交叉熵，在对多分类目标进行数字编码时使用。
- mean_squared_error：均方误差，在回归问题中检测异常值时使用。
- mean_absolute_error：平均绝对误差，在回归问题中学习一个预测模型时使用。

除了已有的损失函数，算法工程师也可以根据任务自己编写损失函数。

损失函数的调用方式有两种。

一种方式是使用损失函数实例。losses 类里定义了很多损失函数，导入 losses 类后可以直接调用，如下所示。

```
model.compile(optimizer=inst_rmsprop,
              loss=losses.categorical_crossentropy,
              metrics=['acc'])
```

另一种方式是使用损失函数字符串标识名。本例用的就是这种方式，具体如下。

```
loss='categorical_crossentropy'
```

3.5.3 评价指标

在模型编译命令中，还有一个重要的参数，就是评价指标 metrics。它用于评估被训练模型的性能，在一定程度上反映了模型的泛化能力。算法工程师的最终目标是训练一个泛化能力好的模型，而衡量泛化能力的技术指标就是验证损失值和评价指标——验证损失值越小且正向评价指标越高的神经网络模型，泛化能力越强。

评价指标根据模型解决问题的不同而有所不同。AI 软件框架内置了很多评价函数，它们集成在 tensorflow.keras.metrics 类里，可以直接调用。算法工程师也可以自定义评价函数。这里列出几类常见的评价函数。

- 精度度量（Accuracy Metrics）函数：binary_accuracy、categorical_accuracy、sparse_categorical_accuracy、top_k_categorical_accuracy、sparse_top_k_categorical_accuracy 等。这类函数经常出现在分类任务中，本节的手写数字分类任务使用的就是这类函数。
- 概率度量（Probabilistic Metrics）函数：BinaryCrossentropy、CategoricalCrossentropy、SparseCategoricalCrossentropy 等。
- 回归度量（Regression Metrics）函数：MeanSquaredError（均方误差，MSE）、RootMeanSquaredError、MeanAbsoluteError（平均绝对误差，MAE）等。在标量回归、向量回归等回归任务中，常常使用 MSE、MAE。

调用评价函数的方式有两种。

一种方式是调用评价函数实例，代码如下。

```
model.compile(optimizer=inst_rmsprop,
              loss=losses.categorical_crossentropy,
              metrics=[metrics.categorical_accuracy])
```

另一种方式是使用评价函数字符串标识名。本例用的就是这种方式，即 metrics=['acc']。

在编译一个网络模型时，可以同时指定多个评价指标，例如对模型既评价其精度，又评价其均方差（在回归任务中经常会遇到这种情况），示例如下。

```
model.compile(loss='mean_squared_error',
              optimizer='sgd',
              metrics=['mae', 'acc'])
```

评价函数和损失函数相似，区别在于损失函数的计算结果会被应用到模型的训练中，也就是说，它会作为反馈信号在反向传播中使用，评价函数的计算结果则不会。与损失函数一样，在训练过程中也有训练评价值（例如训练精度）和验证评价值（例如验证精度）。

训练 10 个 epoch 的训练精度与验证精度的趋势图，如图 3-3 所示。随着训练的推进，训练精度（Training Accuracy）值一直处于上升趋势，精度趋近于 100%，验证精度（Validation Accuracy）值则在第 4 个 epoch 后开始下降。由此可以看出，被训练的模型在第 4 个 epoch 性能最优，模型的优劣由验证精度决定。

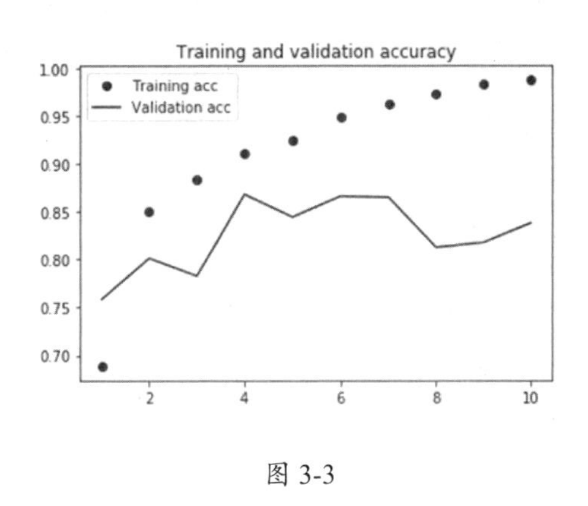

图 3-3

3.6　训练模型

模型编译完成后，下一步就是使用训练集（包含训练样本和对应的样本标签）来训练模型了。训练模型的方法有 fit、fit_generator、train_on_batch、自定义循环训练等。这些方法都集成在 models 基类中，与 compile、evaluate、predict 等方法一样，是与模型训练有关的 API。

本节将重点介绍 fit 方法与 fit_generator 方法。train_on_batch 方法是通过在一个单批次的数据集上进行一次梯度更新（Gradient Update）来训练模型的，一般用于定制化模型的训练。

3.6.1　使用 fit 方法训练模型

fit 方法是常用的训练模型方法，本书的例子基本上都使用这种方法。如以下代码所示，实现手写数字灰度图像识别任务的神经网络，采用的就是 fit 方法训练模型。

```
model.fit(train_images,train_labels,
        epochs = 10,
```

```
        batch_size = 128,
        validation_split=0.1,
        callbacks = tb_callbacks)
```

我们先不考虑“callbacks = tb_callbacks”这个参数设置（将在本章后面与 TensorBoard 一起讨论）。

使用 fit 方法训练模型，有如下几个前提。

- 所有参与训练的样本数据（包括训练集、验证集）都已进行预处理，可以直接使用。前面提到过，数据预处理的目的是使参与训练的样本和标签满足神经网络的要求，例如数据向量化、标准化、标签编码等。
- 有足够的内存，就可以将训练数据完整加载到内存里进行训练。对于小数据集，完全可以使用这种方法。在学习过程中，使用的数据集都比较小，模型也不复杂，通过 fit 方法训练模型就可以满足要求。
- 每一批次的训练都使用相同数量的样本（batch_size）。

fit 方法的完整参数，如下所示。

```
model.fit(
        x=None,
        y=None,
        batch_size=None,
        epochs=1,
        verbose=1,
        callbacks=None,
        validation_split=0.0,
        validation_data=None,
        shuffle=True,
        class_weight=None,
        sample_weight=None,
        initial_epoch=0,
        steps_per_epoch=None,
        validation_steps=None,
        validation_batch_size=None,
        validation_freq=1,
        max_queue_size=10,
        workers=1,
        use_multiprocessing=False,
    )
```

有关回调（Callback）函数的内容，会在后面详细介绍，在这里只介绍常用的参数（也是在后面的例子中经常使用的参数）。x 和 y 这两个参数分别表示训练样本和训练样本所对应的标签，即输入数据和目标数据。

1．关于训练样本 x

- 可以是一个 NumPy 数组，在多输入网络模型中可以是一个 NumPy 数组列表。
- 可以是一个张量，在多输入网络模型中可以是一个张量列表。
- 可以是 AI 软件框架 datasets 内置的数据集，但这类数据集通常已经划分了训练集与测试集。例如，MNIST 数据集将 70000 幅手写数字图片中的 60000 幅放入训练集，10000 幅放入测试集，且建立了从样本到标签的对应关系。
- 可以是一个生成器（Generator）或 Sequence。生成器在进行模型训练时，动态生成训练样本与验证样本。Sequence 是 keras.utils 提供的一个用于拟合数据序列的对象，在进行多进程处理时比较安全。

2．关于标签 y

- 可以是一个 NumPy 数组，在多输入网络模型中可以是一个 NumPy 数组列表。
- 可以是一个张量，在多输入网络模型中可以是一个张量列表。
- 当 x 为 dataset、generator、sequence 时，y 不用定义，因为它已经在 dataset、generator、sequence 中了。

3．batch_size 与 epoch

- batch_size：一个整数值或为 None，默认值为 32。在使用 generators、datasets、sequence 作为训练样本输入时，不需要使用 batch_size 参数。由于神经网络是按照小批量（batch_size）逐次迭代（epoch）的方式进行训练的，所以，每执行一个 batch_size，优化器就会对神经网络模型进行一次梯度更新（Gradient Update）。一个 epoch 的梯度更新次数等于训练样本数除以 batch_size。
- epoch：模型训练中一个非常重要的参数，表示模型训练的次数，是一个整数值。一个 epoch 是指在所有训练数据中迭代一次，即一个 epoch（1 轮次）跑完所有的 x、y 中包含的数据。

4．validation_split 与 validation_data

这两个参数指明了训练模型的验证集。验证集不参与训练，只用来验证模型泛化能力。衡量泛化能力的指标包括验证损失值与验证度量值，具体的做法是在每个 epoch 结束后使用验证集评估损失及进行性能度量。在使用 fit 方法训练模型时，只需要使用其中一个参数。

- validation_split：0 ~ 1 的浮点数（Float），表示从训练集中预留验证集的百分比，即 validation_split = 预留验证集数 / 训练集数。
- validation_data：与训练集、测试集一样，在准备数据时独立划分出来。

本例在 fit 方法中指定了参数 x、y、epochs、batch_size、validation_split、callbacks。这是我们经常见到的用法，其他参数通常使用默认值。

需要说明的是，虽然 fit 方法支持使用生成器生成的数据进行训练和验证，但是笔者建议使用 fit_generator 方法训练生成器生成的数据。

fit 方法执行后，将返回一个 history 对象。该对象的 history 属性包含每个 epoch 的训练损失值（Training Loss Value）、训练度量值（Training Metrics Value）。如果有验证过程，则记录验证损失值（Validation Loss Value）、验证度量值（Validation Metrics Value）。可以通过如下方法获得相关值。

```
history = model.fit(train_images,train_labels,
                    epochs = 10,
                    batch_size = 128,
                    validation_split=0.1,
                    callbacks = tb_callbacks)
train_loss = history.history['loss']                # 训练损失值
train_metric = history.history['accuracy']          # 训练度量值
val_loss = history.history['val_loss']              # 验证损失值
val_metric = history.history['val_accuracy']        # 验证度量值
```

这些值可以通过 matplotlib.pyplot 生成趋势图，以便对模型的性能进行直观的分析，如图 3-4 所示。本书将使用更好的工具——TensorBoard 进行分析。

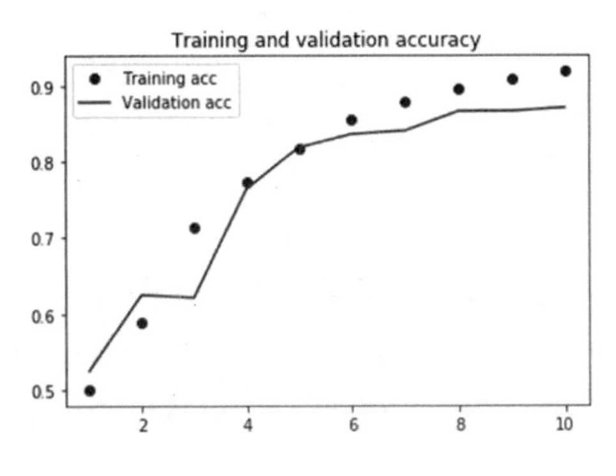

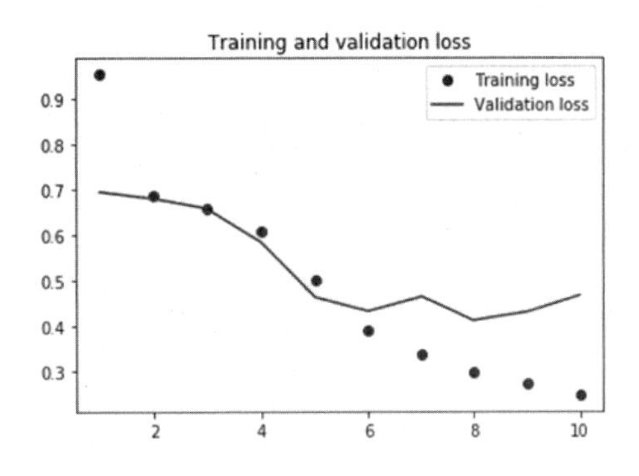

图 3-4

3.6.2　使用 fit_generator 方法训练模型

在训练服务器内存足够大，能一次完全加载训练数据的情况下，使用 fit 方法训练模型是一个不错的选择。如果无法满足上述要求，则可以考虑采用 fit_generator 方法。该方法与 fit 方法最大的区别是训练数据、验证数据是通过生成器生成的，如以下代码所示。

```
model.fit_generator(
                    train_generator,
                    steps_per_epoch=100,
                    epochs=30,
                    validation_data=validation_generator,
                    validation_steps=30)
```

在上述代码中，使用了两个生成器，分别是 train_generator 和 validation_generator。

train_generator 生成器负责生成训练数据集，包括训练样本与对应的样本标签。这个生成器使用 ImageDataGenerator 类从目录 train_dir 中读取图片，并将图片缩放至 150 像素 × 150 像素，每个批次提供 20 个样本，数据标签为二进制标签（从这里可以知道，这是一个二分类问题或多标签多分类问题），代码如下。

```
train_generator = ImageDataGenerator.flow_from_directory(
                  train_dir,
                  target_size=(150, 150),
                  batch_size=20,
                  class_mode='binary')
```

validation_generator 生成器与 train_generator 生成器类似，代码如下。

```
validation_generator = ImageDataGenerator.flow_from_directory(
                        validation_dir,
                        target_size=(150, 150),
                        batch_size=20,
                        class_mode='binary')
```

可以看出，生成器的主要作用是组装数据，对数据进行预处理（在本例中对数据进行了缩放，还有其他方式，例如旋转、翻转、平移、裁剪、随机擦除、增加噪音、变换视角等数据增强技术），以及确定每调用一次生成器的数据批量（batch_size）等，提高了算法工程师对训练数据进行处理的灵活性和自主性。

生成器还有一个特点，就是在提供数据时没有终止条件。fit_generator 方法有两个重要的参数，分别是 steps_per_epoch 和 validation_steps。这两个参数非常重要，如果没有它们，生成器就会不停地提供相关数据。steps_per_epoch 的作用是，在每一个 epoch，从生成器 train_generator 中获得 steps_per_epoch 个批量样本（即获得 100×20 共 2000 个样本），进行训练，直到完成所有的 epoch。validation_steps 的作用是：告诉神经网络，模型需要从 validation_generator 生成器中生成多少个批次进行模型评估（在本例中是 30 个批次）。

与 fit 方法一样，fit_generator 方法同样回返回一个 history 对象，其中记录了与模型训练有关的结果。

fit_generator 方法训练神经网络模型比 fit 方法使用的内存少，执行效率高。

3.6.3 使用 TensorBoard 回调函数训练模型

本节我们重点讨论一下可视化展示器回调函数。先了解一下什么是回调函数。

回调函数就是一个在训练的特定阶段被调用的函数集。我们可以使用回调函数来观察训练过程中神经网络内部的状态和统计信息。通过传递回调函数列表到训练模型的 fit、fit_generator 方法，即可在指定的训练阶段调用其中的函数：

- 每个 epoch 之前；
- 每个 epoch 之后；
- 每个 batch 之前或之后。

在使用 fit、fit_generator 方法训练模型时，都有一个 callbacks 参数，这个参数说明在模型训练过程中将使用哪些回调函数，这些回调函数是 keras.callbacks.Callback 的实例。我们来看如下代码。

```
# 使用 TensorBoard 回调函数训练模型
tb_callbacks=[
        keras.callbacks.TensorBoard(
                                  log_dir = 'log_my_dir',
                                  histogram_freq = 1,
                                  write_graph=True,
                                  write_images=False,
                                  update_freq="epoch",
                                  profile_batch=2,
                                  embeddings_freq=0,
                                  embeddings_metadata=None,
                                 )
               ]
model.fit( train_images,
           train_labels,
           epochs = 10,
           batch_size = 128,
           validation_split=0.1,
           callbacks = tb_callbacks)
```

在 fit 方法中，callbacks 参数被赋予了一个 tb_callbacks 对象。tb_callbacks 是 TensorBoard 类的一个实例。TensorBoard 是 TensorFlow 提供的一个可视化工具，它通过读取并分析神经网络模型训练过程中的日志，以 Web 方式可视化展示模型训练过程及关键信息，具体如下。

- 相关的性能指标信息：训练与验证的损失值、训练与验证的度量值。
- 可视化训练过程。
- 数据样本分析等。

下面详细解释一下 TensorBoard 的相关参数，示例如下。

```
tf.keras.callbacks.TensorBoard(
                              log_dir="logs",
                              histogram_freq=0,
                              write_graph=True,
                              write_images=False,
                              update_freq="epoch",
                              profile_batch=2,
                              embeddings_freq=0,
                              embeddings_metadata=None,
                              **kwargs
                             )
```

- log_dir：一个重要的参数，说明了保存模型训练日志文件的目录。TensorBoard 可以解析 log_dir 下面的文件，获得训练信息。如果不指定目录，则在当前神经网络文件的目录下保存日志，如图 3-5 所示。

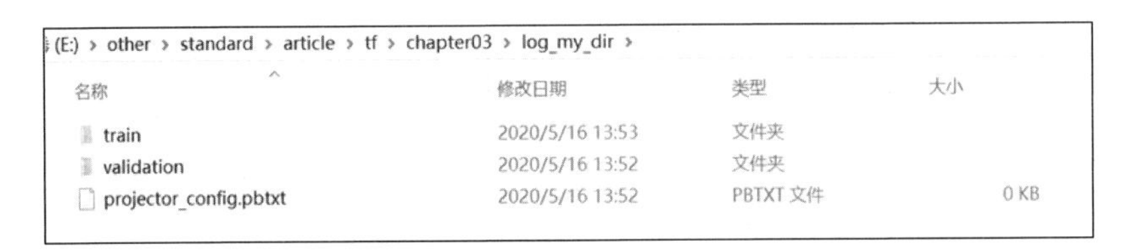

图 3-5

- histogram_freq：以 epoch 为单位，计算模型神经网络模型各层活动和权重的频率。如果 histogram_freq 设置为 0，就不会生成直方图。如果要生成直方图，就必须要有验证数据（Validation Data）参与模型训练，否则会有错误提示。
- write_graph：是否在 TensorBoard 中显示可视化图形。当 write_graph 设置为 True 时，日志文件可能会变得很大。
- write_images：是否将模型的权重在 TensorBoard 中以可视化图形的方式显示。
- update_freq：将训练模型的损失值、度量值写入 TensorBoard 频度，有三种方式，分别是 batch、epoch、一个整数。当该参数的值为 batch 时，在每个 batch 后将损失值与度量值写入 TensorBoard；当该参数的值为 epoch 时，在每个 epoch 后将损失值与度量值写入 TensorBoard；当该参数的值为整数时，例如 1000，回调函数会在每完成 1000 个 batch 后将度量值和损失值写入 TensorBoard。需要注意的是，过于频繁的写入操作会降低模型训练的速度。
- profile_batch：对 batch 里的计算特征进行采样分析。profile_batch 的值应该是一个非负整数或一对正整数。一对正整数表示要分析的批处理范围。在默认情况下，将分析第二批数据。profile_batch=0 表示禁用分析。
- embeddings_freq：以 epoch 为单位，说明嵌入层在 TensorBoard 里可视化的频率。如果该参数的值为 0，则不进行可视化。Embedding 是循环神经网络中一个非常重要的概念。

本例使用了 TensorBoard 回调函数的所有参数，在实际应用中则不需要。

模型训练完成后，启动 TensorBoard 服务，通过浏览器访问 http://localhost:6006 或 http://127.0.0.1:6006，就可以在 Web 页面上直观地看到网络模型训练过程中的很多信息了。本例的 TensorBoard 可视化界面，如图 3-6 所示。

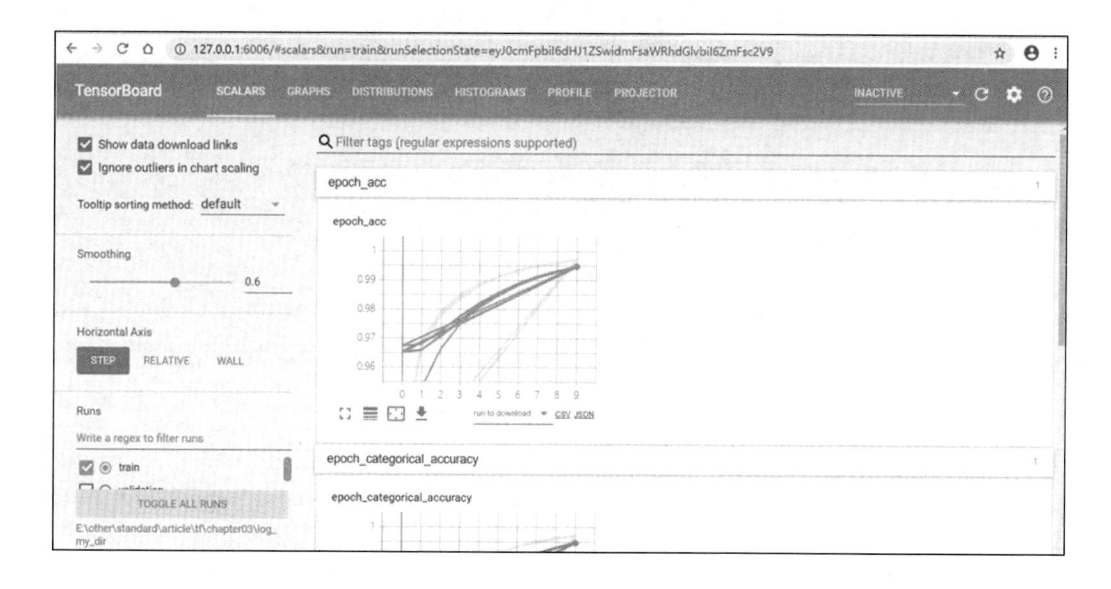

图 3-6

通过不同的 epoch 得到的训练精度值与损失值（因为设置了 update_freq="epoch"），如图 3-7、图 3-8、图 3-9 所示。

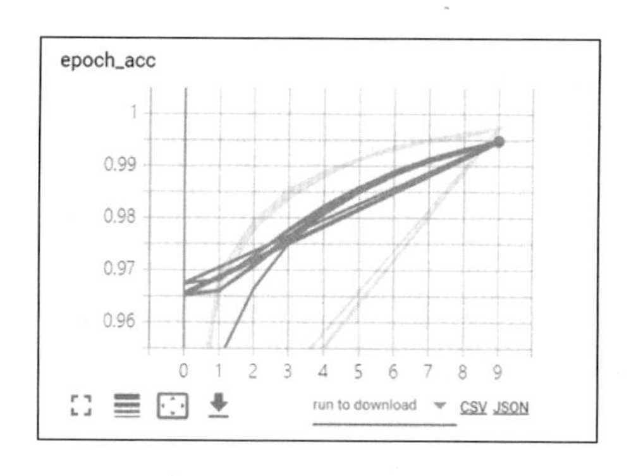

图 3-7

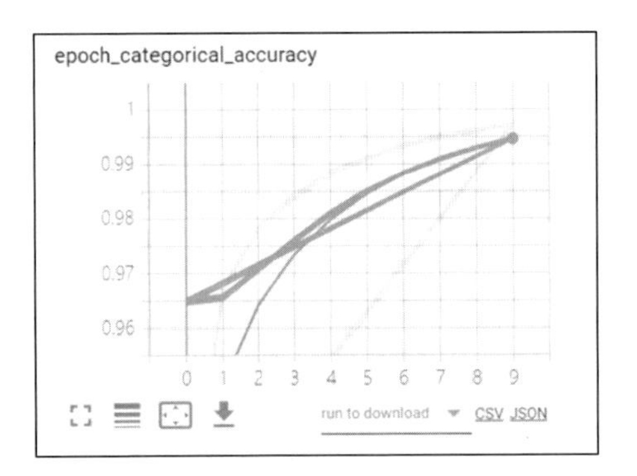

图 3-8

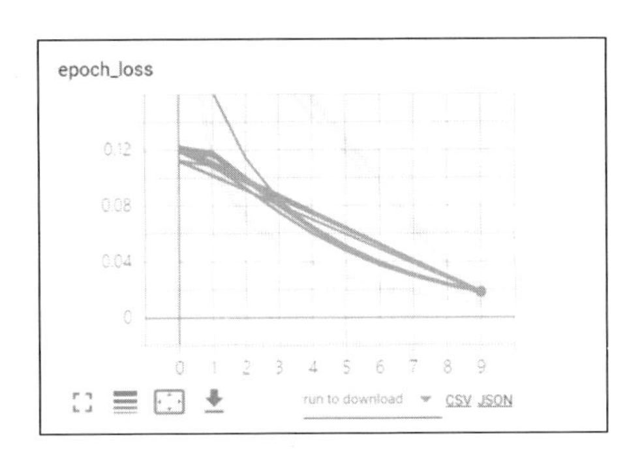

图 3-9

我们来看看 histogram 图。通过 model.summary 方法，可以获得本例神经网络的信息，示例如下。

```
Model: "sequential_8"
_________________________________________________________________
Layer (type)                 Output Shape              Param #
=================================================================
dense_16 (Dense)              (None, 512)               401920
_________________________________________________________________
dense_17 (Dense)              (None, 10)                5130
=================================================================
Total params: 407,050
Trainable params: 407,050
Non-trainable params: 0
_________________________________________________________________
```

在本例的网络中，有两个密集连接层，分别是 dense_16、dense_17。10 个 epoch（epochs

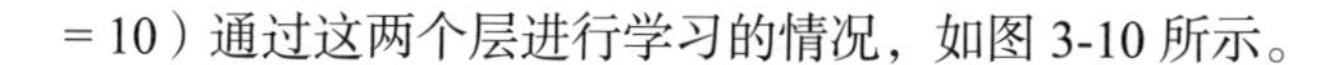

= 10）通过这两个层进行学习的情况，如图 3-10 所示。

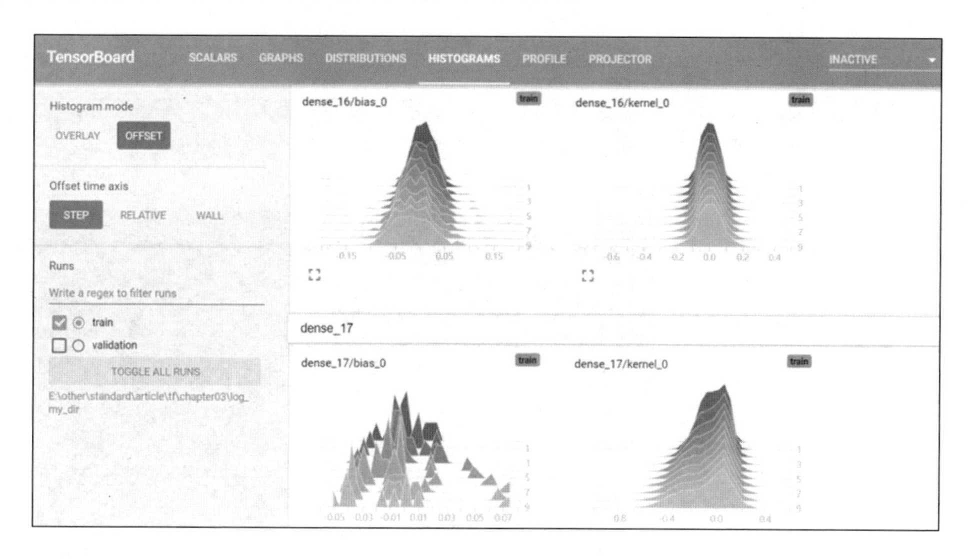

图 3-10

在 TensorBoard 的 PROJECTOR 页面上还可以看到学习过程的三维动画投影。如图 3-11 所示，是本例第一层 512 个维度的学习投影，layers.Dense(512,activation='relu',input_shape=(28*28,))。

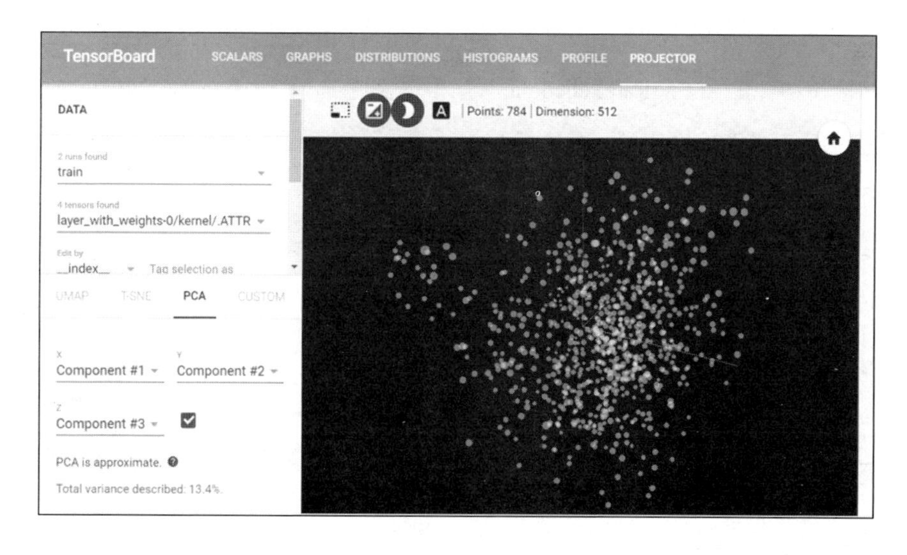

图 3-11

第二个全连接层 10 个维度（layers.Dense(10,activation='softmax')）的投影，如图 3-12 所示。

图 3-12

本例只使用了 TensorBoard 回调函数。tf.keras.callbacks 还提供了一些非常实用的回调函数，例如 EarlyStopping（提前终止训练）、ModelCheckpoint（在训练过程中以一定的频率保存神经网络模型）、LearningRateSchedular（学习率调度器）、ReduceLROnPateau 等，部分回调函数会在后面的章节中用到。在这里要强调的是，由于回调函数需要监控神经网络模型在训练过程中的某项指标（一般是验证损失值或验证精度值），根据指标的情况进行相应的操作、采取特定的行动，因此，在训练时需要有验证集——可以是独立的验证集，也可以从训练集中取一部分样本作为验证集。

此外，我们也可以根据实际需要设计自己的回调函数。tf.keras.Callbacks 提供了一个基类 Callback 来支持创建自定义回调函数，所有自定义回调函数都是 Callback 的子类。通过这些回调函数，不仅可以监控、跟踪、干预模型的训练，也可以观察模型在评估与推理过程中的情况。

3.7　测试模型

模型训练完成后，需要对其性能进行评估，并通过实际预测结果检验其泛化能力。这时使用的数据集就是测试集。在目前深度学习的能力背景下，测试集遵循与训练集、验证集的独立同分布假设，测试集的数据质量将直接影响模型评估的结果。

3.7.1　性能评估

先看看本例中的代码，具体如下。

```
# 评估网络模型：性能评估
test_loss,test_acc = model.evaluate(test_images,test_labels)
```

如同模型训练，不同阶段评估模型性能的指标有所不同：在训练阶段是训练损失值、训练度量值；在验证阶段是验证损失值、验证度量值。在测试阶段，用测试集验证模型的泛化能力，评价指标是评估损失值（Testing Loss Values）和评估度量值（Testing Metrics Values，在本例中是模型的精度）。

模型评估使用 evaluate 方法，它能够返回模型在测试阶段的损失值和度量值。该方法的所有参数如下，主要参数的使用方法与 fit 方法类似。

```
model.evaluate(
               x=None,
               y=None,
               batch_size=None,
               verbose=1,
               sample_weight=None,
               steps=None,
               callbacks=None,
               max_queue_size=10,
               workers=1,
               use_multiprocessing=False,
               return_dict=False,
              )
```

在使用 evaluate 方法时，通常只要指定测试样本与测试标签就可以了，其他参数使用默认设置。测试集对样本的要求同样是经过预处理、可以直接被神经网络使用。

下面我们讨论一下，在数据规模比较小的情况下如何评估模型。常用的方法有如下三种

（这部分内容将在第 4 章详细描述，后面还会讨论特征工程问题）。

- 留出验证（Hold-Out Validation）：留出一定比例的数据作为测试数据，其他数据用来训练。
- K 折验证（K-Fold Validation）：将数据划分为大小相同的 K 个分区。对于每个分区 i，在剩余的 $K-1$ 个分区上训练模型，然后在分区 i 上评估模型。最终分数等于 K 个分数的平均值。对于不同的训练集—测试集划分，如果模型性能的变化很大，那么这种方法很有用。与留出验证一样，这种方法也需要独立的验证集进行模型校正。
- 打乱数据的重复 K 折验证（Iterated K-Fold Validation with Shuffling）：具体做法是多次使用 K 折验证，在每次将数据划分为 K 个分区之前都将数据打乱。最终分数是每次 K 折验证分数的平均值。

3.7.2 模型预测

测试集还有一个作用，就是通过 predict 方法对模型进行实际预测。predict 方法接收样本数据集，输出 NumPy 数组形式的预测结果，示例如下。当然，也可以使用测试集之外的数据对模型进行预测。

```
# 对模型进行预测：预测新样本的标签信息
out = model.predict(test_images)
print(out)
array([[1.8754170e-08, 7.3403839e-10, 3.0260380e-06, ..., 9.9968863e-01,
        3.6281889e-08, 1.0284310e-06],
       [1.4812516e-11, 8.2553124e-06, 9.9999058e-01, ..., 7.6792199e-17,
        7.7332544e-07, 6.0132936e-14],
       [8.6908223e-08, 9.9881458e-01, 2.2677099e-04, ..., 2.4502751e-04,
        6.4998155e-04, 7.5902976e-06],
       ...
       [4.5068327e-13, 1.5916919e-11, 1.8894465e-10, ..., 3.7465707e-06,
        2.8875481e-06, 1.1216054e-05],
       [2.1643981e-10, 5.5720117e-10, 2.6859400e-11, ..., 1.4521884e-10,
        5.4155596e-05, 5.6740231e-11],
       [2.7879468e-10, 5.6252416e-16, 1.5278546e-11, ..., 2.4496906e-15,
        3.3858002e-13, 2.3746050e-13]], dtype=float32)
```

我们再看看 out 的长度，示例如下。

```
Out[17]: len(out)
Out[17]: 10000
```

为了分析 out 的数据结构，我们看看结果的第 1 行，示例如下。

```
Out[18]: out[0]
Out[18]:
array([1.8754170e-08, 7.3403839e-10, 3.0260380e-06, 3.0731110e-04,
       5.0154113e-12, 8.6726795e-09, 9.4625826e-13, 9.9968863e-01,
       3.6281889e-08, 1.0284310e-06], dtype=float32)
```

可以看出，预测值 out 是一个 10000 行 10 列的 NumPy 数组，数据类型为 32 位浮点数。其中，10000 行对应于 10000 个输入样本，10 列对应于每个输入样本为 0 ~ 9 的概率，概率的和为 1，示例如下。

```
Out[19]: sum(out[0])
Out[19]: 1.000000055353678
```

下面详细解读一下 predict 方法，示例如下。

```
model.predict(
                x,
                batch_size=None,
                verbose=0,
                steps=None,
                callbacks=None,
                max_queue_size=10,
                workers=1,
                use_multiprocessing=False,
               )
```

x 参数是 predict 方法接收的输入样本，样本可以是以下任意一类。

- 一个 NumPy 数组，在多输出网络模型中是一个数组列表。
- TensorFlow 的张量，在多输出网络模型中使用一个 tensorf 张量列表。
- 集成在 datasets 中的经过预处理的数据集。
- 由生成器生成的数据集或 keras.utils.Sequence 数据集。

其他参数的使用方法，与 fit 方法、evaluate 方法中的类似。

3.8 保存模型

为了进行模型测试、基于模型的二次开发、商业化应用与模型部署等工作，通常要将训练后的模型保存起来。有经验的算法工程师在模型训练期间通常会定时将模型保存到文件系统中，就像我们在编写文件时要随时保存一样，以防在意外宕机后模型丢失。特别是在训练大规模神经网络时，网络训练时间往往长达数天甚至数周，且要耗费大量资源，意外丢失的代价太大。在训练过程中保存模型，可以通过前面介绍的回调函数实现。

保存神经网络模型需要关注两个方面，即神经网络的结构与网络层内部的张量数据（各种模型参数与超参数），有三种常用的保存方式，分别是 save 方式、save_weights 方式、SavedModel 方式。

3.8.1 save 方式

save 方式是一种不需要网络的原始文件就可以恢复网络模型的保存方式。save 方式将模型的结构和参数（神经网络各层内部的张量数据）都保存在一个文件中，是最常用的模型保存方式。save 方式具体保存如下内容。

- 允许重新实例化（Re-Instantiate）模型的结构。
- 模型的权重。
- 优化器的状态：保存模型时优化器的状态。

如以下代码所示。

```
# 保存模型的网络结构与参数的方式
model.save('mnist_dense_model.h5')
print('save mnist_dense_model.h5')
```

上述代码将 model 的模型结构和模型参数保存在一个格式为 HDF5 的 mnist_dense_model 文件里。

save 方式的完整参数如下。

```
model.save(
          filepath,
          overwrite=True,
          include_optimizer=True,
```

```
        save_format=None,
        signatures=None,
        options=None,
       )
```

- filepath：指定保存模型和模型参数的文件路径和文件名。如果只指定文件名，则模型和模型参数保存在训练模型文件的目录下。
- overwrite：指定保存的文件名。如果存在用于设置是否重写的参数，默认为 True。
- include_optimizer：是否保存优化器的状态，默认为 True。
- save_format：指定保存文件的格式。save 方式提供两种格式：一种是前面例子里提到的 HDF5 格式[①]，文件扩展名为 .h5；另一种是 TensorFlow 框架下的 SavedModel，文件扩展名为 .tf。如果在 filepath 里没有指定模型的文件格式，则在 TensorFlow 2.0 中默认为 .tf，在 TensorFlow 1.0 中默认为 .h5。
- signatures：这个参数只有在模型保存格式为 .tf（即 SavedModel）时才会使用，用于说明是否以签名的方式将模型保存为 .tf 文件。

3.8.2　save_weights 方式

save_weights 方式又称为张量方式，是一种轻量级的模型保存方式。save_weights 方式只保存模型的所有张量数据，示例如下。

```
# 模型保存
# 保存模型参数到文件中
model.save_weights('mnist_dense_weights.ckpt')
print('save mnist_dense_weights.')
```

模型训练完成后，会在当前目录下生成一个 mnist_dense_weights.ckpt 文件，用于保存模型，在需要再开发、再利用时直接调用该文件（前提是使用该文件时需要有与生成该文件时相同的网络模型结构，即需要网络的原始文件才能加载模型）。保存模型参数的文件路径，可以是任意文件路径。

① HDF（Hierarchical Data Format）是一种常见的跨平台数据储存文件，可以存储不同类型的图像和编码数据，并且可以在不同类型的机器上传输，同时提供了统一处理这种文件格式的函数库。HDF5 文件一般以 .h5 或 .hdf5 作为后缀，需要专门的软件才能预览文件的内容。

3.8.3 SavedModel 方式

前面提到的两种保存神经网络模型的方式，都是 tf.keras.model 里的方法，也就是 Keras 提供的方法。SavedModel 是 TensorFlow 提供的模型存储方式，具有平台无关性。与 save 方式类似，SavedModel 方式既能保存模型结构，又能保存网络参数，示例如下。

```
# SavedModel 方式
tf.saved_model.save(model,'mnist_dense_savedmodel')
print('save mnist_dense_savedmodel...')
```

tf.saved_model.save 方法提供了两个参数：一个是 model，即要保存的网络模型；另一个是保存的文件目录。

需要注意的是，与 save、save_weights 方式指定一个文件不同，SavedModel 方式将模型信息保存在一个目录下，如图 3-13 所示，而 save、save_weights 方式将模型信息保存在一个文件里。在这里，我们不需要关心文件的保存格式。

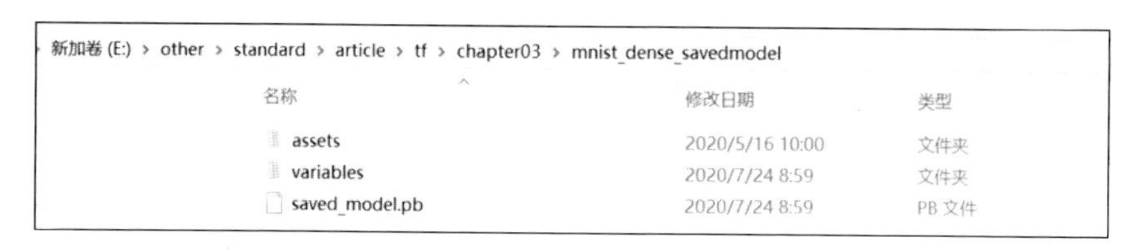

图 3-13

3.9 使用模型

在利用 save、save_weights 或 SavedModel 方式保存已经训练完成或部分训练完成的模型后，就可以加载和使用模型了。如果原模型已经编译过且保留了优化器，那么经过 load 操作的模型就是已经编译和训练好的，算法工程师或其他人员可以在这些模型的基础上进行二次开发。

3.9.1 以 save_weights 方式保存的模型的加载方法

由于 save_weights 方式没有保存网络结构，只保存网络的模型参数，因此加载时需要有与保存模型参数时相同的模型拓扑结构。如下面的代码所示，首先创建一个网络模型，然后调用网络模型的 load_weights 方法，完成已训练模型各层权重的加载。

```
# 模型使用：加载模型
#===以 save_weights 方式存储的模型的加载方法=======
# 删除模型
del model
# 保存模型参数到文件中以恢复模型：重新构建相同的网络结构
model = models.Sequential()
model.add(layers.Dense(512,activation='relu',input_shape=(28*28,)))
model.add(layers.Dense(10,activation='softmax'))
model.summary()
# 从参数文件中读取数据并写入当前网络
load_save_weights_model = model.load_weights('mnist_dense_weights.ckpt')
print('loaded weights.')
```

load_weights 方法可以加载模型所有层的已学习到的权重，该方法的参数如下。

```
Model.load_weights(filepath,
                   by_name=False,
                   skip_mismatch=False,
                   options=None)
```

- filepath：字符串，指定加载的模型权重文件及路径。
- by_name：布尔值，默认为 False。该参数告诉 load_weights 方法按照什么顺序加载模型的权重文件。有两个顺序：一个是按照权重的参数名顺序；另一个是按照神经网络拓扑结构的顺序。TensorFlow 只支持按照神经网络拓扑结构的顺序加载权重文件。当 by_name 的值为 False 时，load_weights 方法将基于神经网络的拓扑结构加载权重；当 by_name 的值为 True 时，load_weights 方法将以与权重相同的名称的方式加载权重。
- skip_mismatch：布尔值，默认为 False，用于说明是否跳过权重数量或权重形状不匹配的层的加载。

3.9.2　以 save 方式保存的模型的加载方法

由于使用 save 方式可以存储整个网络模型，包括模型结构、模型参数、优化器等信息，因此，不用重新构建网络模型，直接使用 Model.load_model 方法加载模型文件就可以了。如果保存的是已经编译过的网络模型，那么可以在加载完成之后对模型进行编译；否则，在加载完成后会有警告提示。示例如下。

```
models.load_model( filepath,
                   custom_objects=None,
                   compile=True,
                   options=None)
```

- filepath：指定模型文件及其路径，或者一个保存了模型的 pathlib.Path 对象。
- compile：布尔值，指定在模型加载完成后是否编译模型，默认为 True。

以下是用 load_model 方法返回一个模型的实例。如果原始模型已编译并与优化器一起保存，则返回的模型实例也将被编译；否则，将不编译该模型实例。

```
#===以 save 方式存储的模型的加载方法=======
# 删除模型
del load_save_model
load_save_model = models.load_model('mnist_dense_model.h5')
print('loaded mnist_dense_model.h5')
```

3.9.3 以 SavedModel 方式保存的模型的加载方法

使用 SavedModel 方式也可以保存模型结构与模型参数，不需要构建网络模型，直接使用 tf.saved_model.load(filepath) 方法即可，示例如下。

```
#===以 SavedModel 方式存储的模型的加载方法=======
# 删除模型
del load_savedmodel
load_savedmodel = tf.saved_model.load('mnist_dense_savedmodel')
print('loaded mnist_dense_savedmodel from file.')
```

3.10 模型的重新训练与预测

前面我们详细介绍了保存已训练模型的常用方法及相关的加载方式。本节将基于上述例子，阐述对加载的模型进行重新训练（重训）与推理的过程。

本节将以通过 save 方式存储的模型为例，恢复模型并进行重训和预测。我们知道，使用 save 方式能够保存整个网络模型，不需要重新构建模型的拓扑结构。

首先，加载模型文件，示例如下。

```
#===以 save 方式存储的模型的加载方法=======
# 加载以 save 方式存储的模型
load_save_model = models.load_model('mnist_dense_model.h5')
```

```
print('loaded mnist_dense_model.h5')
```

加载成功后，准备训练集与测试集，并对数据集进行张量化预处理，以满足 Dense 层对数据的要求，示例如下。

```
# 数据准备：下载 MNIST 数据集，并构建训练集与测试集
print('load MNIST...')
(train_images_datasets,train_labels_datasets),(test_images_datasets,test_label
s_datesets) = datasets.mnist.load_data()

# 数据预处理：对数据进行预处理，将数据转换成符合神经网络要求的形状
# 训练集
train_images = train_images_datasets.reshape((60000, 28 * 28))
train_images = train_images.astype('float32') / 255

# 测试集
test_images = test_images_datasets.reshape((10000, 28 * 28))
test_images = test_images.astype('float32') / 255

# 对分类进行编码
train_labels = utils.to_categorical(train_labels_datasets)
test_labels = utils.to_categorical(test_labels_datesets)
```

训练集 train_images、train_labels 将在后面对 load_save_model 模型进行重训时使用。

现在我们看一下 load_save_model 模型的评估与预测效果，使用的是测试集 test_images、test_labels，代码如下。

```
# 模型测试
# 评估网络模型：性能评估
test_loss,test_acc = load_save_model.evaluate(test_images,test_labels)

# 对模型进行预测：预测新样本的标签信息
out = load_save_model.predict(test_images)
print(out)
```

运行日志如下。

```
load MNIST...
loaded mnist_dense_model.h5
313/313 [==============================] - 0s 790us/step - loss: 0.0688 -
categorical_accuracy: 0.9820
[[2.07755462e-11 6.33035779e-13 2.25013963e-09 ... 9.99999762e-01
  1.14054953e-10 1.09946829e-09]
 [2.60467104e-14 7.18675430e-09 1.00000000e+00 ... 1.92705644e-24
```

```
 1.50948438e-11 2.27987207e-23]
[1.38107192e-09 9.99889374e-01 2.89582863e-06 ... 1.16451638e-05
 9.49325040e-05 1.25197417e-08]
...
[7.54860858e-20 7.69340510e-14 4.70592778e-17 ... 2.09106133e-07
 4.31882918e-10 7.06686478e-08]
[4.26024233e-14 8.79549430e-16 1.31344635e-17 ... 1.99042714e-14
 3.68040247e-08 1.17633437e-15]
[8.38813475e-14 6.22202736e-20 4.01143369e-15 ... 1.71091227e-20
 1.08184312e-16 1.66894897e-18]]
```

在测试集相同的情况下，比较 model 与 load_save_model 的性能。

- model 的性能：val_loss 为 0.0706，val_categorical_accuracy 为 0.9833。
- load_save_model 的性能：loss 为 0.0688，categorical_accuracy 为 0.9820。

从上面的损失值与精度值可以看出，恢复后的模型与原模型相比，在存储与加载过程中几乎没有损耗（性能指标的值有可能因训练模型的运行环境不同而稍有差异）。

原模型的恢复、评估与推理过程很简单。下面讨论如何进行模型重训。

在原模型加载完成后，插入如下代码。

```
# 训练已加载的模型
load_save_model.fit(train_images,train_labels,
                    epochs = 10,
                    batch_size = 128,
                    validation_split=0.1)
```

这里的训练集，可以是其他满足要求的训练样本。可以对 load_save_model 进行增加或删除网络层、冻结部分网络层，不让其参与训练等操作。这些高阶实践将在后面的章节详细介绍，本例以最简单的方式说明重训模型的过程，并比较可能存在的性能损耗。

load_save_model 调用 fit 方法实现模型训练，相关的参数与原模型完全相同，只是没有使用回调函数。评估与预测日志如下。

```
313/313 [==============================] - 0s 765us/step - loss: 0.0857 -
categorical_accuracy: 0.9843
[[2.24028998e-17 7.59467216e-22 1.80475806e-13 ... 1.00000000e+00
  4.27412322e-16 7.77089236e-14]
 [4.33323217e-20 5.99304703e-11 1.00000000e+00 ... 1.93387652e-38
  2.79286549e-17 1.85601007e-34]
 [2.19588209e-13 9.99997973e-01 7.11231536e-08 ... 1.95999377e-07
  1.62165418e-06 1.14582530e-12]
```

```
...
[2.02522517e-30 7.40792800e-25 9.68370888e-26 ... 1.18413005e-11
 1.42413047e-15 3.43915976e-12]
[2.34496269e-20 2.06199304e-26 6.61473366e-26 ... 2.82038284e-23
 1.37206219e-11 8.93468279e-24]
[6.44155416e-23 1.23967634e-32 4.75701143e-23 ... 5.65897502e-36
 9.76409073e-26 1.94541231e-30]]
```

再比较一下 model 与 load_save_model 的性能。

- model 的性能：val_loss 为 0.0706，val_categorical_accuracy 为 0.9833。
- 未重训的 load_save_model 的性能：loss 为 0.0688，categorical_accuracy 为 0.9820。
- 重训的 load_save_model 的性能：loss 为 0.0857，categorical_accuracy 为 0.9843。

重训的模型的精度似乎有所提升，损失值有所下降（性能指标的值有可能因训练模型的运行环境不同而稍有差异）。

3.11　使用模型在新数据上进行推理

在 3.10 节中，我们使用 Model.predict 方法在 MNIST 数据集的测试集上进行了预测。本节将介绍如何使用非 MNIST 数据集的图片（也就是外部数据集）对模型的泛化能力进行验证，使用的方法也是 Model.predict。

我们从网上随机下载 7 幅图片，格式为 JPG，如图 3-14 所示，并将这些图片存储在与模型文件同级的 infer 文件夹下。

图 3-14

推理代码如下。

```
# 导入 Keras 相关库
import numpy as np
from tensorflow.keras import models
from PIL import Image
```

我们通过 models.load_model 方法，加载使用 TensorFlow 的 SavedModel 方式保存的模型 mnist_dense_savedmodel，示例如下。该模型与平台无关，既能保存模型结构，又能保存网络参数。

```
# 通过 models 的 load_model 方法加载 mnist_dense_savedmodel 模型
load_savedmodel = models.load_model('mnist_dense_savedmodel')
print('loaded mnist_dense_savedmodel from file.')
```

为了方便推理，我们定义了一个可以重复调用的推理函数。该函数传入了两个参数，分别是：path，指定待推理的图片；label，指定图片的标签值（真实值）。推理函数将传入的图片尺寸缩放至 28 像素 × 28 像素且为高质量（Image.ANTIALIAS）推理样本。示例如下。

```
# 定义一个推理函数
def predict_from_jpg_to_label(path, label):
    image = Image.open(path).convert('L').resize((28,28), Image.ANTIALIAS)
    image = np.array(image)
    image = image.reshape(1,28 * 28)
    result = load_savedmodel.predict(image)
    print('input label :' + str(label))
    print('================')
    print(result)
    return result

# 调用推理函数，进行推理
print('----begin-----')
predict_from_jpg_to_label('./infer/1.jpg', 1)
predict_from_jpg_to_label('./infer/3.jpg', 3)
predict_from_jpg_to_label('./infer/5.jpg', 5)
predict_from_jpg_to_label('./infer/7.jpg', 7)
predict_from_jpg_to_label('./infer/8.jpg', 8)
predict_from_jpg_to_label('./infer/9.jpg', 9)
predict_from_jpg_to_label('./infer/5041.jpg', 5041)
print('----end------')
```

输出结果如下。

```
----begin-----
input label :1
================
[[0. 0. 1. 0. 0. 0. 0. 0. 0. 0.]]
input label :3
================
[[0. 0. 0. 1. 0. 0. 0. 0. 0. 0.]]
```

```
input label :5
================
[[0. 0. 0. 0. 0. 1. 0. 0. 0. 0.]]
input label :7
================
[[0. 0. 0. 0. 0. 0. 1. 0. 0. 0.]]
input label :8
================
[[0. 0. 1. 0. 0. 0. 0. 0. 0. 0.]]
input label :9
================
[[0. 0. 1. 0. 0. 0. 0. 0. 0. 0.]]
input label :5041
================
[[0. 0. 1. 0. 0. 0. 0. 0. 0. 0.]]
----end------
```

从输出结果可知，手写数字图片 7、9 识别错误（将数字 7 识别为数字 6，将数字 9 识别为数字 2），手写数字图片 3、5 识别正确，其他图片不是手写数字图片。

第 4 章　全连接网络

怕郎猜道，奴面不如花面好。

——《减字木兰花·卖花担上》　李清照

在前面的章节中，我们使用了一个全连接网络介绍构建神经网络模型的流程。那么，什么是全连接网络，全连接网络的运算机制是什么？顾名思义，全连接网络是由全连接层组成的神经网络。

4.1　全连接层

连接主义的先驱麦卡洛克和皮茨提出了人工神经元数学模型，即麦卡洛克-皮特斯模型（PM 模型）。1957 年，弗兰克·罗森布拉特发明了第一台感知机，它第一次以神经网络的名义完成了几何图形的视觉分类任务，掀起了神经网络研究的高潮。但在 1969 年，马文·明斯基和西蒙证实了感知机不能解决异或等线性不可分问题，其根本原因就是感知机的线性特性。感知机的线性特性是由它所使用的激活函数导致的，它有两种激活函数：一种是只能取 0 或 1 的阶跃函数；另一种是只能取 -1 或 1 的符号函数。这两种激活函数均不连续，故不可求导，无法对神经元的参数进行优化。

理解了感知机的问题所在，解决问题最直接的方法就是替换感知机的激活函数，使其具有非线性特性，而且，这些激活函数必须是连续的、可导的，也就是说，可以通过梯度下降算法优化神经网络的参数。

此外，由于感知机的结构特性，其学习能力是很有限的，只能解决三角形、圆形等几何图形的分类问题。因此，改良的神经网络除了需要解决线性问题，还需要提高模型的学习能力。按照常理，提高学习能力最“简单粗暴”的方式就是重复“过脑子”，即反复学习、多学多看。体现在神经网络模型的设计上，就是进行神经元的堆叠，实现输入数据多次学习的网络结构。有一类网络层，其每个输出节点与所有的输入节点相连，这类网络层称为全连接层（Fully-Connected Layer）或密集连接层（Dense Layer）。

全连接层是一种按照既定规则进行密集连接的神经网络层（Densely-Connected NN Layer），表示为 Dense 层。如图 4-1 所示，两个层之间的所有节点都相连，每个节点都接收上一层所有节点学习到的特征。

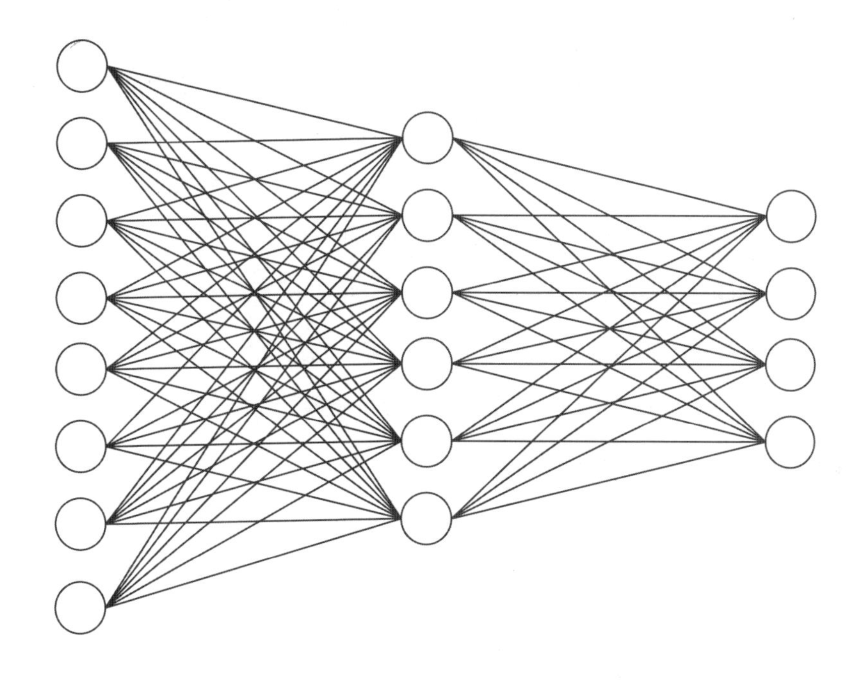

图 4-1

Dense 层的运算操作可理解为 output = activation(dot(input, kernel)+bias)，其中 activation 是逐元素计算的激活函数，kernel 为本层的权重矩阵，bias 为偏置量。这个式子我们在第 3 章介绍过，这里不再赘述。下面分析一下 Dense 层各参数的含义，示例如下。

```
layers.Dense(
            units,
```

```
            activation=None,
            use_bias=True,
            kernel_initializer="glorot_uniform",
            bias_initializer="zeros",
            kernel_regularizer=None,
            bias_regularizer=None,
            activity_regularizer=None,
            kernel_constraint=None,
            bias_constraint=None,
            **kwargs
           )
```

- units：正整数值，说明当前 Dense 层的输出维度。
- activation：说明当前 Dense 层使用哪种激活函数。如果不指定该参数，则当前 Dense 层不使用激活函数。默认为 None。
- use_bias：布尔值，说明当前 Dense 层是否使用偏置向量。默认为 True。
- kernel_initializer：初始化方法名的字符串，说明 Dense 层的 kernel 参数在输入的线性变换中使用哪种权重矩阵初始化器，默认为 glorot_uniform。
- bias_initializer：初始化方法名的字符串，说明偏置向量使用哪种初始化器，默认为 zeros。
- kernel_regularizer：说明 kernel 参数权重矩阵使用哪种正则化器，默认为 None。
- bias_regularizer：说明偏置向量使用哪种正则化器，默认为 None。
- activity_regularizer：说明输出层使用哪种正则化器，默认为 None。
- kernel_constraint：说明 kernel 参数的权重矩阵使用哪种约束，默认为 None。
- bias_constraint：说明偏置向量使用哪种约束，默认为 None。

Dense 层的输入张量的形状为 (batch_size, ..., input_dim)，通常为 2D 张量 (batch_size, input_dim)；输出张量的形状为 (batch_size, ..., units)，units 是 Dense 层的第一个参数值。例如，输入的是一个形状为 (batch_size, input_dim) 的 2D 张量，经过 Dense 层运算的输出张量的形状为 (batch_size, units)。

4.2 使用全连接网络解决文本分类问题

在第 3 章中，我们讨论了如何使用全连接网络实现图片分类。本节将介绍全连接网络的文本分类能力。

图片数据与文本数据是两种不同类型的数据，图片数据与计算机视觉有关，文本数据与自然语言处理（或者说，与计算机视觉相对应，称为计算机听觉）有关。由于数据特性不同，有专门处理这些数据的网络（算法），后面会详细介绍。

分类任务是人工智能的三大任务之一，既包括本书前面提到的多分类任务，也包括二分类任务。下面将使用两个新的数据集（IMDB 数据集与 Reuters 数据集）展示全连接网络在文本数据（序列数据）上的二分类与多分类能力。

4.2.1　基于 IMDB 数据集的二分类任务

IMDB 数据集内置在 tf.keras.datasets 里，通过 load_data 方法加载后，经过简单的预处理（应该说是再预处理，因为在内置到 tf.keras.datasets 前已经进行了预处理）就可以使用。它提供了 25000 部电影的评论数据，并按情绪进行标记（positive/negative，正面评价为 1，负面评价为 0）。评论内容已进行了预处理，按照单词使用的频率将每条评论编码成单词索引列表（这是序列数据常用的做法，后面会经常遇到），也就是说，一条评论被编码成一个由整数值组成的列表。例如，在 IPython 控制台中执行如下命令。

```
In[29]:len(train_ds[0])
Out[29]: 218
In[30]:train_ds
Out[30]:
array([list([1, 14, 22, 16, 43, 530, 973, 1622, 1385, 65, 458, 4468, 66, 3941, 4,
173, 36, 256, 5, 25, 100, 43, 838, 112, 50, 670, 2, 9, 35, 480, 284, 5, 150, 4,
172, 112, 167, 2, 336, 385, 39, 4, 172, 4536, 1111, 17, 546, 38, 13, 447, 4, 192,
50, 16, 6, 147, 2025, 19, 14, 22, 4, 1920, 4613, 469, 4, 22, 71, 87, 12, 16, 43,
530, 38, 76, 15, 13, 1247, 4, 22, 17, 515, 17, 12, 16, 626, 18, 2, 5, 62, 386, 12,
8, 316, 8, 106, 5, 4, 2223, 5244, 16, 480, 66, 3785, 33, 4, 130, 12, 16, 38, 619,
5, 25, 124, 51, 36, 135, 48, 25, 1415, 33, 6, 22, 12, 215, 28, 77, 52, 5, 14, 407,
16, 82, 2, 8, 4, 107, 117, 5952, 15, 256, 4, 2, 7, 3766, 5, 723, 36, 71, 43, 530,
476, 26, 400, 317, 46, 7, 4, 2, 1029, 13, 104, 88, 4, 381, 15, 297, 98, 32, 2071,
56, 26, 141, 6, 194, 7486, 18, 4, 226, 22, 21, 134, 476, 26, 480, 5, 144, 30, 5535,
18, 51, 36, 28, 224, 92, 25, 104, 4, 226, 65, 16, 38, 1334, 88, 12, 16, 283, 5,
16, 4472, 113, 103, 32, 15, 16, 5345, 19, 178, 32]),... dtype=object)
```

可以看到，第一条评论 train_ds[0] 由 128 个单词组成，被编码成一个由整数值组成的列表，该评论的第一个单词在常用单词列表中处于第 1 个常用词的位置，第二个单词在常用单词列表中处于第 14 个常用词的位置，依此类推。如果列表中有“0”，则其不代表特定的单词，大多是为了保持文本长度一致人为通过补“0”（Padding）的方式插入的（在第 6 章中会详细介绍）。我们可以通过 get_word_index 函数对上述评论内容的数字索引进行解码，获得评论的文本内容，示例如下。

```
# 将第一条评论通过单词索引列表解码成单词
review_index = datasets.imdb.get_word_index()
reverse_review_index = dict([(value, key) for (key, value) in
                              review_index.items()])
review =  ' '.join([reverse_review_index.get(i - 3, '?') for i in
                    train_ds[0]])
```

我们对 IMDB 数据集有一个初步的了解后，就可以通过全连接网络完成二分类任务了。导入需要的资源文件，示例如下。

```
# 导入需要的资源文件
import numpy as np
from tensorflow.keras import layers,datasets,models,callbacks
import matplotlib.pyplot as plt
```

第一步是进行数据加载与文本数据预处理。在加载数据时，在训练集与测试集中只保留 10000 个常用单词，示例如下。

```
# 准备数据：加载 IMDB 数据集
(train_ds,train_lab),(test_ds,test_lab) = datasets.imdb.load_data(num_words =
10000)
```

进行文本序列化，包括评论内容的序列化与对评论情感评价的序列化。评论内容已经转换为由整数值组成的列表，评价是由 0 和 1 组成的列表。数值或数值列表是不能直接被神经网络使用的，必须转换为张量才能被神经网络层使用，这就是文本序列化的作用。对序列内容进行序列化，有两种方式。

- 词向量方式：常用的和主要的方式（将在第 6 章详细介绍），包括预训练词的应用。
- one-hot 编码方式：将序列内容转换为由 0 和 1 组成的向量，是一种高维度、硬编码、极其稀疏的编码方式。

本节采用 one-hot 编码方式，示例如下。

```
# 构建样本数据向量化函数：编码数据，只考虑 seq 中 10000 个常用单词的编码
def seq_to_vec(seq, dim=10000):
```

```
    results = np.zeros((len(seq), dim))
    for i, sequence in enumerate(seq):
        results[i, sequence] = 1.
    return results
```

利用 seq_to_vec 函数将训练数据与测试数据向量化，示例如下。

```
vec_train = seq_to_vec(train_ds)        # 将训练数据向量化
vec_test = seq_to_vec(test_ds)          # 将测试数据向量化
```

将标签向量化，train_lab、test_lab 是由 0 和 1 组成的列表，故将 int64 转为 float32，示例如下。

```
one_hot_train_lab = np.asarray(train_lab).astype('float32')
one_hot_test_lab = np.asarray(test_lab).astype('float32')
```

数据准备完成后，进入第二步——定义模型，构建全连接网络。我们面对的是一个单标签单输出的二分类任务，可以使用第 3 章介绍的 Sequential 方法构建一个线性堆叠的模型，示例如下。

```
# 定义模型，构建全连接网络
model = models.Sequential()
model.add(layers.Dense(16, activation='relu', input_shape=(10000,)))
model.add(layers.Dense(16, activation='relu'))
model.add(layers.Dense(1, activation='sigmoid'))
```

模型由 3 个 Dense 层组成，前两个 Dense 层有 16 个隐藏单元（输出单元），第三个 Dense 层有 1 个输出单元。原则上，隐藏单元越多，拟合的空间维度就越高，模型的学习能力就越强，但是，其计算代价也越高，越有可能出现过度学习的情况（过拟合）。所以，隐藏单元的数量要合适。有一些先验规则可以参考：在分类网络中，底层的输出单元数不要比顶层（输出）少，中间隐层的输出单元数尽量接近；在实际应用中，应根据训练情况进行调整，尽量确保选择合适的值。

前面两个 Dense 层使用 ReLU 作为激活函数，这是常用的激活函数。第三个 Dense 层与第 3 章中的示例代码不同：Dense(10,activation='softmax') 表示输出 10 个类别；使用 Softmax 激活函数，说明这 10 个类别的概率之和为 1；Dense(1, activation='sigmoid') 说明输出 1 个类别，Sigmoid 激活函数将值压缩到 0 和 1 之间，输出一个表示正负评价的概率。

第三步是编译模型。优化器与精度的计算方法与第 3 章的示例相同，损失函数使用的是二分类交叉熵，示例如下。

```
# 编译模型
model.compile(optimizer='rmsprop',
              loss='binary_crossentropy',
              metrics=['accuracy'])
```

第四步是训练并验证模型。关于回调函数的内容，我们会在后面的章节详细介绍，现在大家只需知道 stopTraining 函数的作用是当验证损失不再改善（比上次 epoch 小）时终止训练即可，示例如下。

```
# 训练模型并进行验证
# 创建回调函数，终止训练
stopTraining = [callbacks.EarlyStopping(monitor='val_loss',patience=1,)]

# 训练模型
history = model.fit(vec_train,
                    one_hot_train_lab,
                    epochs=20,
                    batch_size=512,
                    callbacks=stopTraining,
                    validation_split=0.1)
```

拟定循环训练 20 次，每个批次有 512 个样本。但是，由于 stopTraining 函数的作用，实际上训练到第 4 个 epoch 便终止了，如图 4-2 所示。

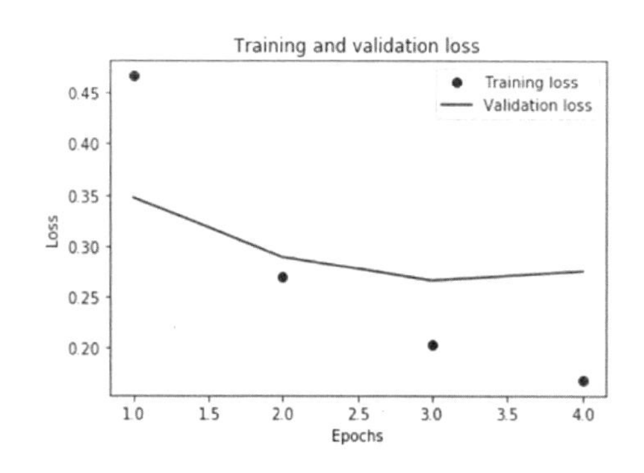

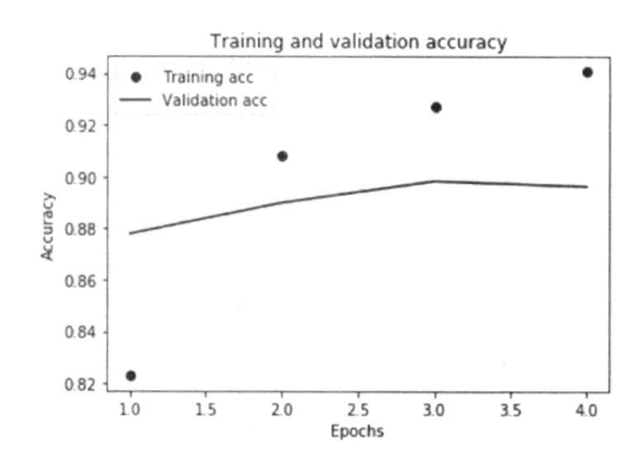

图 4-2

第五步，进行模型评估，示例如下。

```
# 评估模型
eva = model.evaluate(vec_test,one_hot_test_lab)
```

评估结果如下。

```
782/782 [============] - 1s 1ms/step - loss: 0.2884 - accuracy: 0.8856
```

尝试将前面两个 Dense 层的输出单元调整成 32 个，查看运行结果并进行评估。如图 4-3 所示，运行完第 3 个 epoch，训练就终止了。

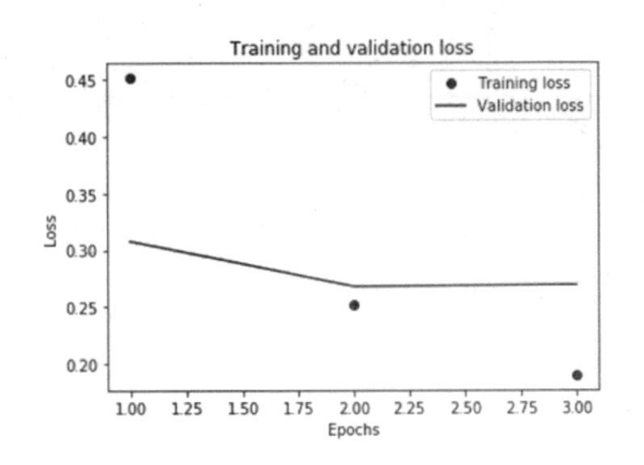

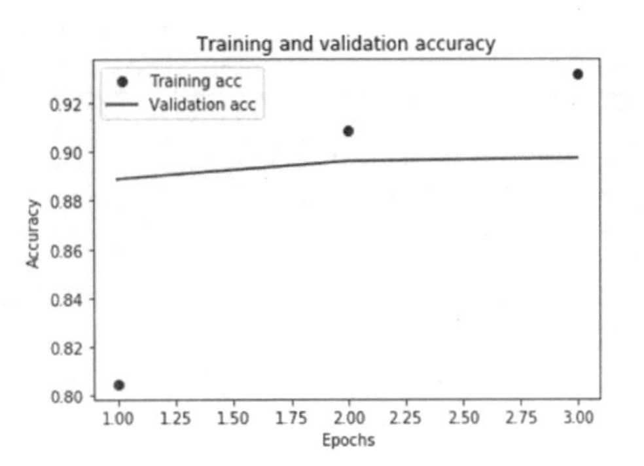

图 4-3

evaluate 方法的评估结果如下。

```
782/782 [============] - 1s 1ms/step - loss: 0.2904 - accuracy: 0.8845
```

比较结果可以看出，精度值与损失值都不如输出单元为 16 个的模型，这说明后者很快就出现了过拟合——学习能力强不一定是好现象。

4.2.2　基于 Reuters 数据集的多分类任务

前面我们讨论了如何解决图片数据的多分类问题，使用的是全连接网络，数据集是 MNIST，每幅图片有且仅有一个标签，因此，它是一个单输入多分类任务。本节将介绍如何使用全连接网络解决文本数据的单标签多分类问题。

本例使用的是路透社的新闻专线（newswires）数据集——Reuters。它一共有 11228 条数据，其中训练集 8982 条，测试集 2246 条，分为 46 个主题（即 46 个新闻类别）。Reuters 数据集最初是通过解析和预处理经典的 Reuters-21578 数据集生成的，它与 IMDB 数据集类似，也内置在 tf.keras.datasets 里，并且进行了相似的预处理，即每条新闻内容都被编码成单词索引的列表，单词的索引顺序也是按 10000 个常用单词的使用频率排序的。

以下是 Reuters 训练集的第一条数据（train_ds[0]）。和 IMDB 数据集一样，它的内容以每条新闻中单词的使用频率为基准，被编码成整数数值列表。我们也可以通过 reuters.get_word_index 函数来解码，获得新闻文本数据。

```
In[58]: len(train_ds),len(test_ds)
Out[58]: (8982, 2246)
In[59]:train_ds
Out[59]:
array([list([1, 2, 2, 8, 43, 10, 447, 5, 25, 207, 270, 5, 3095, 111, 16, 369, 186,
90, 67, 7, 89, 5, 19, 102, 6, 19, 124, 15, 90, 67, 84, 22, 482, 26, 7, 48, 4, 49,
8, 864, 39, 209, 154, 6, 151, 6, 83, 11, 15, 22, 155, 11, 15, 7, 48, 9, 4579, 1005,
504, 6, 258, 6, 272, 11, 15, 22, 134, 44, 11, 15, 16, 8, 197, 1245, 90, 67, 52,
29, 209, 30, 32, 132, 6, 109, 15, 17, 12]),...dtype=object)
```

与使用 IMDB 数据集的模型相比，大部分代码相同。现在分析一下完整的模型代码。

导入文件，准备数据，示例如下。

```
# 导入使用的资源文件
import numpy as np
from tensorflow.keras import layers,datasets,models,utils,callbacks
import matplotlib.pyplot as plt

# 准备数据：加载 Reuters 数据集
(train_ds,train_lab),(test_ds,test_lab) = datasets.reuters.load_data(num_words =
10000)

# 构建样本数据向量化函数：编码数据，只考虑 seq 中 10000 个常用单词的编码
def seq_to_vec(seq, dim=10000):
    results = np.zeros((len(seq), dim))
    for i, sequence in enumerate(seq):
        results[i, sequence] = 1.
    return results

vec_train = seq_to_vec(train_ds)      # 将训练数据向量化
vec_test = seq_to_vec(test_ds)        # 将测试数据向量化
```

标签的向量化与 IMDB 数据集的处理方式不一样，这里使用了 to_categorical 函数。该函数将 Reuters 数据集里的 46 个新闻类别向量转换成数据类型为 float32、只有 0 和 1 的二元类矩阵（Binary Class Matrix），即 one-hot 编码。通过 reuters.load_data 方法加载的原标签的编码方式，示例如下。

```
In[3]: train_lab
Out[3]: array([ 3,  4,  3, ..., 25,  3, 25], dtype=int64)
# 标签向量化：将标签转换为 one-hot 编码/分类编码
# one-hot 编码/分类编码
one_hot_train_lab = utils.to_categorical(train_lab)
one_hot_test_lab = utils.to_categorical(test_lab)
```

经过 utils.to_categorical 函数的处理，分类编码（one-hot 编码）如下。

```
In[4]: one_hot_train_lab
Out[4]:
array([[0., 0., 0., ..., 0., 0., 0.],
       [0., 0., 0., ..., 0., 0., 0.],
       [0., 0., 0., ..., 0., 0., 0.],
       ...,
       [0., 0., 0., ..., 0., 0., 0.],
       [0., 0., 0., ..., 0., 0., 0.],
       [0., 0., 0., ..., 0., 0., 0.]], dtype=float32)
# 定义模型，构建网络
model = models.Sequential()
model.add(layers.Dense(64, activation='relu', input_shape=(10000,)))
model.add(layers.Dense(64, activation='relu'))
model.add(layers.Dense(46, activation='softmax'))
```

第二个不同之处在于模型的构建阶段。同样有三个 Dense 层，但前两个的输出维度（隐藏单元）比 IMDB 数据集的模型大，其原因是模型要解决 46 个类别的多分类任务，底层的隐藏单元不能少于 46 个。输出层的维度是 46，使用 Softmax 激活函数说明要输出 46 个类别的概率，概率之和为 100%（即 1）。这个用法与第 3 章使用 Dense 层解决 MNIST 数据集的 10 分类问题类似。在编译阶段，使用多分类交叉熵损失函数，示例如下。

```
# 编译模型
model.compile(optimizer='rmsprop',
              loss='categorical_crossentropy',
              metrics=['accuracy'])
```

模型的训练、验证、评估，与 4.2.1 节介绍的相同，示例如下。

```
# 训练模型并进行验证
# 创建回调函数，终止训练
stopTraining = [callbacks.EarlyStopping(monitor='val_loss',patience=1,)]

# 训练模型
history = model.fit(vec_train,
```

```
                    one_hot_train_lab,
                    epochs=20,
                    batch_size=512,
                    callbacks=stopTraining,
                    validation_split=0.1)

# 评估模型
eva = model.evaluate(vec_test,one_hot_test_lab)
```

模型的训练损失、验证损失、训练精度、验证精度的趋势图，如图 4-4 所示。

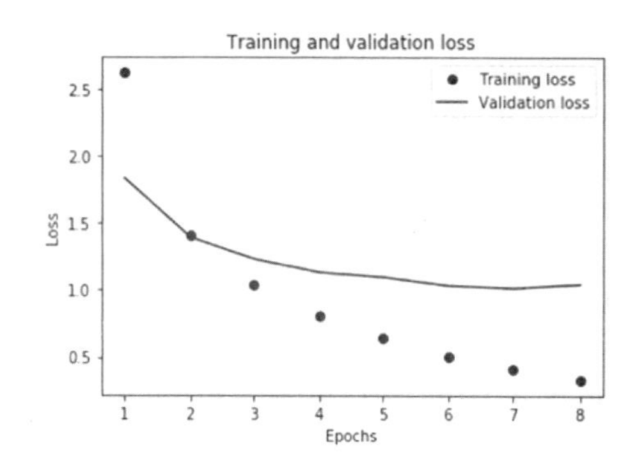

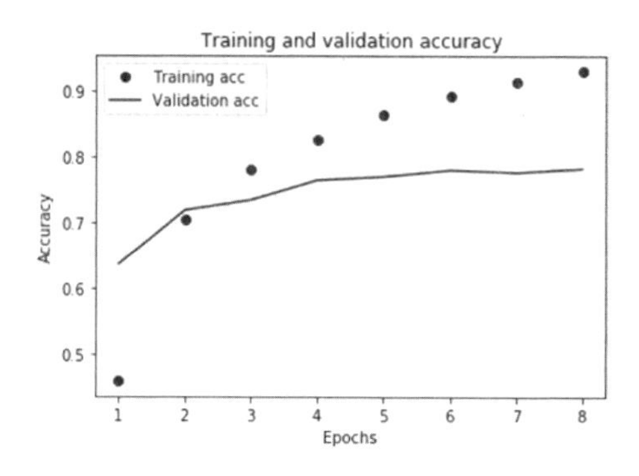

图 4-4

使用 evaluate 方法对模型进行评估，结果如下。

```
71/71 [==============] - 0s 2ms/step - loss: 0.9866 - accuracy: 0.7805
```

在回调函数 stopTraining 的作用下，模型在第 8 个 epoch 完成后终止训练，即在第 7 个 epoch 性能最优，精度达到 0.7805。

4.3 使用全连接网络解决标量回归问题

回归问题也是机器学习常见的任务之一。前面提到的分类任务，是对两个或两个以上离散的实数值的预测，本质上是对离散值所对应的标签的预测。与分类问题不同，回归问题是对连续实数范围内的值进行预测。在一个连续实数范围内进行预测称为标量回归。例如，要在 5000 ~ 50000 美元之间预测波士顿的房价，只有一个连续实数范围。另外，如果根据某个人的学历、所在地域、年龄等指标预测这个人属于低收入人群、中等收入人群还是高收入人群，就是向量回归（因为需要在三个收入段里进行预测）。

本节采用的数据集 Boston Housing[①]来自卡内基梅隆大学（Carnegie Mellon University）的 StatLib 图书馆。这个数据集的样本包含 20 世纪 70 年代末波士顿郊区不同地点的 13 个与房屋价格相关的属性指标，房屋价格取中位数（统计学中的一种方法，又称中值，Median），单位是千美元。但是，由于测试样本与训练样本的数量比较少，且 13 个指标的取值范围不同，所以，样本之间的差别很大。Boston Housing 数据集也内置在 tf.keras.datasets 中。我们加载该数据集，了解相关信息，示例如下。

```
from tensorflow.keras import models,datasets,layers
# 加载数据集：boston_housing
(train_ds,train_lab),(test_ds,test_lab) = datasets.boston_housing.load_data()
In[31]: train_ds.shape,test_ds.shape
Out[31]: ((404, 13), (102, 13))
In[32]: train_lab[train_lab[np.argmin(train_lab),np.argmax(train_lab)]]
Out[32]: (5.0,50.0)
```

Boston Housing 数据集共有 404 个训练样本，102 个测试样本，13 个特征，房价范围在 5000 ~ 50000 美元之间。部分样本如表 4-1 所示，前 13 列是影响房屋价格的指标，最后一列是当前指标下房屋价格的中值。

由表 4-1 可知，每个样本的这 13 个指标的取值范围差别很大。例如，第一列的指标 CRIM，表示按城镇划分的犯罪率，取值范围是 0 ~ 100；第四列的指标 CHAS，取值为 0 或 1，用于表示房屋距河流的远近；第十列与税率相关的指标 TAX、第十二列与黑人居民占比相关的指标 B，取值都比较大。在这种情况下，数据预处理工作就非常重要了。常用的方法是对每个指标进行标准化，以满足神经网络学习的要求。具体步骤是将每个指标减去其特征的平均值，然后除以标准差，代码如下。

```
# 指标数据标准化
bth_mean = train_ds.mean(axis=0) # axis=0，压缩行，对各列求平均值，输出矩阵为一行
train_ds -= bth_mean             # 减去特征的平均值
bth_std = train_ds.std(axis=0)   # axis=0，求每列的标准差，输出矩阵为一列
train_ds /= bth_std              # 除以标准差
test_ds -= bth_mean              # 减去训练数据特征的平均值
test_ds /= bth_std               # 除以训练数据的标准差
```

① 下载地址：链接 4-1。

表 4-1

CRIM	ZN	INDUS	CHAS	NOX	RM	AGE	DIS	RAD	TAX	PTRATIO	B	LSTAT	MEDV
0.00632	18.00	2.310	0	0.5380	6.5750	65.20	4.0900	1	296.0	15.30	396.90	4.98	24.00
0.02731	0.00	7.070	0	0.4690	6.4210	78.90	4.9671	2	242.0	17.80	396.90	9.14	21.60
0.02729	0.00	7.070	0	0.4690	7.1850	61.10	4.9671	2	242.0	17.80	392.83	4.03	34.70
0.03237	0.00	2.180	0	0.4580	6.9980	45.80	6.0622	3	222.0	18.70	394.63	2.94	33.40
0.06905	0.00	2.180	0	0.4580	7.1470	54.20	6.0622	3	222.0	18.70	396.90	5.33	36.20
0.02985	0.00	2.180	0	0.4580	6.4300	58.70	6.0622	3	222.0	18.70	394.12	5.21	28.70
0.08829	12.50	7.870	0	0.5240	6.0120	66.60	5.5605	5	311.0	15.20	395.60	12.43	22.90
0.14455	12.50	7.870	0	0.5240	6.1720	96.10	5.9505	5	311.0	15.20	396.90	19.15	27.10
0.21124	12.50	7.870	0	0.5240	5.6310	100.0	6.0821	5	311.0	15.20	386.63	29.93	16.50
0.17004	12.50	7.870	0	0.5240	6.0040	85.90	6.5921	5	311.0	15.20	386.71	17.10	18.90
1.83377	0.00	19.580	1	0.6050	7.8020	98.20	2.0407	5	403.0	14.70	389.61	1.92	50.00

需要说明的是，在测试样本的标准化过程中，平均值与标准差都是基于训练样本计算出来的。因为测试集的作用仅仅是验证模型的泛化能力，所以我们不能使用任何通过测试集计算得到的结果。

下面我们通过 Sequential 方法构建回归模型，示例如下。使用 Dense 层堆叠两个隐层和一个输出层。隐层使用 ReLU 激活函数，输出单元为 64 维。输出层没有使用激活函数，只输出一个数据（1 个输出单元）。网络层的非线性特征是由激活函数产生的，这是浅层神经网络的重要特征。因此，输出层是一个纯线性层，它能学习到任意范围内的值，这是回归任务中输出层的普遍做法。

```
# 定义模型
model = models.Sequential()
model.add(layers.Dense(64,
activation='relu',input_shape=(train_ds.shape[1],)))
model.add(layers.Dense(64, activation='relu'))
model.add(layers.Dense(1))
```

接下来，编译模型，示例如下。

```
# 编译模型
model.compile(optimizer='rmsprop', loss='mse', metrics=['mae'])
```

优化器使用的是常见的 RMSProp。回归问题与分类问题的模型参数优化方法相同，采用的都是随机梯度下降算法，但优化时使用的反馈信号获取方法不一样。分类问题大多使用交叉熵，本例使用的是 MSE，表示预测值与目标值差的平方，是回归问题中常用的损失函数。MSE 越小，预测值与目标值越接近，模型的性能就越好。性能度量指标也与分类问题不同，分类问题大多使用精度，而 MAE 是回归任务中经常用到的度量指标。MAE 表示预测值与目标值差的绝对值。在当前的语境下，如果 MAE 的值为 0.1，则表示回归模型预测的房价与实际的平均价格相差 100 美元。

接下来是训练与评估模型。同样，使用回调函数监控模型训练过程中的验证损失指标，如果不再改善，则停止训练循环，示例如下。

```
# 训练模型
# 创建回调函数，终止训练
stopTraining = [callbacks.EarlyStopping(monitor='val_loss',patience=1,)]
```

关于在模型训练循环中使用的验证集，常见的是预先分配好的独立样本集。也可以取训练集中一定比例的样本作为验证集，比例为 10%、20% 不等。这种生成验证集的方式称为留出验证集。前面提到的 MNIST 数据集、IMDB 数据集、Reuters 数据集，都使用这种方式分配验证集，前提是数据集中的样本充足（数据集规模比较大）。然而，在现实应用中，很多情况与本例相似，数据集的规模比较小，因此，如何在现有数据集的基础上扩大数据规模，如何充分利用现有数据进行训练，是亟待解决的问题。在后面的章节中将会介绍的数据增强技术，是扩大数据样本量的一种强大的方法。本节将在充分利用现有数据方面提供一种有效的方式——K 折交叉验证。

4.3.1 使用留出验证集方式训练模型

为了方便比较，我们先使用留出验证集方式，将训练样本中的 10% 作为验证集。训练与评估模型的代码如下。

```
# 训练模型
model.fit(train_ds, train_lab, epochs=100, batch_size=1,
          validation_split=0.1,
          callbacks=stopTraining)

# 评估模型（单位：千美元）
eva_mse, eva_mae = model.evaluate(test_ds,test_lab)
```

模型在第 5 个 epoch 终止训练，即在第 4 个 epoch 模型最优，评估结果如下。

```
4/4 [==================] - 0s 994us/step - loss: 17.3349 - mae: 2.7653
In[2]: eva_mse,eva_mae
Out[2]: (17.33493995666504, 2.7652926445007324)
```

模型的评估结果说明，预测值与实际房价相差约 2765 美元。为了避免陷入局部最优，读者可以调整用于终止训练的 patience 参数。这个参数说明因验证损失不再改善而停止训练循环的容忍度，“1”表示一个 epoch 训练完成后验证损失不再改善就终止训练。读者可以将该值设置为 5 或 10 并观察结果。

另外，可以通过回调函数监控验证平均绝对误差（val_mae）的值来终止训练——结果与前面介绍的相似，在第 6 个 epoch 达到最优，评估的 MAE 为 2.7138。

4.3.2　使用 K 折交叉验证方式训练模型

K 折交叉验证的思想是：将可用的训练集样本划分为 K 等份，并实例化 K 个相同的模型，每个模型在 $K-1$ 个数据等份上训练，剩下的 1 个数据等份用于验证当前训练的模型实例的性能，最终的验证结果为 K 个验证分数的平均值。

将 Boston Housing 数据集的训练样本分成 4 个等份（404 个训练样本，每份 101 个），代码如下。

```
# K 折交叉验证模型
k = 4                                  # k 为折数
k_samples = len(train_ds) // k         # 将训练集分成 4 个等份
all_k_mae = []                         # 保存所有等份的平均绝对误差值
epoch = 100                            # 每个模型实例在一次 K 折交叉验证中的训练循环数
for i in range(k):
   print('processing k-fold #', i)

   # 获取第 i 次的验证样本
   k_val_ds = train_ds[i * k_samples: (i + 1) * k_samples]
   k_val_lab = train_lab[i * k_samples: (i + 1) * k_samples]

   # 获取第 i 次的训练样本
   k_train_ds = np.concatenate([train_ds[:i * k_samples],
                                train_ds[(i + 1) * k_samples:]],axis=0)
   k_train_lab = np.concatenate([train_lab[:i * k_samples],
                                 train_lab[(i + 1) * k_samples:]], axis=0)

   # 重新编译模型
   model.build()
   # 输出参与本次交叉验证的训练样本数与验证样本数
   print('training data:',len(k_train_ds))
   print('validation data:',len(k_val_ds))

   # 训练模型：采用静默训练模式
   model.fit(k_train_ds, k_train_lab,epochs=epoch, batch_size=1,verbose=0)

   # 评估每个等份的结果
   k_val_mse,k_val_mae = model.evaluate(k_val_ds,k_val_lab,verbose=1)

   # 保存所有等份的平均绝对误差值
   all_k_mae.append(k_val_mae)
   # 计算平均值，作为模型的最终 MAE
   np.mean(all_k_mae)
```

经过 K 折交叉验证，MAE 的均值为 2.1516，说明验证阶段的预测值与实际房价相差约 2152 美元，比使用留出验证方式训练的评估结果 2765 美元少约 600 美元，性能更优。

K 折交叉验证的主要目的是模型调优，即尝试找到模型的某些参数（通常是超参数的最优值，例如训练轮次数、批量大小、隐层数、隐层的输出单元数等）。模型调优是一个以实践为基础的系统工程，内容广泛，本书后面的章节也会涉及。

4.4 全连接网络图片分类问题的优化

全连接网络不仅可以解决部分文本二分类、多分类与回归问题，在自然语言处理领域拥有一席之地，而且在计算机视觉方面有所作为。我们在第 3 章中就已经见识了全连接网络解决手写数字识别问题的能力，后面我们会经常见到它作为分类器应用在卷积神经网络与循环神经网络中。

通过前面的学习我们可以了解到，深度学习在不同的阶段有不同的评价指标：在训练阶段有训练损失与训练度量指标；在验证阶段有验证损失与验证度量指标；在评估阶段有评价损失与评价度量指标；在推理阶段也有相关的性能指标，例如精度、召回率，以及生物特征识别指标中的错误接受率、错误拒绝率等。

我们把深度学习分成两个阶段，即学习阶段与推理阶段。学习阶段包括模型的构建、训练、验证、评估；推理阶段包括模型的测试，例如使用测试集进行测试、使用生产环境中的数据进行推理。这些指标就是在衡量深度学习模型两个方面的能力，即拟合（Fitting）能力和泛化（Generalization）能力。拟合能力用在模型的学习阶段，最理想的目标是让模型学习到欠拟合与过拟合的界限点的样本特征，即模型通过学习获得最优的模型参数与超参数。泛化能力用在模型的推理阶段，用于评价模型在生产环境中的表现——在未见过的数据上的推理越正确，泛化能力就越强。现阶段人工智能实现的是局部泛化，终极目标是获得极端泛化能力。如果真正实现了类似于人类的极端泛化能力，就可以宣告通用人工智能（GAI）的到来。学习阶段的拟合能力直接正向反映了推理阶段的泛化能力。

模型在学习阶段的拟合能力是通过不断优化实现的。目前，自动化的优化工具与方法还很少。例如，可以通过回调函数监控模型的拟合情况，根据设定的阈值动态调整学习率等。

这是一个研究方向。

本节将以使用全连接网络解决 MNIST 数据集的分类问题为例，介绍通过人工干预的方式优化模型拟合能力的三种方法。

在第 3 章的例子中，模型是由两个 Dense 层组成的全连接网络，示例如下。

```
model = models.Sequential()
model.add(layers.Dense(512,activation='relu',input_shape=(28*28,)))
model.add(layers.Dense(10,activation='softmax'))
```

第一个 Dense 层有 512 个隐藏单元，即输出空间有 512 维。第二个 Dense 层是输出层，有 10 个输出概率值，它们的和为 1。模型的参数总数为 407050 个，都是需要通过学习进行训练的参数。训练过程如图 4-5 所示。

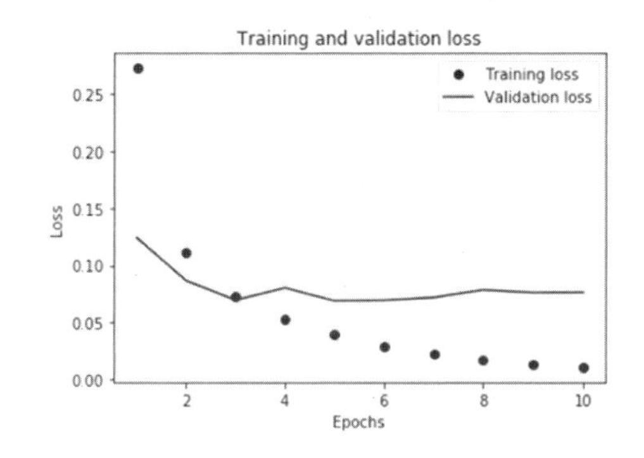

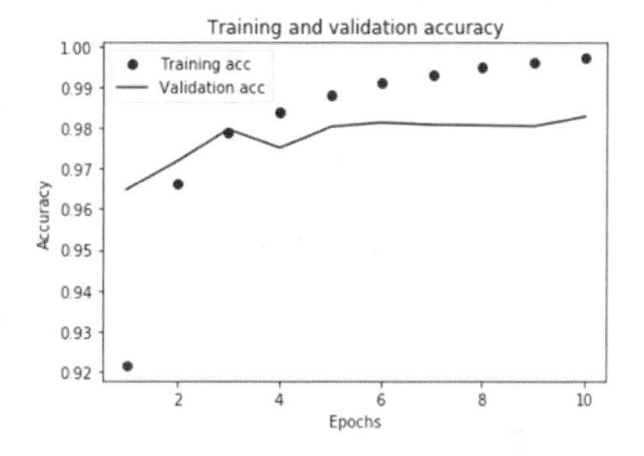

图 4-5

从损失值和精度值的变化趋势可知，模型从第 3 个 epoch 开始出现过拟合，表现为验证损失与验证精度越来越差，而训练损失与训练精度越来越好——训练损失值趋近于 0，训练精度值趋近于 100%，即随着训练循环的进行，模型在训练集上的表现越来越好，在验证集上的表现越来越差。

尽管解决该问题的首选方法是扩大数据规模，但采集与标注数据的代价与成本往往非常高。扩大数据规模的另一种方法是使用数据增强（Data Augmentation）技术。该技术将在第 7 章详细介绍。

在数据集规模有限的情况下，减小模型的容量成为一个好方法。为什么呢？

4.4.1 降低模型容量：缩减模型的超参数

过拟合出现的原因是模型的学习能力太强，也就是说，模型拟合复杂函数的能力太强，以致学习到训练样本中一些无用的甚至有害的信息，而这些信息会影响模型对验证数据的判断。例如，我们在第 2 章介绍机器学习时，举了一个带有一片叶子的苹果的例子，如果模型的学习能力太强，就会学习到“叶子”这个特征，即模型会认为苹果就应该有一片叶子。这种过度学习是有害的，不仅会浪费训练资源，而且会影响模型的拟合能力，进而导致模型的泛化能力降低。

模型的学习能力太强，即模型容量过大，常见的处理方法是减少模型的层数与层的隐藏单元的数量。本例只有两个 Dense 层，我们考虑将第一个 Dense 层的输出单元由 512 个减少至 128 个，代码如下（其他代码完全复用 3.1 节中的代码）。

```
model = models.Sequential()
model.add(layers.Dense(128,activation='relu',input_shape=(28*28,)))
model.add(layers.Dense(10,activation='softmax'))
```

通过 model.summary 方法可知，模型的参数总数为 101770 个，比使用 512 个输出单元的模型的 407050 个减少了 75%。以 epoch 为单位的指标趋势图，如图 4-6 所示。

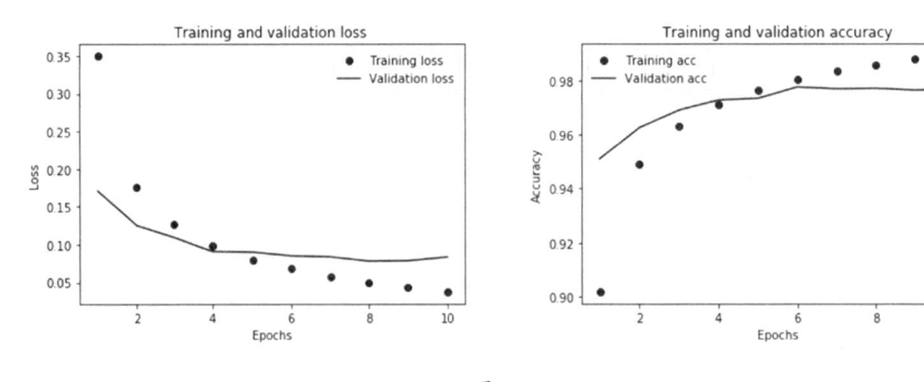

图 4-6

通过图 4-6 可知，在 5 ~ 6 个 epoch 后出现过拟合，在性能评估中损失指标与精度有所下降，如表 4-2 所示（表中结果可能会因为运行环境的不同、训练时获取样本的随机性而有所不同，以下同此说明）。

表 4-2

方　　法	拟合 epoch	评估损失值	评估精度值
原来的网络	3 个	0.0699	0.9826
隐层输出维度为 128 的网络	5～6 个	0.0793	0.9772

读者可以试着将第一个 Dense 层的输出单元调整为 256 个、576 个或其他，甚至可以增加一个 Dense 层，以观察效果。

4.4.2　奥卡姆剃刀原则：正则化模型参数

4.4.1 节从模型的超参数入手，详细介绍了一种降低模型容量的方法。本节将基于模型参数，即从模型的权重出发，通过限制模型的复杂度，降低神经网络的过拟合现象。

奥卡姆剃刀原则的表述是“如无必要，勿增实体”，也就是“简单即有效”。该原则同样适用于深度学习如何使用简单的模型来解决相关问题。因为在通常情况下，简单的模型比复杂的模型更有用、更不容易出现拟合现象。现在我们面临的问题是如何降低或限制模型的复杂度。

4.4.1 节通过缩减模型的超参数来降低模型容量的例子，本质上是在降低模型的复杂度。神经网络的另一类参数——模型参数也是可以调节的。通过强制干预模型权重的取值来限制模型的复杂度从而降低过拟合，这种方法称为权重正则化（Weight Regularization）。它与前面介绍的方法有所不同，专门针对损失指标。缩减超参数对模型学习过程中的所有指标起作用；而权重正则化是向模型网络层（本例是 Dense 层）的损失函数中添加与较大权重值有关的成本（一个参数稀疏性惩罚项），有如下三种方式。

- L1 正则化：添加的成本与权重系数的绝对值（权重的 L1 范数）成正比。
- L2 正则化：添加的成本与权重系数的平方（权重的 L2 范数）成正比。
- L1_L2 正则化：同时使用 L1 正则化与 L2 正则化。

实现代码如下。

```
model = models.Sequential()
model.add(layers.Dense(512,kernel_regularizer=regularizers.l1_l2(l1=0.001,
                      l2=0.001),activation='relu',input_shape=(28*28,)))
model.add(layers.Dense(10,activation='softmax'))
```

本例使用第三种方式，即 L1_L2 正则化。其中，L1 正则化值为 0.001，L2 正则化值为 0.001，说明第一个 Dense 层权重矩阵的每个系数都会使网络总损失增加 0.2%。

通过 model.summary 方法可以了解到，模型的参数总数为 407050 个——没有发生变化。

模型在训练过程中损失指标的变化趋势，如图 4-7 所示。

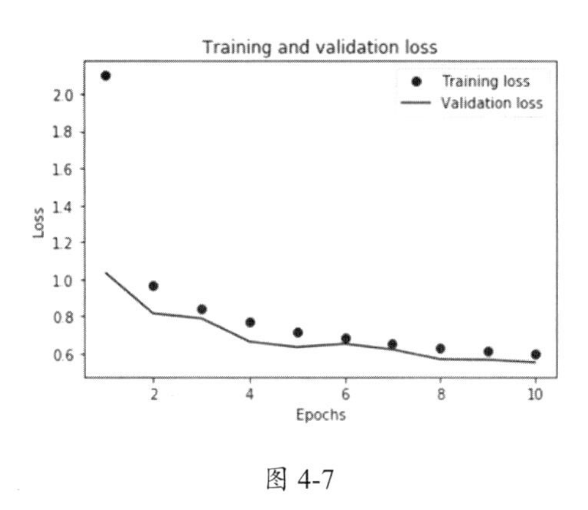

图 4-7

我们可以清楚地看到，训练损失值与验证损失值接近，在 10 个 epoch 完成后没有出现过拟合现象。比较一下性能指标，如表 4-3 所示。

表 4-3

方　　法	拟合 epoch	评估损失值	评估精度值
原来的网络	3 个	0.0699	0.9826
隐层输出维度为 128 的网络	5 ~ 6 个	0.0793	0.9772
L1_L2 正则化	10 个以后	0.5713	0.9493

可以看出，L1_L2 正则化对损失函数的影响非常大，评估损失值为 0.5760。

权重正则化是一种强大的降低过拟合的方法。大家可以尝试单独使用 L1 正则化、L2 正则化，看看效果。

4.4.3 初识随机失活：Dropout 基础

全连接网络最大的问题就是模型具有稠密度。它的学习模式是全局模式，大多数性能问题都与它有关（将在第 5 章详细介绍），这为我们带来了一个模型优化思路，即降低 Dense

层的稠密度，让模型具有一定的稀疏性，从而有效防止模型的过拟合。

这个方法在 2012 年得以实现（随机失活第一次出现是在 2012 年参加 ILSVRC 的一个名为 AlexNet 的卷积神经网络中，因此，我们将在第 5 章详细介绍这部分内容）。在不改变网络拓扑结构的前提下，只要加上一点内容，就可以降低模型的过拟合，示例如下。

```
# 构建神经网络：全连接网络
model = models.Sequential()
model.add(layers.Dense(512,activation='relu',input_shape=(28*28,)))
model.add(layers.Dropout(rate=0.5))
model.add(layers.Dense(10,activation='softmax'))
```

如以上代码所示，在第一个 Dense 层后面添加了一个 Dropout 层，随机失活比率为 0.5。通过浏览模型的概要文件可知，Dropout 操作没有增加网络的参数量，示例如下。

```
Model: "sequential_3"
_________________________________________________________________
Layer (type)                 Output Shape              Param #
=================================================================
dense_6 (Dense)               (None, 512)               401920
_________________________________________________________________
dropout (Dropout)             (None, 512)               0
_________________________________________________________________
dense_7 (Dense)               (None, 10)                5130
=================================================================
Total params: 407,050
Trainable params: 407,050
Non-trainable params: 0
_________________________________________________________________
```

跟踪训练过程可知，模型在第 8 个 epoch 之前均为欠拟合，之后开始拟合，似乎在第 10 个 epoch 拟合得最好，如图 4-8 所示。

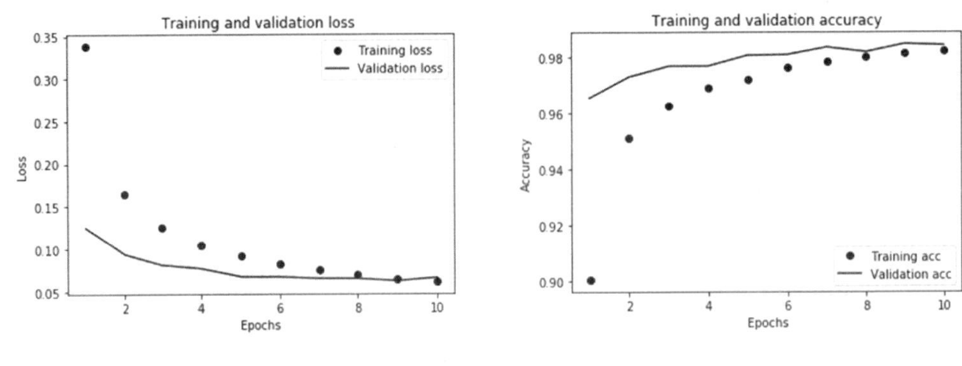

图 4-8

比较性能，如表 4-4 所示，使用 Dropout 层的网络，损失指标最优，精度指标与原来的网络相近。

表 4-4

方　　法	拟合 epoch	评估损失值	评估精度值
原来的网络	3 个	0.0699	0.9826
隐层输出维度为 128 的网络	5 ~ 6 个	0.0793	0.9772
L1_L2 正则化	10 个以后	0.5713	0.9493
Dropout	10 个以后	0.0663	0.9812

缩减模型的超参数、正则化模型参数、随机失活这些方法，不仅可以在全连接网络中使用，还可以在后面将要介绍的卷积神经网络、循环神经网络中使用。

全连接网络不是解决计算机视觉领域相关问题的最优方法，截至 2020 年 9 月，最佳方法仍是第 5 章将要介绍的卷积神经网络。

第 5 章　卷积神经网络

我有一瓢酒，可以慰风尘。

——《简卢陟》　韦应物

2012 年应该是人工智能历史上划时代的一个年份，至少是具有里程碑意义的一年——一个名为 AlexNet 的神经网络在当年的 ILSVRC 中获得 ImageNet 数据集分类任务的冠军（它的设计者是多伦多大学教授 Hinton 和他的学生 Alex Krizhevsky）。AlexNet 是一个 8 层卷积神经网络（Convolutional Neural Networks，CNN），由 5 个卷积层和 3 个全连接层（Dense 层）组成，使用 7×7 的卷积核，接收输入为 224 像素×224 像素的彩色图片数据。为了有效地进行特征图降维，在第 1、2、5 层后面增加了最大池化层。AlexNet 第一次使用 ReLU 激活函数解决梯度问题，并采用 Dropout（随机失活）方法解决过拟合问题，大大提高了模型的泛化能力。AlexNet 在 2012 年的 ILSVRC 中使 TOP5 错误率下降到 16.4%，这是人工智能历史上第一次使用深度学习解决极富挑战性的分类问题。从此，深度学习进入人工智能领域并广受关注，以连接主义之名引领人工智能的第三次浪潮。

2014 年，ILSVRC 的冠军和亚军均采用卷积神经网络。冠军得主是 Google 开发的神经网络模型 GoogleNet，该模型采用模块化设计思想，使用 1×1 的卷积层与 1×1 或 3×3 的卷积核，通过大量堆叠 Inception 模块①组成复杂的内部网络拓扑结构，模型的深度达 22 层，但参数量只有 AlexNet 的 1/12，在 ILSVRC 中 TOP5 错误率为 6.7%，比 AlexNet 降低了近

① Inception 模块的灵感来源于早期的 network-in-network 架构。它由 1×1 Conv、1×1 Conv＋3×3 Conv、1×1 Conv＋5×5 Conv、3×3 Max Pooling＋1×1 Conv 模块组成，既能保持滤波器级的网络稀疏性，又能充分发挥密集矩阵的高计算性能。

10个百分点。亚军获得者是牛津大学VGG实验室开发的VGG16网络（VGG11、VGG13、VGG16、VGG19网络是一系列经典的模型，本书后面会用到其中的两个），取得了7.4%的TOP5错误率。VGG16网络的创新点是使用了3×3的卷积核、2×2的池化层窗口和2的步长，比AlexNet参数量少、计算代价低。

真正使得神经网络模型达到几十层、几百层甚至上千层，体现“深度学习”含义的，是将残差思想引入神经网络。这个开创性的想法是2015年由微软亚洲研究院的何恺明等人提出的，并以此为基础设计了ResNet算法。残差在数理统计中是指实际观察值与估计值之间的差。利用残差所提供的信息考察模型假设的合理性及数据的可靠性，称为残差分析。残差思想有效解决了神经网络越深，训练越困难，越容易出现梯度弥散或梯度爆炸的问题。解决问题的基本思路是利用浅层网络不存在梯度问题这一先验知识，给深度神经网络添加一种回退到浅层神经网络的机制，即在输入和输出之间添加一条直接连接的Skip Connection，从而使神经网络具有回退能力。引入残差思想的网络称为残差神经网络（Residual Neural Network，ResNet），它的网络模型可达18层、34层、50层、101层、152层、1202层，因此也称为深度残差神经网络。参与ILSVRC的是ResNet152，它将TOP5错误识别率降到3.57%，远低于人眼的5.1%，夺得了当年ImageNet数据分类任务的冠军。

尽管与ResNet的Skip Connection思想相同，但2017年问世的DenseNet比ResNet更加激进。Skip Connection采用的是稠密连接（稠密连接模块也叫作Dense Block），神经网络的每两个层之间都存在Skip Connection，进行图片分类任务时采用在通道轴维度进行拼接的方式聚合特征信息，因此具有比ResNet更高的性能。

随着卷积神经网络频频在ILSVRC上获得成功，它已然成为解决计算机视觉问题的主流算法和学习模型。

5.1 使用CNN解决MNIST数据集的分类问题

我们还是从一个例子入手，解答“为什么会出现卷积神经网络”这个问题。全连接网络（密集连接网络，Dense层）存在什么问题？卷积神经网络的主要思想是什么？

前面我们通过构建一个 2 层全连接网络，实现了对 MNIST 数据集中手写数字的识别，本节将使用卷积神经网络完成相同的任务，示例代码如下。

```
# -*- coding: utf-8 -*-
"""
Created on Wed Apr 22 23:36:38 2020
@author: T480S
"""
# 导入需要使用的资源包
from tensorflow.keras import layers,datasets,models,utils,Sequential
# 1、数据准备：加载数据
print('load MNIST...')
(train_images,train_labels),(test_images,test_labels) =
datasets.mnist.load_data()
# 数据预处理：将数据缩放到[-1,1]或[0,1]之间
train_images = train_images.reshape((60000,28,28,1))  # 神经网络需要的张量形状
train_images = train_images.astype('float32') / 255   # 将数据缩放到[0,1]之间
test_images = test_images.reshape((10000,28,28,1))    # 神经网络需要的张量形状
test_images = test_images.astype('float32') / 255     # 将数据缩放到[0,1]之间
# 对分类标签进行编码
train_labels = utils.to_categorical(train_labels)
test_labels = utils.to_categorical(test_labels)
# 2、构建卷积神经网络
model = Sequential([
      layers.Conv2D(32,(3,3),activation='relu',input_shape=(28,28,1)),
      layers.MaxPooling2D(2,2),
      layers.Conv2D(64,(3,3),activation='relu'),
      layers.MaxPooling2D(2,2),
      layers.Conv2D(64,(3,3),activation='relu'),
      layers.Flatten(),
      layers.Dense(64,activation='relu'),
      layers.Dense(10,activation='softmax')
      ])
model.build()
model.summary()       # 查看 model 的形状与参数量
# 3、指定神经网络的优化器、损失函数、度量指标
model.compile(optimizer='rmsprop',
            loss='categorical_crossentropy',metrics=['accuracy'])
# 4、训练模型
tb_rnn_callbacks=[
      keras.callbacks.TensorBoard(
            log_dir = 'log_my_dir',
            histogram_freq = 1,
            write_graph=True,
```

```
                write_images=False,
                update_freq="epoch",
                profile_batch=2,
                embeddings_freq=0,
                embeddings_metadata=None,
                )
        ]
model.fit(train_images,train_labels,
         epochs=10, batch_size=64,
         validation_split=0.1,
         callbacks=tb_rnn_callbacks)
# 5、评估模型：在测试数据上评估模型
model.evaluate(test_images,test_labels)
```

在本例中，有关 MNIST 数据集的加载、预处理代码，与使用全连接网络相同，而且同样使用 fit 方法训练模型。在训练时，利用回调函数 tb_rnn_callbacks 获得训练日志，通过 TensorBoard 的 Web 套件在训练过程中显示相关信息，最后使用 evaluate 方法进行评估；不同之处在于网络的构建与编译。下面详细解读卷积神经网络的构建与编译过程。

5.2 全连接网络面临的问题

回顾一下使用 2 层全连接网络对手写数字灰度图片进行识别的模型代码。这是一个单输入多分类问题，示例如下。

```
# 构建神经网络：全连接网络
model = models.Sequential()
model.add(layers.Dense(512,activation='relu',input_shape=(28*28,)))
model.add(layers.Dense(10,activation='softmax'))
```

通过 model.summary 方法查看模型的结构，示例如下。

```
Model: "sequential_12"
_________________________________________________________________
Layer (type)                 Output Shape              Param #
=================================================
dense_24 (Dense)              (None, 512)               401920
_________________________________________________________________
dense_25 (Dense)              (None, 10)                5130
=================================================
Total params: 407,050
Trainable params: 407,050
```

```
Non-trainable params: 0
_________________________________________________________________
Train on 54000 samples, validate on 6000 samples
```

我们把上述全连接网络模型的拓扑结构输出为一幅图片，如图 5-1 所示（第 7 章会详细介绍如何使用 utils.plot_model 工具输出模型图），可以比较直观地理解：一个输入层，接收形状为 (54000,784) 的 2D 张量（批张量）；一个全连接网络的隐层，隐藏单元数（节点数）是 512 个；后面紧跟着一个全连接的输出层，经过 Dense 运算，输出形状为 (54000,10) 的 2D 张量，其中“10”是 10 个类别的概率，输入张量 (54000,784) 的特征（Features）是通过公式 (401920-512)/512 计算获得的。

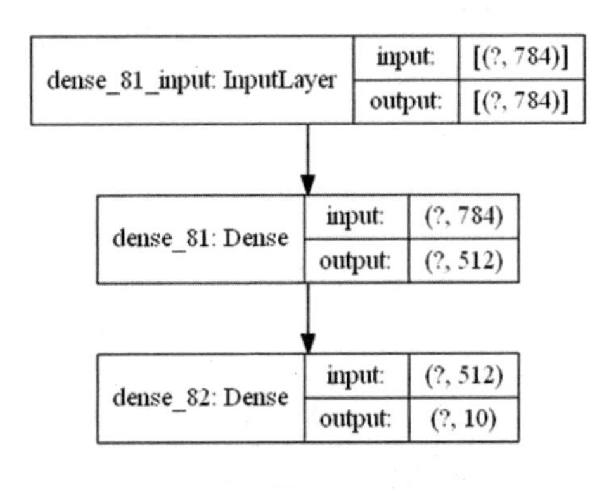

图 5-1

我们知道，全连接层的每个输出节点都与所有的输入节点连接，以便学习所有输入节点的特征。这是一种全局学习样本特征的模式。这种稠密的连接方式也是全连接网络名称的由来。它最大的缺点就是全连接层的参数量大，在本例中，两个 Dense 层的参数总量就高达 40 多万个，计算代价很大。在实际应用中，相对复杂的网络，参数量动辄上百万个，甚至以千万、亿万计，需要占用巨大的存储资源与计算资源。神经网络学习过程中的张量计算，其实是大量的浮点运算。假设上述两个 Dense 层的 40 多万个参数使用 float 类型存储，一个 float 至少需要 4byte 的内存，那么，仅在参数计算时就需要 1.5MB 的内存，可以推理，千万级、亿级的参数量所需的内存将高达几百 MB 甚至达到 GB 级，计算代价是非常高的。

理论上，神经网络的层数越多，容量就越大，学习能力就越强，拟合复杂空间函数的能力就越强，模型的泛化能力就有可能达到最好。但是，全连接网络的全局学习模式产生大量参数所导致的训练问题，使构建大规模深度神经网络变得困难，这严重制约了它在科学研究和以商业应用为目的的工程化实践中的应用。

5.3 局部相关性与权值共享

那么，有没有一种方法，可以通过局部学习达到与使用 Dense 层进行全局学习相同的效果，且能解决 Dense 层面临的问题呢？我们先看一个工作中的例子。

我想全面了解一个新员工的情况，最好的方法应该是：从 HR 那里获得他的履历、入职所在部门、工作岗位与职责；找他的直属领导了解他入职后的工作情况及表现；要想深入了解，就直接和他对话，在对话前最好拟一个提纲。这是一个学习过程，新员工的履历、入职所在部门、工作岗位、职责、工作情况、表现、提纲是要学习的内容，即我需要学习的新员工的特征。在这个过程中，我没有必要去找公司里的其他人，因为他们很可能不知道新员工的相关信息，提供的信息很可能是错误的、零碎的、片面的、无用的（这些信息称为数据噪音）。

数据（新员工、HR、新员工的直属领导）之间的这种关系，称为数据的相关性。利用数据相关性进行分析，获得关联信息的过程，称为数据相关性分析。在这个语境下，全连接网络需要从公司所有人那里获得（学习）新员工的信息。人数少还好，如果有成千上万人，就比较麻烦了——使用全连接网络学习新员工的特征，不仅费时费力，而且效率低下。

现在，我们把整个公司作为一个全局背景，看一下了解这个新员工的人：HR、新员工、新员工的直属领导。只从公司局部的三个人身上，基本可以获得该员工的全部信息。这称为数据的局部相关性。

数据的相关性有两类：一类与空间位置相关，例如图片、视频等；另一类与时间顺序相关，例如文本、语音、股票数据等。深度学习借鉴局部相关性的思想，只关注与目标距离较近的部分，忽略与目标距离较远的部分。这样进行学习和特征提取，大大降低了网络的参数量，不仅提高了训练效率，而且使实现超大规模的深度神经网络成为可能。

下面要解决的关键问题是如何确定一个合理的、与目标相关的时空范围。以计算机视觉相关问题为例，图片是一个典型的具有空间位置的数据，它有三个轴，分别是高度轴、宽度轴、深度轴[①]。不考虑图片的数量，一幅图片可以存储在一个 3D 张量中，图片的局部相关性主要与高和宽有关，这个相关区域称为感受野（Receptive Field），如图 5-2 所示。

图 5-2

在处理图片分类任务或人脸识别问题时，图 5-2 虚框内的部分就是这幅图片的重要像素分布区域，其他区域会被选择性地忽略。这样，在对这幅图片进行特征学习时，就可以按照感受野的大小逐个进行。感受野的大小通常基于欧氏距离来计算，以图 5-2 为例，一般认为以某个像素点为中心的欧氏距离小于或等于感受野的平方除以 2，则相关性较高，神经网络将提取这个区域内的特征，忽略其他区域。

那么，神经网络是如何利用感受野对整幅图片进行学习的呢？如图 5-3 所示，通过移动感受野窗口逐个学习。感受野每次移动的距离就是步长（Stride）。步长是感受野窗口每次移动的长度单位，用于控制感受野所接触数据的密度。步长越小，感受野的移动幅度越小，提取的特征信息越多，张量尺寸越大，计算代价越大，就越容易获得冗余信息；反之亦然。因此，合适的步长对神经网络模型的学习至关重要。

为了进一步简化，我们假设神经网络在当前网络层对每一个感受野学习特征时使用的权重相同。这种假设是合理的。前面提到过，深度学习本质上是一种表示学习，从低层、中层到高层逐层提取特征，这也是特征工程的理论与实践依据。每个网络层都有特定的任务，在相同的任务背景下，整幅图片的学习权重应该是一样的，这种假设称为权值共享。

归纳一下，一幅图片的学习过程，就是使用感受野和一个权值逐个学习，将每个感受野

① 图片的深度轴是指颜色通道的深度，表示方式有 RGB、HSV。

学习到的特征结果输出给下一个网络层。这种共享权值的局部连接层网络，就是卷积神经网络。

图 5-3

5.4 构建卷积神经网络

局部相关性与权值共享是卷积神经网络的两个重要思想，它的主要目的是大幅降低网络模型的参数量，提高训练效率，真正实现大规模深度神经网络。

5.4.1 CNN 与 Dense 性能比较

回到本章的例子——使用 CNN 解决 MNIST 数据集的多分类问题。看看下面这段与通过 Dense 层解决 MNIST 数据集分类问题不同的代码。

```
# 构建卷积神经网络
model = Sequential([
        layers.Conv2D(32,(3,3),activation='relu',input_shape=(28,28,1)),
        layers.MaxPooling2D(2,2),
        layers.Conv2D(64,(3,3),activation='relu'),
        layers.MaxPooling2D(2,2),
        layers.Conv2D(64,(3,3),activation='relu'),
        layers.Flatten(),
        layers.Dense(64,activation='relu'),
        layers.Dense(10,activation='softmax')
        ])
model.build()
```

通过 Spyder 运行这个网络，比较模型参数的数量与模型的性能。衡量模型的性能有两个指标：评估损失与评估精度。

比较模型参数的数量，代码如下。

```
model.summary()        # 查看 model 的概要信息
Model: "sequential_2"
_________________________________________________________________
Layer (type)                 Output Shape              Param #
=================================================================
conv2d_6 (Conv2D)            (None, 26, 26, 32)        320
_________________________________________________________________
max_pooling2d_4 (MaxPooling2 (None, 13, 13, 32)        0
_________________________________________________________________
conv2d_7 (Conv2D)            (None, 11, 11, 64)        18496
_________________________________________________________________
max_pooling2d_5 (MaxPooling2 (None, 5, 5, 64)          0
_________________________________________________________________
conv2d_8 (Conv2D)            (None, 3, 3, 64)          36928
_________________________________________________________________
flatten_2 (Flatten)          (None, 576)               0
_________________________________________________________________
dense_4 (Dense)              (None, 64)                36928
_________________________________________________________________
dense_5 (Dense)              (None, 10)                650
=================================================================
Total params: 93,322
Trainable params: 93,322
Non-trainable params: 0
_________________________________________________________________
Train on 54000 samples, validate on 6000 samples
```

Dense 层的参数总数与可训练参数个数均为 407050 个，而 Conv2D 层的参数总数与可训练参数个数只有 93322 个（只有 Dense 层的 23%）。在训练集与验证集相同的情况下，比较通过 Spyder 控制台输出的评估损失与评估精度的结果，示例如下（可能因运行环境不同而稍有出入）。

```
Dense: loss: 0.0367 - categorical_accuracy: 0.9814
Conv2D: loss: 0.0210 - accuracy: 0.9905
```

Conv2D 的评估损失值比 Dense 小，精度比 Dense 高，说明使用 Conv2D 层的模型性能更好、泛化能力更强。

从网络的深度来看，使用 Dense 层实现 MNIST 数据集分类的模型只有 2 层，而 Conv2D 网络是一个 8 层神经网络，是一个真正的深度学习网络。

5.4.2 卷积层

如同全连接网络参与特征学习的每一层都叫作 Dense 层一样，卷积神经网络参与特征提取的每一层都叫作卷积层（Convolutional Layer）。卷积层是由若干卷积单元组成的，获得每个卷积单元的最佳参数值是卷积神经网络模型训练的核心。利用优化器通过梯度下降算法进行计算，是使每个卷积单元拥有参数最佳值的现行做法。如前面章节所述，卷积单元的参数优化离不开损失函数。损失函数的值用于评估卷积单元的参数是否达到最佳状态。

卷积层的主要目的是采用权值乘积累加的方式学习每个感受野范围内的特征①。很多卷积层堆叠在一起，共同学习一幅视觉图片的特征，这是一种表示学习，即从低层特征（例如边缘、角点、色彩）到中层特征（例如纹理）再到高层特征（例如物体）的学习过程。我们具体分析一下卷积层的卷积运算过程，示例如下。

```
layers.Conv2D(32,(3,3),activation='relu',input_shape=(28,28,1))
```

Conv2D 是一个二维卷积层，它接收高为 28、宽为 28、深度为 1 的特征图片，使用 3 × 3 的感受野窗口在这个 (28,28,1) 的特征图上以高、宽、步长均为 1 的幅度滑动，并按步长逐个提取 (28,28,1) 特征图上 3 × 3 感受野窗口里的特征块，然后将这些特征块与张量 32 做张量积，并转换为只有特征图深度的 1D 张量，对所有这些 1D 张量进行空间重组，将其转换成形状为高、宽、深度的 3D 张量，作为特征图输出。代码中的第一个参数 32 是卷积层完成卷积运算后输出空间的维度，又称为卷积层的过滤器。(3,3) 是感受野窗口的大小，称为卷积核，没有指定步长时默认值为 1。该层使用 ReLU 作为激活函数，接收形状为 (28,28,1)，即 28 像素 × 28 像素的灰度图片。

总结一下，第一个卷积层接收大小为 (28,28,1) 的特征图，通过卷积运算，输出大小为 (26,26,32) 的 3D 特征张量。其中，32 是输出通道数，它是由该层的过滤器数量决定的。

我们来看看 Conv2D 层的所有参数，示例如下。

```
layers.Conv2D(
              filters,
              kernel_size,
              strides=(1, 1),
              padding="valid",
```

① 在信号处理领域，这其实是一种标准的离散卷积运算，这也是卷积神经网络名称的由来。

```
              data_format=None,
              dilation_rate=(1, 1),
              activation=None,
              use_bias=True,
              kernel_initializer="glorot_uniform",
              bias_initializer="zeros",
              kernel_regularizer=None,
              bias_regularizer=None,
              activity_regularizer=None,
              kernel_constraint=None,
              bias_constraint=None,
              **kwargs
             )
```

Conv2D 层接收一个形状由 data_format 参数限定的 4D 批张量，经过卷积运算，输出一个形状同样由 data_format 参数限定的 4D 批张量。下面对一些主要的参数进行说明。除了个别与维度相关的参数（例如 data_format），下面这些参数的解释也适用于 Conv1D、Conv3D、SeparableConv1D、SeparableConv2D、DepthwiseConv2D、Conv2DTranspose、Conv3DTranspose 卷积网络。

- filters：一个整数值，一般为 2 的某次幂，表示输出通道（Output Space）的维度。filters 代表卷积层的过滤器数量，又称为卷积核的数量参数（当前卷积层经过卷积运算，输出张量在通道上的维度）。我们已经知道，卷积神经网络其实是通过离散卷积运算实现表示学习的，低层的卷积层学习低层的特征，把 filters 当成一个筛子，筛掉中层与高层的特征。在通常情况下，卷积层的拓扑位置越高，filters 的值就越大。可以形象地理解为：在筛框大小相同的情况下，filters 的值越大，过滤器的滤网就越密，能学习到中层与高层的更加抽象的特征。
- kernel_size：一个整数或元组，或者两个整数列表，表示感受野窗口的大小。如果是一个整数，则说明感受野所有的空间维度的值相同。例如，使用 1 作为 2D 感受野的 kernel_size 值，说明这个感受野的高和宽均为 1。高和宽的值可以不一样，但为方便计算，通常情况下高和宽为同一个值。
- strides：感受野移动的步长，用于说明感受野窗口（kernel_size 定义的大小）每次沿张量轴移动的距离，通常指高和宽的方向。strides 是一个整数或元组，或者两个整数列表。如果是一个整数，则表示所有维度每次移动相同的距离。strides 默认为 1。

- padding：对训练数据进行填充的方式，有两个可选值 valid 与 same。padding 对指定值的大小写不敏感，默认为 valid。之所以会出现填充（Padding）的情况，是因为感受野与步长的设置关系，有可能导致未提取特征的空间不足一个感受野的大小，这时就会面临剩余空间的取舍问题。还有一种情况是，为了方便设计，AI 工程师希望输入与输出的高和宽一致，这时就需要进行填充，因为在通常情况下，即使感受野的步长为 1，通过卷积层的卷积运算，输入的高和宽也会略小于输出的高和宽。当 padding 的值为 same 时，可以满足上述要求。填充的内容必须是对提取特征不会产生任何影响的无效元素，具体做法就是补 0。

假设输入的高和宽分别为 input_height 和 input_width，过滤器的高和宽分别为 filter_height 和 filter_width，步长的高和宽分别为 strides_height 和 strides_width，通过卷积运算输出的高和宽分别为 output_height 和 output_width。

当 padding 的值为 valid 时，输出的高和宽为：

```
output_width = (input_width - filter_width + 1) / strides_width （结果向上取整）
output_height=(input_height-filter_height+1) / strides_height （结果向上取整）
```

当 padding 的值为 same 时，输出的高和宽为：

```
output_width = input_width / strides_width （结果向上取整）
output_height = input_height / strides_height （结果向上取整）
```

可以看出，当 padding 的值为 same 时，输出的高和宽与 filter 的高和宽无关，只与步长的高和宽有关。

在这里，假设 pad_height 为补 0 后的高，pad_width 为补 0 后的宽，pad_top、pad_bottom、pad_left、pad_right 为补 0 的行数和列数。padding 补 0 的规则如下。

```
pad_height=max((output_height-1)*strides_height+filter_height-in_height , 0)
pad_width = max((out_width - 1) * strides_width +filter_width - in_width, 0)
pad_top = pad_height / 2
pad_bottom = pad_height - pad_top
pad_left = pad_width / 2
pad_right = pad_width - pad_left
```

- data_format：限制卷积网络接收和通过卷积运算输出的张量数据的形状，它的值为一个字符串或 None，默认为 None。字符串有 channels_last 和 channels_first 两个值，当为 None 时等同于 channels_last。

✧ 当 data_format 的值为 channels_last 或 None 时，输入张量的形状为 (batch_size, height, width, channels)，输出张量的形状为 (batch_size, new_rows, new_cols, filters)。

✧ 当 data_format 的值为 channels_first 时，输入张量的形状为 (batch_size, channels, height, width)，输出张量的形状为 (batch_size, filters, new_rows, new_cols)。TensorFlow 采用通道在后的方式，即 data_format 的值为 channels_last。

- dilation_rate：这个参数是针对空洞卷积网络设置的。空洞卷积主要用于解决感受野区域有限的问题，但它不擅长处理较小物体的检测与语义分割任务。它的原理是：增大感受野窗口，但实际参与运算的内容保持不变，从而保持原有的参数量与计算代价。dilation_rate 是一个整数或元组或两个整数列表，用来表示感受野窗口的增大比率。感受野窗口各个维度的增大比率可以不同，当 dilation_rate 的值为一个数字时，表示各个维度的增大比率相同。
- activation：卷积层使用的激活函数。不同的任务使用不同的激活函数，特别是在输出层，卷积网络的隐层大多使用 ReLU 函数。
- use_bias：一个布尔值，表示当前层是否使用偏置向量。W、b 是 layer 的两个重要属性，它们是 layer 的权重。当 use_bias 为 True 时，b 参与训练。
- kernel_initializer：指定权重矩阵初始化器，定义该层权重矩阵的初始化方法。默认为 glorot_uniform，表示当前层使用 Glorot 均匀分布初始化器，从某一范围内的均匀分布中抽取样本。initializer 内置了很多初始化器，可以根据需要对张量进行各种类型的初始化。
- bias_initializer：指定偏置向量初始化器，定义该层偏置向量的初始化方法。默认为 zeros，是一个将偏置向量的初始值设置为 0 的初始化器。
- kernel_regularizer：指定权重矩阵使用哪种正则化器。正则化是解决过拟合问题的一种重要技术，有三种类型的正则化方式：L1 正则化、L2 正则化、L1_L2 正则化。这些方式内置在 regularizer 中，供卷积层使用。默认为 None，即不使用正则化器。在第 4 章中通过示例详细介绍了如何使用正则化方式解决全连接网络的过拟合问题，这个技术在卷积神经网络中也可以使用。

- bias_regularizer：如上面所述，该参数指定偏置向量使用哪种正则化器。默认为 None，即不使用正则化器。
- activity_regularizer：该参数指定当前卷积层的输出使用哪种正则化器。默认为 None，即不使用正则化器。
- kernel_constraint：该参数指定权重矩阵在优化期间使用哪种约束（Constraint）。默认为 None，即没有约束。约束的目的是便于优化器优化网络的模型参数和超参数，避免出现过拟合，使模型性能达到最优。有如下几种类型的约束。
  - ✧MaxNorm：最大范数权值的约束。映射到每个隐藏单元的权值的约束，使其具有小于或等于期望值的范数。
  - ✧NonNeg：权值非负的约束。
  - ✧UnitNorm：映射到每个隐藏单元的权值的约束，使其具有单位范数。
  - ✧MinMaxNorm：最小最大范数权值的约束。映射到每个隐藏单元的权值的约束，使其范数在上下界之间。
- bias_constraint：指定偏置向量在优化期间使用哪种约束。默认为 None，即没有约束。

经过卷积运算，Conv2D 层返回一个 4D（4 rank）及以上维度的张量，Conv1D 层返回一个 3D（3 rank）张量，Conv3D 层返回一个 5D（5 rank）张量。

通过表达式 activation(conv2d(inputs, kernel)+bias) 总结一下卷积层的运算过程：首先，对输入张量与卷积核做 Conv2D 卷积运算；然后，使用卷积运算的结果与偏置量（bias）做 ReLU 运算；最后，输出一个 4 维（阶）张量。

需要注意的是，当 padding 的值为 causal 或者 strides 的值大于 1 且 dilation_rate 的值大于 1 时，会返回 ValueError 错误。

5.4.3 池化层

layers.MaxPooling2D(2,2) 的意思是，对 2D 空间数据（Spatial Data）使用最大池化层（Pooling Layer）进行处理。那么，其结果是什么呢？

我们通过 model.summary 函数查看网络模型，示例如下。

```
model.summary()
Model: "sequential"
```

```
Layer (type)                 Output Shape              Param #
=================================================================
conv2d (Conv2D)              (None, 26, 26, 32)        320
_________________________________________________________________
max_pooling2d (MaxPooling2D) (None, 13, 13, 32)        0
_________________________________________________________________
conv2d_1 (Conv2D)            (None, 11, 11, 64)        18496
_________________________________________________________________
max_pooling2d_1 (MaxPooling2 (None, 5, 5, 64)          0
_________________________________________________________________
conv2d_2 (Conv2D)            (None, 3, 3, 64)          36928
_________________________________________________________________
flatten (Flatten)            (None, 576)               0
_________________________________________________________________
dense (Dense)                (None, 64)                36928
_________________________________________________________________
dense_1 (Dense)              (None, 10)                650
=================================================================
Total params: 93,322
Trainable params: 93,322
Non-trainable params: 0
```

从网络拓扑结构的概要内容可以看出，输入形状为 (28,28,1) 的 3D 张量，经过 3×3 的感受野、32 个过滤器、激活函数 ReLU 的卷积运算，得到的张量形状为 (26,26,32)，输出张量的高与宽比输入的略小，输入的通道轴在输出张量中变为 filters 的数量，即当前卷积层的输出空间维度。经过 layers.MaxPooling2D(2,2) 运算，输出张量的形状为 (13,13,32)，高和宽都是原来的一半，同时可以看到，这个池化层的参数值为 0。

由此我们可以得出一个结论：池化层在不增加卷积运算的参数量的情况下，能够有效减小特征图的尺寸，实现降维运算。这种方式称为特征图的向下采样（Down Samples）。还有一种相反的采样方式，即向上采样（转置卷积是实现向上采样的网络层）。向下采样的主要目的是，在减少需要处理的特征图元素个数的同时，便于学习特征的空间层级结构。其实，通过模型的网络拓扑结构概述文件可以看出，第一个卷积层输出的特征图 (26,26,32) 已经比输入张量的特征图 (28.28.1) 有所缩减，这是由感受野的步长导致的。在“Conv2D(32,(3,3), activation='relu',input_shape=(28,28,1))”中，由于没有设置 (3,3) 感受野的步长，所以使用的是默认值 strides=(1,1)。步长用于控制感受野的密度，能够有效控制信息的提取密度：步长越小，感受野的移动幅度越小，提取的特征信息越多，需要学习的张量的尺寸越大，卷积运算的代价就越高，越容易获得冗余信息，越容易产生过拟合现象；反之亦然。

池化层的运行机制与感受野类似，也是利用局部相关性的思想，从局部相关的一组元素中进行采样或信息聚合，获得新的元素值。对于新的元素值，有两种获取方法：一种方法是从局部相关的一组元素中取最大值，称为最大池化（Max Pooling），使用最大池化的层称为最大池化层（Max Pooling Layer），本例使用的就是最大池化层；另一种方法是取局部相关的一组元素的平均值，称为平均池化（Average Pooling），使用平均池化的层称为平均池化层（Average Pooling Layer）。根据笔者的经验，最大池化层的效果要比平均池化层好。

池化层的维度应与卷积的维度保持一致，即一维卷积层使用一维池化层，二维卷积层使用二维池化层，三维卷积层使用三维池化层，依此类推。

一组元素是否局部相关，是由类似于感受野的池化尺寸（Pool Size）决定的。我们以二维最大池化层 MaxPooling2D 为例，解读一下池化层类的参数，示例如下。

```
layers.MaxPooling2D(
                    pool_size=(2, 2),
                    strides=None,
                    padding="valid",
                    data_format=None,
                    **kwargs
                   )
```

- pool_size：整数或两个整数值的元组，表示获取最大值的池化窗口的大小。窗口内的所有元素都参与最大池化运算。pool_size=(2, 2) 的意思是获取 2×2 池化窗口内的最大值。pool_size 也可以定义为一个整数值，表示二维池化窗口的高和宽为同一个值。本例设置 pool_size 为整数值 2。
- strides：整数，或由两个整数组成的元组，或为 None，默认为 None。strides 表示池化窗口移动的距离，即步长。如果该参数的值为 None，则步长与 pool_size 的值相同。该参数的值也可以是一个整数值，表示二维池化窗口的高和宽为同一个值。本例设置 strides 为整数值 2。
- padding：指定池化窗口的填充方式，有两个可选值 valid 和 same（对大小写不敏感）。如果该参数的值为 valid，则不补 0 填充；如果该参数的值为 same，则补 0 填充，且张量的输入形状与输出形状一致。

- data_format：与卷积层相似，决定了张量的输入形状与池化运算后的输出形状，是一个字符串，有两个可选项 channels_last 和 channels_first。默认为 None，即 channels_last。
  - ✧ 当 data_format 的值为 channels_last 时：输入张量的形状为 (batch_size, rows, cols, channels)；经过池化运算，输出张量的形状为 (batch_size, pooled_rows, pooled_cols, channels)。
  - ✧ 当 data_format 的值为 channels_first 时：输入张量的形状为 (batch_size, channels, rows, cols)；经过池化运算，输出张量的形状为 (batch_size, channels, pooled_rows, pooled_cols)。

经过池化运算，MaxPooling2D 层返回一个经过最大池化运算的 4D（4 rank）张量。

二维平均池化层 AveragePooling2D 与 MaxPooling2D 层相似，只是取值方法不一样，其他参数基本一致，示例如下。

```
AveragePooling2D(pool_size=(2, 2),strides=None, padding="valid",
                 data_format=None, **kwargs)
```

MaxPooling1D 层、MaxPooling3D 层与 AveragePooling1D 层、AveragePooling3D 层，除了与维度相关的参数不同，其他参数类似。

tf.keras.layers 还提供了一类池化层——全局池化层。全局池化层可分为全局平均池化层与全局最大池化层，例如 GlobalMaxPooling1D、GlobalMaxPooling2D、GlobalMaxPooling3D、GlobalAveragePooling1D、GlobalAveragePooling2D、GlobalAveragePooling3D。这些池化层只有一个 data_format 参数，作用是将接收的多维张量（3D、4D、5D 等张量）转换为 2D 张量（类似于打平层的作用）。

总结一下，可以这样理解：池化层是一种专门用来实现特征图尺寸缩减的网络层，它利用局部相关性思想实现向下采样，使卷积神经网络学习的数据特征具有空间层次结构。池化层是卷积网络实现“深度”学习的一项重要技术，它的本质是降低模型容量。

5.4.4　打平层

在卷积层与全连接层之间有一个特殊的层——打平（Flatten）层。它有什么作用？我们通过模型的概要文件分析一下，示例如下。

```
Model: "sequential_24"
_________________________________________________________________
Layer (type)                 Output Shape              Param #
=================================================================
conv2d_658 (Conv2D)          (None, 26, 26, 32)        320
_________________________________________________________________
max_pooling2d_28 (MaxPooling (None, 13, 13, 32)        0
_________________________________________________________________
conv2d_659 (Conv2D)          (None, 11, 11, 64)        18496
_________________________________________________________________
max_pooling2d_29 (MaxPooling (None, 5, 5, 64)          0
_________________________________________________________________
conv2d_660 (Conv2D)          (None, 3, 3, 64)          36928
_________________________________________________________________
flatten_1 (Flatten)          (None, 576)               0
_________________________________________________________________
dense_83 (Dense)             (None, 64)                36928
_________________________________________________________________
dense_84 (Dense)             (None, 10)                650
=================================================================
```

Flatten 层在 Conv2D(64,(3,3),activation='relu') 与 Dense(64,activation='relu') 之间，起到了从二维卷积层与全连接层桥梁的作用。其本质是将卷积层运算后的输出张量格式转换为全连接层所要求的张量格式。从模型概要文件中可以看出，conv2d_660（Conv2D）层的输出张量为 (None, 3, 3, 64)，经过 Flatten 层的运算，flatten_1（Flatten）层的输出张量为 (None, 576)，即从 4D 张量转换为 2D 张量。如果不考虑样本数量，就是从 3D 张量转换为 1D 张量（向量张量，Dense 层最擅长处理这类数据）。1D 张量的维度是 3D 张量 3 个维度的积，即 $3 \times 3 \times 64=576$，这个过程称为张量的打平。打平后的张量，形状与 Dense 层要求的一致。

由此可以看出，Flatten 层的主要目的是打平输入值，但这并不影响参与训练的样本的批量大小，也没有增加模型训练的参数量。如果被打平的输入张量只有批量，没有特征维度，那么经过 Flatten 层的运算，将增加一个维度，即张量格式从 (batch,) 变为 (batch,1)。

通过 layers.Flatten(data_format=None, **kwargs) 可知，Flatten 层只有一个 data_format 参数，该参数的作用与 Conv2D 层中的 data_format 参数类似，用于限定输入张量通道轴的位置，默认为 channels_last，通道在后。

5.4.5　卷积神经网络基础架构

下面我们基于本章中使用二维卷积网络解决 MNIST 数据集分类问题的示例，解读卷积神经网络的基础架构，代码如下。

```
# 构建卷积神经网络
model = Sequential([
        layers.Conv2D(32,(3,3),activation='relu',input_shape=(28,28,1)),
        layers.MaxPooling2D(2,2),
        layers.Conv2D(64,(3,3),activation='relu'),
        layers.MaxPooling2D(2,2),
        layers.Conv2D(64,(3,3),activation='relu'),
        layers.Flatten(),
        layers.Dense(64,activation='relu'),
        layers.Dense(10,activation='softmax')
       ])
model.build()
```

通过上述代码可以看出：model 的前 5 层由两对 Conv2D、MaxPooling2D 卷积层和一个最大池化层组成；然后，是一个 Conv2D 层、一个 Flatten 打平层，用于将 4D 张量打平成 2D 张量；最后，是两个全连接层（Dense，密集连接层）。

网络结构如图 5-4 所示。这是一个卷积网络模型的标准配置：Conv—Pooling—Flatten—Dense。

Flatten 层的主要目的是将经过二维卷积（Conv2D）运算的 4D 张量转换为 2D 张量，供 Dense 层使用。GlobalMaxPooling2D 层、GlobalAveragePooling2D 层也有类似的作用，可以代替 Flatten 层，即 Conv—Pooling—GlobalPooling—Dense。

使用不同的层实现 4D 张量到 2D 张量的转换，在性能上会稍有不同，运行结果如下（运行结果会因运行环境的不同而不同）。

- Flatten 层："1s 143us/sample - loss: 0.0411 - accuracy: 0.9924"。
- GlobalMaxPooling2D 层："2s 161us/sample - loss: 0.2093 - accuracy: 0.9906"。
- GlobalAveragePooling2D 层："2s 165us/sample - loss: 0.0609 - accuracy: 0.9873"。

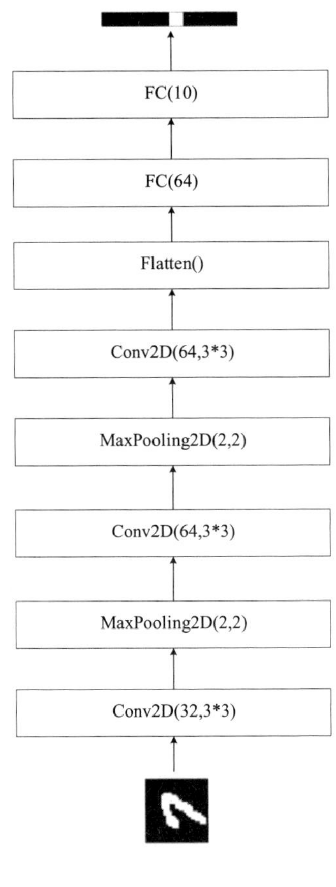

图 5-4

卷积层有一个非常重要的参数 activation，它指定了当前卷积层使用哪种激活函数。如同我们在第 3 章中所述，除了本例所示在卷积层中作为参数调用的方式，还可以通过添加单独的激活层来实现。参见如下代码，这两种方式的网络模型的作用相同。

```
# 构建卷积神经网络
model = Sequential([
        layers.Conv2D(32,(3,3),strides=(1,1),input_shape=(28,28,1)),
        layers.ReLU(),
        layers.MaxPooling2D(2,2),
        layers.Conv2D(64,(3,3)),
        layers.ReLU(),
        layers.MaxPooling2D(2,2),
        layers.Conv2D(64,(3,3)),
        layers.ReLU(),
        layers.Flatten(),
```

```
        layers.Dense(64,activation='relu'),
        layers.Dense(10,activation='softmax')
        ])
model.build()
```

因此，在卷积网络模型的标准配置的基础上，可能会出现类似的激活层，以及后面将要介绍的数据标准化层等。

在使用卷积网络实现分类的任务中：Flatten 层之后的 Dense 层，其实是一个全连接网络的分类器，它能学习到分类目标高层的抽象特征；Flatten 层之前的卷积层，能够学习到分类目标的低层、中层特征。这部分网络拓扑结构也称为卷积基（Convolution Base）。

5.5 使用 Conv1D 解决二分类问题

卷积神经网络不仅可以解决与空间有关的数据（计算机视觉数据）问题，还可以解决一部分序列数据问题。本节使用的数据集是 IMDB，在第 4 章中已经介绍过，它是一个关于电影演员、电影、电视节目、电视明星和电影制作的在线数据集。IMDB 数据集包括与影片相关的众多信息，例如演员、片长、内容介绍、分级、评论等，本节使用其中的电影评论数据集，它是自然语言处理领域一个单标签二分类的数据集，包含 50000 条影评数据，正面评价与负面评价各占 50%。与第 4 章不同，本节要训练一个卷积神经网络模型，以判断一条影评是正面评价还是负面评价，代码如下。

```
# -*- coding: utf-8 -*-
"""
Created on Fri May  1 05:15:11 2020
@author: T480S
"""
from tensorflow.keras import layers,models,datasets,preprocessing,callbacks
from tensorflow.keras.optimizers import RMSprop
import matplotlib.pyplot as plt

# 变量初始化
max_features = 10000      # 作为特征的单词个数
maxlen = 500              # 截掉 500 个单词之后的文本
batch_size = 32           # 训练批次的尺寸

# 1、加载数据
print('Loading data......')
```

```
(x_train,y_train),(x_test,y_test) =
datasets.imdb.load_data(num_words=max_features)
# 数据预处理：数据张量化
print(len(x_train), 'train sequences')
print(len(x_test), 'test sequences')
print('Pad sequences (samples x time)')
x_train = preprocessing.sequence.pad_sequences(x_train, maxlen=maxlen)
x_test = preprocessing.sequence.pad_sequences(x_test, maxlen=maxlen)
print('input_train shape:', x_train.shape)
print('input_test shape:', x_test.shape)

# 2、构建网络模型：使用Conv1D
model = models.Sequential()
model.add(layers.Embedding(max_features,128, input_length=maxlen))
model.add(layers.Conv1D(32,7,activation='relu'))
model.add(layers.Dropout(0.5))
model.add(layers.Conv1D(32,7,activation='relu'))
model.add(layers.Dropout(0.5))
model.add(layers.Flatten())
model.add(layers.Dense(1))
model.summary()
# ============================================
# 增加回调函数
# EarlyStopping、ModelCheckpoint检查，当训练误差不再改善时，终止训练并保存模型
callback_list = [
            callbacks.EarlyStopping(monitor='val_loss',patience=1,),
            callbacks.ModelCheckpoint(
                    filepath='imdb_callbacks_model.h5',
                    monitor='val_loss',
                    save_best_only=True,)
            ]
# ============================================

# 3、编译模型
model.compile(optimizer=RMSprop(lr=1e-4),
            loss='binary_crossentropy',
            metrics=['acc'])

# 4、训练模型
history = model.fit(x_train,y_train,
              epochs=10,batch_size=128,
              callbacks=callback_list,
              validation_split=0.2)

# 5、绘制结果图
```

```
# 获取训练精度、验证精度与损失值
acc = history.history['acc']
val_acc = history.history['val_acc']
loss = history.history['loss']
val_loss = history.history['val_loss']
# 绘制训练精度与验证精度曲线
epochs = range(1, len(acc) + 1)
plt.plot(epochs, acc, 'bo', label='Training acc')
plt.plot(epochs, val_acc, 'b', label='Validation acc')
plt.title('Training and validation accuracy')
plt.legend()
# 绘制训练损失与验证损失曲线
plt.figure()      #新建画布，所有的图片在同一个画布中
plt.plot(epochs, loss, 'bo', label='Training loss')
plt.plot(epochs, val_loss, 'b', label='Validation loss')
plt.title('Training and validation loss')
plt.legend()
plt.show()
```

为了直观地分析，本例使用 matplotlib.pyplot 方法①，将用一维卷积网络构建的神经网络模型在训练与验证过程中产生的两组关键指标，以 epoch 为单位进行趋势分析。我们先看运行结果，再分析关键代码中使用的方法与相关技术。

如图 5-5 所示，从两幅趋势图中可以看出，卷积神经网络模型共执行了 6 个 epoch，4 个指标的值分别为：loss，0.3820；acc，0.8594；val_loss，0.4899；val_acc，0.8218。从验证损失与验证精度的变化曲线可以看出，模型还有优化空间。

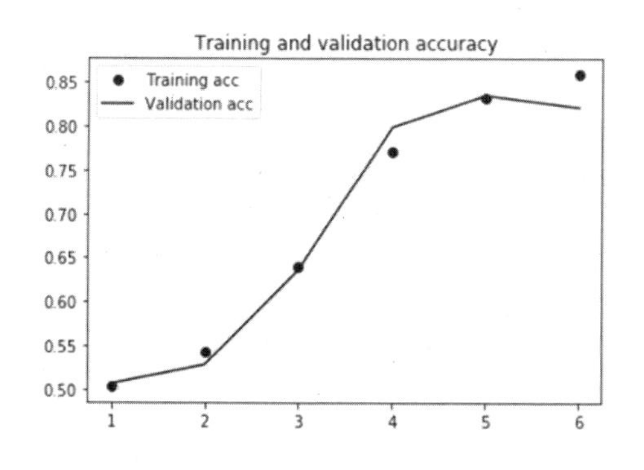

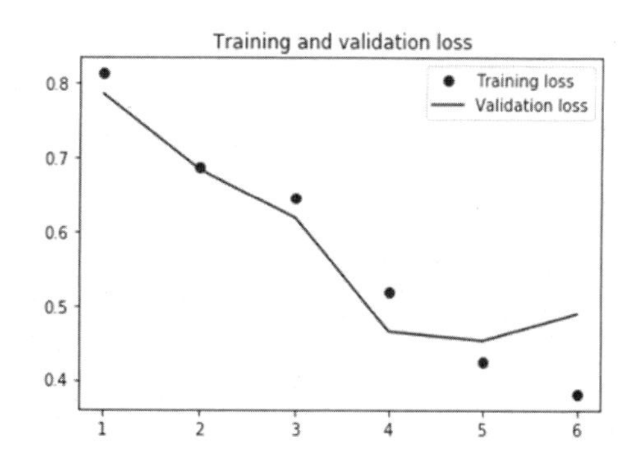

图 5-5

① Matplotlib 是 Python 的一个 2D 绘图库，能够以各种硬拷贝格式和跨平台的交互式环境生成图形。

有一个现象值得注意：在训练模型的 fit 方法中明确指定了 epochs=10，但为什么只执行了 6 个 epoch 呢？而且，从图 5-5 中可以看出，在第 5 个 epoch 完成后，模型的性能应该达到最优。第 5 个 epoch 的 4 个指标（loss，0.4255；acc，0.8324；val_loss，0.4537；val_acc，0.8354），确实比第 6 个 epoch 的性能好，那为什么还要执行第 6 个 epoch 呢？这是由回调函数在神经网络的训练过程中监控特定指标不再优化时自动终止训练，从而减少资源浪费的特性导致的。

5.5.1 EarlyStopping 函数：训练终止

前面我们讨论了可视化展示器回调函数 TensorBoard。在本节中，将详细介绍另一个重要的回调函数——EarlyStopping。

回调是神经网络模型训练过程中的相关阶段，包括每个 epoch 前后或每个 batch 前后执行的特定操作，例如记录 TensorBoard 日志、保存特定条件下的网络模型、获得训练过程中模型的内部状态和统计信息，以及本节将要详细介绍的在指定条件下终止训练等。示例如下。

```
callback_list = [
            callbacks.EarlyStopping(monitor='val_loss',patience=1,),
            callbacks.ModelCheckpoint(
                    filepath='imdb_callbacks_model.h5',
                    monitor='val_loss',
                    save_best_only=True,)
            ]
```

以上代码使用了两个回调函数 EarlyStopping 与 ModelCheckpoint。这两个函数都是在训练模型的 fit 方法中使用的。EarlyStopping 函数的作用是，在模型训练过程中，当被监控的指标通过训练再也得不到改善时终止训练。本例监控的指标是验证损失（monitor='val_loss'），是指在某个 epoch（patience=1）之后 val_loss 得不到改善（val_loss 的值不再减小）时终止训练。从使用 Matplotlib 绘制的趋势图中可以看出，在第 6 个 epoch，val_loss 的值不再减小，故停止训练。事实上，第 5 个 epoch 结束时 val_loss 的值最小。

EarlyStopping 函数的完整参数如下。

```
callbacks.EarlyStopping(
                    monitor="val_loss",
                    min_delta=0,
```

```
        patience=0,
        verbose=0,
        mode="auto",
        baseline=None,
        restore_best_weights=False,
    )
```

- monitor：监控指标的值，一般包括训练过程中损失（Loss）与度量（Metric）的结果，例如训练损失值（loss）、训练度量值（acc）、验证损失值（val_loss）、验证度量值（val_acc）等。一般来说，Metrics 是用来判断模型性能的，它有多种度量方法，这些度量方法通常与任务的类型有关。需要说明的是，monitor 的指标必须在训练日志里，否则 EarlyStopping 函数无效。
- min_delta：指出监控指标的值改善的最小变化值。如果低于这个值，则 EarlyStopping 函数认为没有改善。默认为 0。
- patience：监控指标的值不再改善而停止模型训练的 epoch 个数。在本例中，patience = 1，说明每个 epoch 都检查 val_loss（monitor="val_loss"）是否有改善；如果没有，则停止训练。该参数与 monitor 参数一样，是 EarlyStopping 函数的核心参数。
- verbose：信息展示模式。值为 0 时，不在标准输出流中输出 EarlyStopping 日志信息；否则，输出 EarlyStopping 日志信息，例如“Epoch 00004: val_loss improved from 0.64767 to 0.51115”。
- mode：auto、min、max 三个值中的一个。当值为 min 时，监控指标的值（monitor 参数指定的值）不再下降时停止训练；当值为 max 时，监控指标的值不再上升时停止训练；当值为 auto 时，将从监控指标的名称中自动判断。mode 的赋值一般与具体的监控指标有关，例如：monitor 为损失值（loss）时，mode 的取值应为 min，损失值不再减小；monitor 为度量值（metric）时，mode 的取值应为 max，度量值不再增加。默认为 auto。
- baseline：监控指标的基准值。当训练过程中监控指标的值不再超过这个基准值时，停止模型训练，默认为 None。
- restore_best_weights：布尔值，默认为 False。该参数说明模型最终的权重获取方式。如果为 True，则将监控指标获得最佳值的这个 epoch 训练得到的权重作为网络模型的权重；如果为 False，则将训练最后一步获得的权重作为网络模型的权重。

AI 工程师的主要工作是训练出性能优良的深度学习模型。网络模型性能优良与否，是由模型泛化能力的强弱决定的。

EarlyStopping 函数的作用是自动获得训练过程中网络参数（含模型参数与超参数）最优时的模型，并使用其他回调函数将模型保存下来，供后续使用。这样，通过 EarlyStopping 函数，就可以有效防止长时间的过拟合，以及避免在训练时浪费计算资源了。

5.5.2 ModelCheckpoint 函数：动态保存模型

经常与 EarlyStopping 函数配套使用的回调函数是 ModelCheckpoint，它是一个以指定的频度保存网络模型的回调函数。本例中使用的代码如下。

```
callbacks.ModelCheckpoint(
                        filepath='imdb_callbacks_model.h5',
                        monitor='val_loss',
                        save_best_only=True,)
```

这段代码的意思是，ModelCheckpoint 函数将监控 val_loss 的值，并在 val_loss 最优（取最小值）时在当前目录下保存网络模型。其使用的 save 方法，不需要网络的原始文件就可以恢复网络模型，文件名为 imdb_callbacks_model.h5。表达式 save_best_only=True 说明只保存相对监控指标而言最优的模型：如果在训练过程中没有达到最优，则覆盖或重写该文件；如果达到最优，则不覆盖或重写该文件。

ModelCheckpoint 函数通常在用 fit 方法训练模型时使用，通过它可以按照既定的规则和要求保存完整的模型或模型的权重。这些保存下来的文件可以被重新加载，继续训练。在训练过程中保存模型是一个好习惯。

ModelCheckpoint 函数的完整参数如下。

```
callbacks.ModelCheckpoint(
                        filepath,
                        monitor="val_loss",
                        verbose=0,
                        save_best_only=False,
                        save_weights_only=False,
                        mode="auto",
                        save_freq="epoch",
```

```
            **kwargs
        )
```

有些参数的含义与 EarlyStopping 函数类似，说明如下。

- filepath：说明模型或模型权重的存储路径及文件名。可以将训练过程中的一些特定信息作为文件名的一部分，例如 epoch 个数、loss 值、weights 值等。
- monitor：监控的指标，一般包括训练过程中损失与度量的结果，例如 loss、acc、val_loss、val_acc 等。一般来说，Metrics 函数是用来判断模型性能的，有多种度量方法，这些度量方法通常与任务的类型有关。需要注意的是，monitor 的指标必须在训练日志里，否则 ModelCheckpoint 函数无效。
- verbose：信息展示模式，值为 0 或 1。当值为 0 时，在执行每个 epoch 后的训练日志中不提示模型的保存信息；当值为 1 时则提示。默认为 0，例如“Epoch 00004: saving model to imdb_callbacks_model.h5”。
- save_best_only：布尔值，默认为 False。当该参数的值为 True 时，只保存相对监控指标而言最优的模型。如果在训练过程中没有达到最优，则覆盖或重写该文件；如果达到最优，则不覆盖或重写该文件。
- save_weights_only：布尔值，默认为 False。当该参数的值为 True 时，只保存满足监控条件的网络模型的权重值；当该参数的值为 False 时，保存完整的模型。
- mode：auto、min、max 三个值中的一个。当 save_best_onley=True 时：当 mode 的值为 min 时，监控指标的值（monitor 参数指定的值）不再下降时保存模型或模型权重；当 mode 的值为 max 时，监控指标的值不再上升时保存模型或模型权重；当 mode 的值为 auto 时，将从监控指标的名称中自动判断。mode 的值一般与具体的监控指标有关，例如：monitor 为损失值（loss），mode 的值应为 min，损失值不再减小；monitor 为度量值（metric），mode 的值应为 max，度量值不再增加。默认为 auto。
- save_freq：说明保存模型的频度或时机，值为 epoch 或一个整数值，默认为 epoch。当使用 epoch 的值时，在每个 epoch 完成后，ModelCheckpoint 函数将保存模型或模型权重。如果 save_freq 被赋予一个整数值 N，则在每个 epoch 的第 N 个 batch 保存模型或模型参数。

前面说过，EarlyStopping 函数可以在一定程度上防止模型出现过拟合后继续训练，从而避免浪费训练资源。判断是否拟合，主要有两个参数：验证损失与验证的度量指标。但是，EarlyStopping 函数只能监控其中一个指标（这是其最大的缺点），而且，它没有在神经网络模型本身的优化上为解决拟合问题作出应有的贡献。

下面，我们介绍一种解决拟合问题的强大方法——随机失活。

5.5.3 再谈随机失活

在本章的开始，我们提到了一个神经网络——AlexNet。它是第一个真正意义上的深度神经网络，第一次使用 Dropout 解决拟合问题，提高了模型的泛化能力。本节将在 4.4.3 节初步介绍随机失活的基础上，详细讨论其原理与作用。

Dropout①是解决神经网络模型过拟合问题的一种方法。它在正向计算阶段，使用某种方法稀疏神经网络结构，降低由模型拓扑结构的稠密度带来的过拟合风险（我们已经在第 4 章初步讨论了使用 Dropout 降低全连接网络稠密度的惊人效果）。它的核心思想是，在训练模型时，随机舍弃训练样本的一些特征。具体做法是：通过随机设置训练样本中一定比率的特征值为 0，达到降低网络参数量、提高模型拟合能力的目的。

- 训练时：随机断开神经网络的连接（设置训练样本中一定比率的特征值为 0），减少每次训练时实际参与计算的模型参数量。随机概率为伯努利（Bernoulli）概率。
- 测试时：恢复所有连接（测试样本中没有特征值被设置为 0，即没有特征被舍弃），保证模型在测试时获得最好的性能，但是，输出值需按随机失活比率缩小。

Dropout 的使用方法比较灵活，既可以通过某个网络层的参数指定随机失活比率（多用在循环神经网络中），也可以在神经网络拓扑结构中直接添加 Dropout 层。本例将 Dropout 层堆叠在每一个二维卷积层之后，将随机失活比率设置为 0.5，代码如下。

```
# 构建卷积神经网络
model = Sequential([
        layers.Conv2D(32,(3,3),strides=(1,1),input_shape=(28,28,1)),
        layers.Dropout(rate=0.5),
        layers.ReLU(),
```

① 2012 年，Hinton 和他的学生在论文 *Improving neural networks by preventing co-adaptation of feature detectors* 中首次使用 Dropout 解决网络模型的过拟合问题，提高了模型的性能。

```
        layers.MaxPooling2D(2,2),
        layers.Conv2D(64,(3,3)),
        layers.Dropout(rate=0.5),
        layers.ReLU(),
        layers.MaxPooling2D(2,2),
        layers.Conv2D(64,(3,3)),
        layers.Dropout(rate=0.5),
        layers.ReLU(),
        layers.Flatten(),
        layers.Dense(64,activation='relu'),
        layers.Dense(10,activation='softmax')
        ])
model.build()
```

Dropout 层没有给模型增加任何训练参数，也没有增加模型训练时的资源负担。下面分析一下 Dropout 层的参数，示例如下。

```
layers.Dropout( rate,
          noise_shape=None,
          seed=None,
          **kwargs)
```

- rate：指定随机失活比率（0 ~ 1 的 float 类型），通常为 0.2 ~ 0.5，是 Dropout 必须指定的核心参数。
- noise_shape：1D 张量，指定 Dropout 的方式，或者说，为 Dropout 增加一些约束。noise_shape 的形状与输入数据的形状一样，其中的元素只能是 1 或者输入数据的形状中对应的元素。例如，输入张量的形状为 (batch_size, timesteps, features)，如果想让维度 timesteps 的所有值使用相同的随机失活方式，那么应有 noise_shape=(batch_size, 1, features)，也就是说，timesteps 的值在 Dropout 过程中，要么全部被舍弃（全部置 0），要么全部被保留并参与训练。默认为 None，表示采用普通的 Dropout 方式。
- seed：概率的随机分布（伯努利分布）种子值。

我们比较一下没有使用 Dropout 与使用 Dropout 的情况：针对损失值，在 10 个 epoch 的训练过程中，没有使用 Dropout 的网络（如图 5-6 左图所示）在第 4 个 epoch 开始出现过拟合，而使用了 Dropout 的网络（如图 5-6 右图所示）在第 6 个 epoch 才出现过拟合。因此，使用 Dropout 层可以使模型性能显著提高。

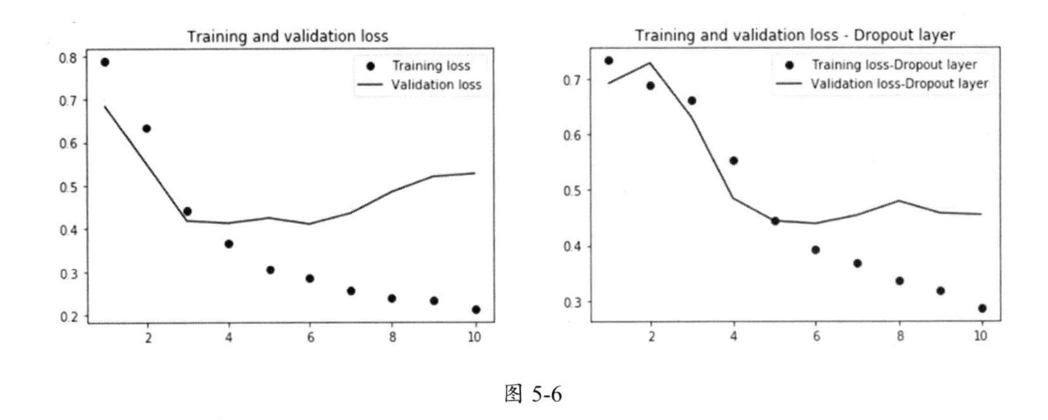

图 5-6

卷积神经网络不仅擅长处理与计算机视觉有关的数据，对于长序列数据，一维卷积网络（Conv1D）在 Dropout 层的加持下也能训练出验证精度达 0.8354 的分类模型。序列数据的种类很多，归纳起来可以分为三种，分别是文本序列、时间序列、其他类型的序列。

如本例所述，尽管一维卷积网络具备一定的解决文本序列相关问题的能力，但它不是最佳算法模型。解决序列问题的最佳方法是第 6 章将要详细介绍的深度学习模型——循环神经网络。

第 6 章　循环神经网络

待入天台路，看余度石桥。

——《灵隐寺》　宋之问

第 5 章详细介绍的卷积神经网络模型，主要用于解决计算机视觉相关任务。这类任务的数据具有高度空间维度（Spatial）相关性，采用了局部相关性和权重共享的思想，数据的另一个特点是对时间维度（Temporal）不敏感。但是，有一类数据，例如我们阅读的小说、沟通交流时发出的语音，以及随时间变化的房价、股价、个人身体健康状况、气温等，都对时间非常敏感。要想理解这些数据，需要考虑时间因素或先后顺序。如果要使用一种网络来处理这类数据，那么对这种网络的核心要求就是有记忆功能。

从前面使用 Conv1D 网络解决 IMDB 数据集二分类问题的示例中可以看出，虽然一维卷积网络能处理形状为 (samples,features) 的 2D 张量，获得一个文本分类性能还不错的网络模型，但是，从张量的形状可以看出，这类文本实际上没有时间维度或时间轴，而是一种单词序列或字符序列。对真正带有时间维度的数据来说，使用卷积网络处理不是一个好的选择，原因是什么呢？我们回顾一下卷积神经网络的定义——权值共享的局部连接层网络，其核心思想是局部相关性与权值共享。试想一下，如果我们想要获得一篇文章的中心思想（文章摘要），就需要读完整篇文章、理解整篇文章的意思。这种情况类似于 Dense 层的全局学习的概念，没有局部相关性，如果非要使用卷积网络来处理，就只有像前面的例子一样，将文章作为一个整体放入一维卷积网络进行训练。另外一种应用场景是，如果我们需要使用 AI 技术对整篇文章（例如古典文学）进行断句，即增加标点符号，那可能只需理解相关段落的意思。这种情况存在局部相关性，但局部相关性是基于先后顺序的，因此，局部相关性也不适合用卷积神经网络来处理。语音数据更是如此。

在这个时候，需要用一个与这类数据的特性相匹配的网络来处理这类数据的相关问题或任务，它就是本章将要详细介绍的循环神经网络。

6.1 循环神经网络基础

6.1.1 序列

与时间维度相关的数据，最大的特点是有时间上的先后顺序。还有一类对时间维度不敏感但在语义上具有先后顺序的数据。这些类型的数据称为序列（Sequence）。序列概括起来有三类，即文本序列、时间序列、其他序列。

我们前面使用的 IMDB 数据集属于文本序列，它是一种简单的与时间无关的序列，张量表示方式是 (samples,features)，只有序列的样本数量、特征长度。一维卷积网络是解决这种数据类型相关任务的可能选项。

时间序列通常存储在形状为 (samples,timesteps,features) 的 3D 批张量中，可以是一段或多段语音、一段或多段与时间相关的文本。例如，一部纪录片中有 10000 条解说语音数据，时长均为 60 秒，所有语音数据包含的词在 5000 个词里，可以用 (10000,60,5000) 这个 3D 张量来表示这些语音数据。

6.1.2 序列向量化

下面我们来讨论序列特征长度的表示方法。序列的特征长度通常指不同语种的文字（汉语文字、英语文字、德语文字、法语文字、俄语文字等）文本或语音信号。我们知道，神经网络的本质是一系列与矩阵相关的数学运算，文字字符与语音信号不是神经网络擅长处理的数据类型，因此，需要使用一种方法将序列信号转换为神经网络能够处理的数据，即序列张量。这个过程称为序列向量化，大致分为三步，如图 6-1 所示。

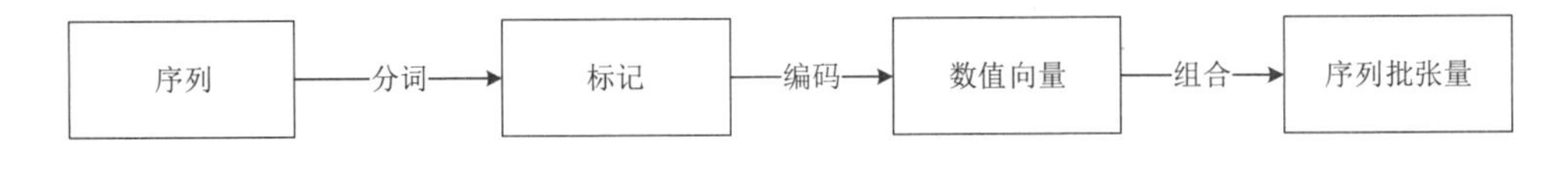

图 6-1

首先，将序列分解为标记（Token）。这一步骤称为分词（Tokenization）。标记是分解序列的方式，通常可以将序列分解成字符、词、n-gram。n-gram 是字符或词的集合。常用的序列分解方式是以词为基本单位的，对序列进行向量化的结果词向量（Word Vector）就是由此得名的。tf.keras 提供了专门的分词工具 tokenizer（将在第 7 章介绍）。tf.keras.datasets 内置的与序列相关的数据集，例如前面使用过的数据集 IMDB、Ruters、Boston Housing 等，都已进行了分词。

然后，将标记（通常是词）编码为数值向量。这一过程称为词向量过程，它本质上是获得序列信号的张量表示，例如 (timesteps,features)、(features)，有如下两种方法。

- one-hot 编码方法：这是最简单的方法。由 0 和 1 组成 N 位状态存储器，对 N 个状态进行编码，每一段编码中只有一个位为 1，即只有一个有效位，其他位都为 0。对于前面提到的 3D 张量 (10000,60,5000)，有 5000 个单词，就有 5000 段不同的 one-hot 编码，每一段编码里只有一个为 1 的状态位，表示其中一个单词，其他状态位都为 0，即有 4999 个 0。由此可以看出，采用 one-hot 编码实现词向量是一种硬编码、高维度且极其稀疏的方式，这种方式学习效率低，不利于神经网络的训练。
- Embedding 层编码方法：又称为词嵌入（Word Embedding），通过学习把单词编码为词向量，即将单词所对应的索引（一个正整数）转换为大小固定的密集向量（Dense Vector）。例如，对于 3D 张量 (10000,60,5000)：使用 one-hot 编码方法，需要 5000 段、每段 5000 个编码（1 个 1，4999 个 0）；而使用 Embedding 层编码方法，只需要 1 段 5000 个编码，这个编码是由 5000 个单词所对应的索引（例如，单词所在的位置索引通常根据单词的使用频度排序）通过向量变换来表示的。

最后，将序列的标记通过编码后产生的数字向量组合成神经网络（RNN 或 Conv1D）需要的批张量，形状一般为 (samples,timesteps,features) 或 (samples,features)。

完成序列的向量化工作后，就可以将序列送入模型进行训练了。

下面详细介绍一下 Embedding 层。在循环神经网络中，Embedding 层只作为模型的第一层使用。我们来看 Embedding 类的参数，示例如下。

```
layers.Embedding(
                    input_dim,
                    output_dim,
```

```
                embeddings_initializer="uniform",
                embeddings_regularizer=None,
                activity_regularizer=None,
                embeddings_constraint=None,
                mask_zero=False,
                input_length=None,
                **kwargs
               )
```

Embedding 层接收一个形状为 (batch_size,input_length) 的 2D 张量，输出一个形状为 (batch_size,input_length,output_dim) 的 3D 张量，张量的数据类型为浮点型。这个张量可以被 Conv1D 或 RNN 接收。

- input_dim：整数值，表示词表的大小。
- output_dim：整数值，表示经过 Embedding 层运算的输出维度。
- embeddings_initializer：指定 Embedding 矩阵的初始化器，即说明 Embedding 层权重随机初始值的生成方法。默认的初始化器是 uniform。
- embeddings_regularizer：说明应用于 Embedding 矩阵的正则化函数。
- activity_regularizer：说明应用于 Embedding 层输出的正则化函数。
- embeddings_constraint：说明应用于 Embedding 矩阵的约束函数。
- mask_zero：布尔值，用于确定是否将输入中的 0 当作应该被忽略的填充值，默认为 False。该参数在使用循环层处理变长输入时有用。如果该参数为 True，那么模型中后续的层必须都支持 masking 操作；否则，程序会抛出异常。另外，当该参数的值为 True 时，索引为 0 在词表中不可用。input_dim 应设置为词表值加 1。
- input_length：当指定一个常数时，该参数说明输出的序列长度。当模型使用 Flatten 层或 Dense 层时，必须指定这个参数。

我们来看一下如何使用 Embedding 层解决 IMDB 数据集的二分类问题，示例如下。

```
# 导入所需资源
import tensorflow as tf
from tensorflow import keras
from tensorflow.keras import layers,datasets,models,preprocessing
import matplotlib.pyplot as plt

# Embedding 的特征长度与输出值
max_features = 10000
```

```
max_len = 500
# 1、加载数据
(x_train, y_train), (x_test, y_test) =
datasets.imdb.load_data(num_words=max_features)
# 数据张量化
x_train = preprocessing.sequence.pad_sequences(x_train, maxlen=max_len)
x_test = preprocessing.sequence.pad_sequences(x_test, maxlen=max_len)
# 2、构建模型：使用 Embedding 层和分类器
model = models.Sequential()
model.add(layers.Embedding(10000,8,input_length = max_len))
model.add(layers.Flatten())
model.add(layers.Dense(1,activation='sigmoid'))        # 添加分类器
model.summary()
# 3、指定优化器、损失函数、度量指标
model.compile(optimizer='rmsprop',loss='binary_crossentropy',mitric=['acc'])
# 4、训练模型
history = model.fit(x_train,
y_train,epochs=10,batch_size=128,validation_split=0.2)
# 5、绘制结果图
loss = history.history['loss']
val_loss = history.history['val_loss']
epochs = range(1, len(loss) + 1)
plt.plot(epochs, loss, 'bo', label='Training loss')
plt.plot(epochs, val_loss, 'b', label='Validation loss')
plt.title('Training and validation loss')
plt.legend()
plt.show()
```

在本例中，Embedding 层显式指定了三个参数：input_dim 为 10000；output_dim 为 8；由于模型网络的高层使用了 Flatten 层与 Dense 层，所以第三个参数 input_length 必须指定，在本例中其值为 max_len。训练损失与验证损失的趋势图，如图 6-2 所示。可以看出，第 7 个 epoch，val_loss 的值为 0.2662。而前面在使用 Conv1D 解决 IMDB 数据集分类问题时，第 5 个 epoch 的 val_loss 值最小，为 0.4537。因此，使用 Embedding 层训练文本序列的性能优于 Conv1D。

回顾两种实现词向量的方法：one-hot 编码是一种高维度、稀疏、硬编码的方法，样本标签通常采用这种编码方法；Embedding 层编码是一种低维度、高密度、在模型训练过程中动态学习词向量的方法，在对数据样本进行编码时常使用这种方法。后面在介绍词向量时，如果没有特殊说明，均使用 Embedding 层编码方法（Embedding 层将在第 7 章详细介绍）。

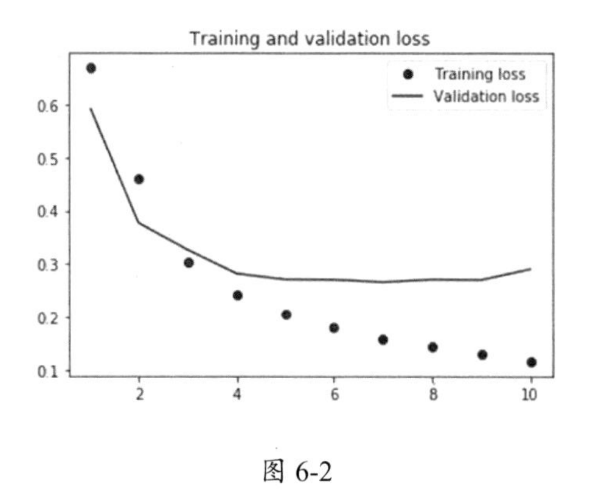

图 6-2

6.1.3 权值共享

通过 6.1.2 节的讲解我们知道，Embedding 层接收一个形状为 (batch_size,input_length) 的 2D 张量，输出一个形状为 (batch_size,input_length,output_dim) 的 3D 张量。Embedding 层的目的是获得 2D 张量 (batch_size,input_length) 的词向量 output_dim。以一篇文章为例，batch_size 表示文章中句子的数量，input_length 表示每个句子的长度，output_dim 表示词向量。

根据序列标记方法的不同，有三种类型的词向量，分别是字符类型的词向量、单词类型的词向量、n-gram 类型的词向量，常用的是单词类型的词向量。不论使用哪种词向量，在一个序列中都极少出现只有一个词向量的情况，往往会有几十、上百甚至成千上万个词向量。那么，是否对每个词向量都要用不同的网络学习其特征呢？可不可以借鉴卷积神经网络权值共享的思想来实现呢？答案是肯定的，我们可以使用一个全连接网络学习所有词向量的特征。这样做可以减少网络的参数量，使网络训练更高效。这种方式就是循环神经网络的权值共享。

6.1.4 全局语义

在用权值共享的方式提取序列数据中每个词向量的特征时，有一个严重的问题，就是没有考虑序列数据的一个重要特性——顺序性（除非要解决的问题不太关心标记的顺序，例如前面提到的基于 IMDB 数据集的文本分类问题，以及拼写校正、机器翻译等任务）。

词向量的顺序非常重要，它对全面、完整地理解序列而言是不可或缺的。因此，需要通过一种方法来解决词向量的顺序问题，也就是能够按顺序逐个提取词向量的语义，从而获得全局的语义信息。针对这个问题，我们可以设计一个内存变量，在按顺序提取每个词向量的特征时以追加的方式记录其特征信息，这样，所有词向量的特征提取完成后，内存变量中就存储了该序列数据的所有带顺序的语义特征，称为全局语义。

6.1.5　循环神经网络概述

本书前面章节介绍过的全连接网络与卷积神经网络，有一个共同的特点，就是输入批量经过密集连接层或卷积层运算获得的输出张量，没有保留任何从输入到输出的状态信息，因此，这两类网络没有记忆功能。但是，对序列数据而言，需要按一定的顺序（例如时间）渐进式地对词向量进行学习，不断刷新内存变量，记录从输入到输出的状态，也就是需要记录全局语义。

渐进式学习就是使用一个循环网络逐步学习。这种利用权值共享的思想循环遍历序列的每个特征向量，同时不断更新内存变量获得序列的全局语义并形成输出的网络，称为循环神经网络（Recurrent Neural Network，RNN）。RNN 有记忆功能，能记住序列内容的状态信息，如图 6-3 所示。

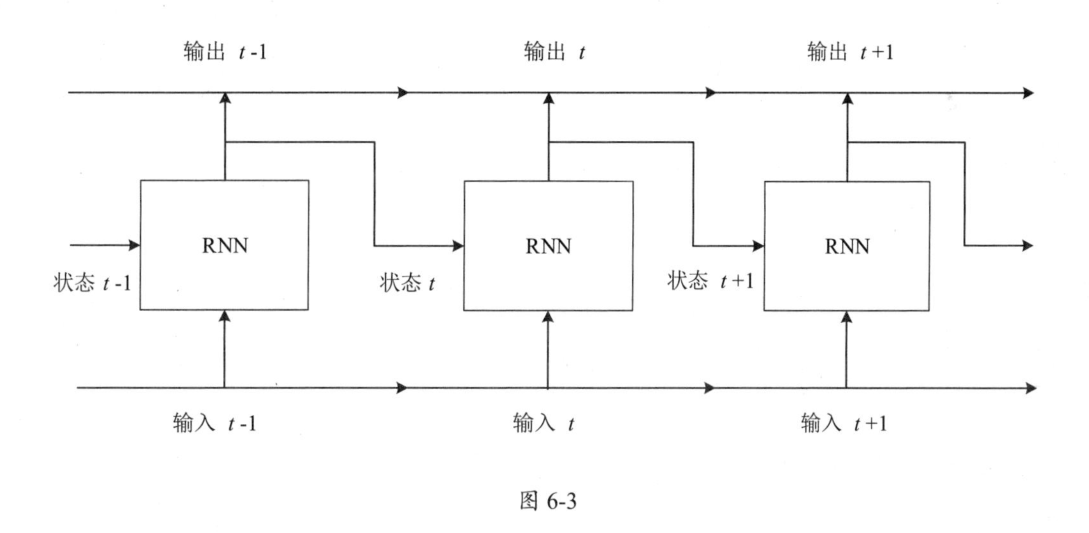

图 6-3

在使用同一个网络遍历序列中的特征向量并进行学习时，不仅有某个时间点的特征向量输入，还有前一个时间点的状态输出。状态记录在一个内存变量中，在学习序列的第一个特征向量时，初始化一个为 0 的状态向量，每个循环学习一次，不断更新内存变量，记录前面学习到的所有状态，直到循环结束。

将图 6-3 折叠起来，就是 RNN 的基本模型，如图 6-4 所示。

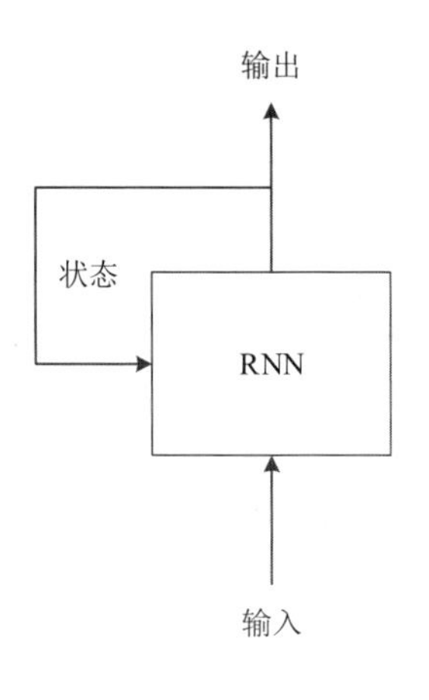

图 6-4

循环神经网络中有一个环（Loop）和一个状态。使用同一个环对序列进行学习，体现了权值共享的思想：用同一个网络提取序列中所有词向量的特征。一个状态就是全局语义思想的实现。关于状态，循环神经网络每循环一次就有一次状态输出，只有最后一个循环的输出保存了高层的全局语义特征，因此，将最后一层的输出作为下一个网络任务的输入才有意义，中间的输出都可以舍弃。如果要跟踪或监控训练过程，则另当别论。

6.1.6 循环层

循环（Recurrent）层是所有循环网络层的抽象类，无法实例化对象，因此在神经网络模型中不能直接使用。能直接使用的循环神经网络层都继承自 Recurrent 层，例如后面会详细介绍的 SimpleRNN、LTSM、GRU 等。

Recurrent 层接收形状为 (batch_size, timesteps, input_features) 的 3D 张量，输出形状为 (batch_size, timesteps, output_features) 的 3D 张量或形状为 (batch_size, input_features) 的 2D 张量（由 Recurrent 层的 return_sequences 参数决定），示例如下。

```
recurrent.Recurrent( return_sequences=False,
                go_backwards=False,
                stateful=False,
```

```
            unroll=False,
            implementation=0)
```

- return_sequences：Recurrent 层的一个非常重要的参数，决定了 Recurrent 层的运行方式，布尔值，默认为 False。当该参数的值为 True 时，返回每个时间步（timesteps）连续输出的完整序列，即形状为 (batch_size, timesteps, output_features) 的 3D 张量；当该参数的值为 False 时，只返回每个输入序列的最终输出，即形状为 (batch_size, output_features) 的 2D 张量。
- go_backwards：布尔值，默认为 False。如果为 True，则 Recurrent 层逆序处理输入序列并返回逆序序列。
- stateful：布尔值，默认为 False。如果为 True，则当前批中索引 i（index i）处每个样本的最后状态将作为下一批中索引 i 处对应样本的初始状态。
- unroll：布尔值，默认为 False。如果为 True，则 Recurrent 层将被展开；如果为 False，就使用符号化的循环。在使用 TensorFlow 作为后端时，循环网络本来就是展开的，因此该层不做任何事情。尽管层展开会占用较多的内存，但会提高 RNN 的运算速度。层展开只适用于短序列。
- implementation：取值为 0、1 或 2 中的一个，默认为 0。各个取值说明如下。
  - ✧取值为 0，RNN 将以较少但较大的矩阵乘法实现，因此在 CPU 上运行较快，但会消耗较多的内存。
  - ✧取值为 1，RNN 将以较多但较小的矩阵乘法实现，因此在 CPU 上运行较慢，但在 GPU 上运行较快且消耗的内存较少。
  - ✧取值为 2，仅 LSTM 和 GRU 网络可以设置。RNN 将把输入门、遗忘门和输出门合并为一个矩阵，以便充分利用 GPU 的性能优势，实现更高效的运算。RNN Dropout 必须在所有门（关于 RNN 门控方面的内容，后面会详细介绍）上共享，这可能会导致正则化的性能轻微降低。

6.2　SimpleRNN

理解了循环神经网络的一些基本概念之后，我们开始具体学习 RNN。

首先看看最基础的循环神经网络——SimpleCNN。使用 SimpleCNN 解决 IMDB 数据集情感二分类问题，示例如下。

```
# 导入所需资源
import tensorflow as tf
from tensorflow import keras
from tensorflow.keras import layers,models,datasets,preprocessing
import matplotlib.pyplot as plt

max_features = 10000      # 作为特征的单词个数
maxlen = 500              # 截掉500个单词之后的文本
batch_size = 32           # 训练批次的尺寸

# 1、加载数据
print('Loading data......')
(input_train,y_train),(input_test,y_test) =
datasets.imdb.load_data(num_words=max_features)
print(len(input_train), 'train sequences')
print(len(input_test), 'test sequences')
print('Pad sequences (samples x time)')
# 数据预处理：数据张量化
input_train = preprocessing.sequence.pad_sequences(input_train, maxlen=maxlen)
input_test = preprocessing.sequence.pad_sequences(input_test, maxlen=maxlen)
print('input_train shape:', input_train.shape)
print('input_test shape:', input_test.shape)

# 2、构建网络模型，使用Embedding层与SimpleRNN层训练网络模型
model = models.Sequential()
model.add(layers.Embedding(max_features,32))
model.add(layers.SimpleRNN(32))
model.add(layers.Dense(1,activation='sigmoid'))
model.summary()

# 3、编译网络：指定优化器、损失函数、度量精度
model.compile(optimizer='rmsprop',loss='binary_crossentropy',metrics=['acc'])

# 4、训练数据
history = model.fit(input_train,
y_train,epochs=10,batch_size=128,validation_split=0.2)

# 5、绘制结果图
# 获取训练精度、验证精度与损失值
acc = history.history['acc']
val_acc = history.history['val_acc']
```

```
loss = history.history['loss']
val_loss = history.history['val_loss']

epochs = range(1, len(acc) + 1)
plt.plot(epochs, acc, 'bo', label='Training acc')
plt.plot(epochs, val_acc, 'b', label='Validation acc')
plt.title('Training and validation accuracy')
plt.legend()
plt.figure()
plt.plot(epochs, loss, 'bo', label='Training loss')
plt.plot(epochs, val_loss, 'b', label='Validation loss')
plt.title('Training and validation loss')
plt.legend()
plt.show()

# 6、模型评估
model.evaluate(input_test,y_test)
```

通过上述代码可以看出，循环神经网络模型使用的优化器为 RMSProp，使用的损失函数为 binary_crossentropy，性能度量指标是 acc。通过 SimpleRNN 构建的循环神经网络，在编译时使用的各种参数与一维卷积网络相同。因此，网络模型编译时使用的参数，与网络的类型无关，只与具体的任务有关。

模型训练了 10 个 epoch，batch_size 的值为 128，即 1 个 epoch 要运行 157 次，将训练集的 20%（约 5000 个样本）作为验证集。运行结果如图 6-5 所示，在第 3 个 epoch 模型的性能最优，此后便开始出现过拟合。

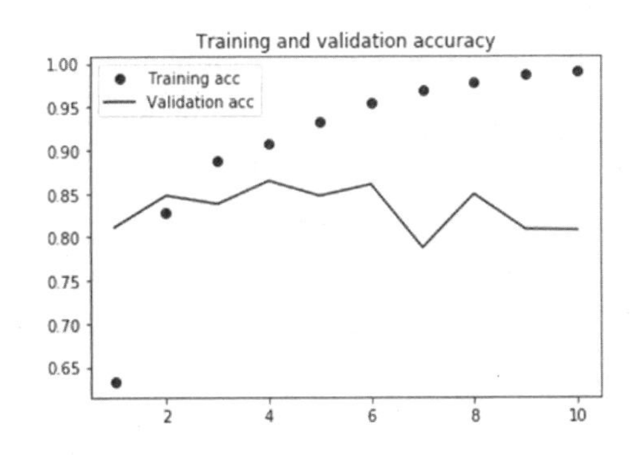

图 6-5

6.2.1 序列数据的预处理

和与计算机视觉相关的数据一样，序列数据在进入循环神经网络进行训练之前也要做预处理。我们先看看 IPython 控制台的运行日志，示例如下。

```
print('Loading data......')
(input_train,y_train),(input_test,y_test) =
datasets.imdb.load_data(num_words=max_features)
print(len(input_train), 'train sequences')
print(len(input_test), 'test sequences')
print('Pad sequences (samples x time)')
# 数据预处理：数据张量化
input_train = preprocessing.sequence.pad_sequences(input_train, maxlen=maxlen)
input_test = preprocessing.sequence.pad_sequences(input_test, maxlen=maxlen)
```

输出日志如下。

```
Loading data......
25000 train sequences
25000 test sequences
Pad sequences (samples x time)
input_train shape: (25000, 500)
input_test shape: (25000, 500)
```

通过 datasets 的 load_data 方法下载 IMDB 数据集，获得 25000 个训练样本（input_train）和 25000 个测试样本（test_train）。这时，input_train 和 test_train 是文本类型的向量序列，可表示成形状为 (25000,) 的张量。经过 sequence.pad_sequences 函数的处理，input_train 和 test_train 变成了形状为 (25000,500) 的 2D 张量。第二个维度的值是由 maxlen 参数决定的，这个维度表示每个样本的单词数（长度）。因此，pad_sequences 函数的主要目的是将指定序列数据的长度格式化成相同的长度——要么截断（Truncating），要么填充（Padding），长度的基准由参数 maxlen 指定，填充与截断的位置由另外两个内部参数决定。然后，输出一个 2D 张量。该函数的参数说明如下。

```
preprocessing.sequence.pad_sequences( sequences,
                                      maxlen=None,
                                      dtype='int32',
                                      padding='pre',
                                      truncating='pre',
                                      value=0.0)
```

- sequences：说明待处理的序列列表，每个序列都是一个整数列表。
- maxlen：取 None 或一个整数值，表示 sequences 转换成的 2D 张量的最大长度，默认为 None。当明确指定 maxlen 的值时，如本例所示，sequences 的长度为 maxlen。如果 sequences 的长度大于 maxlen，则将被截断；如果 sequences 的长度小于 maxlen，则将补 0 填充。截断与补 0 填充的规则，由 padding、truncating 两个参数指定。如果 maxlen 参数不指定或取默认值 None，则将 sequences 的所有长度格式化成其中最长的序列的长度，即 maxlen 的值为 sequences 序列中最长的序列的长度值。
- dtype：sequences 标量转换成 2D 张量后的数据类型。默认为 int32。
- Padding：取值为 pre 或 post，用于确定当需要补 0 填充时，在序列的开头（pre）还是结尾（post）补 0，默认为 pre。
- truncating：取值为 pre 或 post，用于确定当需要截断序列时，从序列的开头（pre）还是结尾（post）截断，默认为 pre。
- value：说明填充的值是浮点数还是字符串。此值将在填充时代替默认的填充值 0.0。

序列预处理方法，除了 pad_sequences，还有 skipgrams、make_sampling_table 等。其中，skipgrams 方法将一个词向量索引（index）序列转换成一对元组，make_sampling_table 方法是与词典采样概率有关的预处理方法。

6.2.2　理解 SimpleRNN 层

SimpleRNN 是一个全连接（Fully-Connected）的 RNN，继承自循环层。它接收一个形状为 (batch_size, timesteps, input_features) 的 3D 张量。对于输出结果，则根据 SimpleRNN 运行模式的不同而输出不同形状的张量。

SimpleRNN 有两种运行模式，由 return_sequences 参数（布尔值）决定。当该参数的值为 True 时，返回每个时间步连续输出的完整序列，即形状为 (batch_size, timesteps, output_features) 的 3D 张量；当该参数的值为 False 时，只返回每个输入序列的最终输出，即形状为 (batch_size, output_features) 的 2D 张量。

我们分析一下本例中模型的网络拓扑结构，示例如下。

```
model = models.Sequential()
model.add(layers.Embedding(max_features,32))
model.add(layers.SimpleRNN(32))
model.add(layers.Dense(1,activation='sigmoid'))
model.summary()
```

输出结果如下。

```
Model: "sequential_13"
_________________________________________________________________
Layer (type)                 Output Shape              Param #
=================================================================
embedding_17 (Embedding)     (None, None, 32)          320000
_________________________________________________________________
simple_rnn_1 (SimpleRNN)     (None, 32)                2080
_________________________________________________________________
dense_18 (Dense)             (None, 1)                 33
=================================================================
Total params: 322,113
Trainable params: 322,113
Non-trainable params: 0
_________________________________________________________________
```

Embedding 层接收一个形状为 (batch_size,input_length) 的 2D 张量，输出一个形状为 (batch_size,input_length,output_dim) 的 3D 张量。SimpleRNN 层接收 Embedding 层的输出，即形状为 (batch_size,input_length,output_dim) 的 3D 张量，输出形状为 (batch_size, output_features) 的 2D 张量。这个结果，是由 SimpleRNN 层的参数 return_sequences 为 False（默认值）决定的。下面详细解读一下 SimpleRNN 各个参数的作用，示例如下。

```
tf.keras.layers.SimpleRNN(
                    units,
                    activation="tanh",
                    use_bias=True,
                    kernel_initializer="glorot_uniform",
                    recurrent_initializer="orthogonal",
                    bias_initializer="zeros",
                    kernel_regularizer=None,
                    recurrent_regularizer=None,
                    bias_regularizer=None,
                    activity_regularizer=None,
                    kernel_constraint=None,
                    recurrent_constraint=None,
                    bias_constraint=None,
```

```
            dropout=0.0,
            recurrent_dropout=0.0,
            return_sequences=False,
            return_state=False,
            go_backwards=False,
            stateful=False,
            unroll=False,
            **kwargs
        )
```

- units：正整数值，说明输出空间的维度。在本例中，layers.SimpleRNN(32) 定义 units 的值为 32。
- activation：定义 SimpleRNN 使用的激活函数，默认为 Tanh 函数。Tanh 是双曲函数中的一个，为双曲正切函数。在数学中，Tanh 函数是由双曲正弦和双曲余弦这两种基本的双曲函数推导而来的。Tanh 函数将输入值压缩到 (-1,1) 区间内。该参数如果定义为 None，则不使用激活函数（线性层没有激活函数）。
- use_bias：布尔值，说明是否使用偏置向量（Bias Vector），默认为 True。
- kernel_initializer：用于初始化方法名的字符串，说明 SimpleRNN 的 kernel 参数在输入的线性变换中使用哪种权重矩阵初始化器，默认为 glorot_uniform。
- recurrent_initializer：用于初始化方法名的字符串，说明 SimpleRNN 的 recurrent_kernel 参数在循环状态的线性变换中使用哪种权重矩阵初始化器，默认为 orthogonal。
- bias_initializer：用于初始化方法名的字符串，说明偏置向量使用哪种初始化器，默认为 zeros。
- kernel_regularizer：说明 kernel 参数权重矩阵使用哪种正则化器，默认为 None。
- recurrent_regularizer：说明 recurrent_kernel 参数权重矩阵使用哪种正则化器，默认为 None。
- bias_regularizer：说明偏置向量使用哪种正则化器，默认为 None。
- activity_regularizer：说明输出层使用哪种正则化器，默认为 None。
- kernel_constraint：说明 kernel 参数权重矩阵使用哪种约束，默认为 None
- recurrent_constraint：说明 recurrent_kernel 参数权重矩阵使用哪种约束，默认为 None。
- bais_constraint：说明偏置向量使用哪种约束，默认为 None。

- dropout：0 ~ 1 的浮点数，指定层输入单元的随机失活比率，说明 SimpleRNN 的 kernel 参数在输入的线性变换中的随机失活比率，默认为 0.0。
- recurrent_dropout：0 ~ 1 的浮点数，指定循环单元的随机失活比率，说明 SimpleRNN 的 recurrent_kernel 参数在循环状态的线性变换中的随机失活比率，默认为 0.0。
- return_sequences：SimpleRNN 层一个非常重要的参数，决定了 SimpleRNN 的运行方式，布尔值，默认为 False。当该参数的值为 True 时，返回每个时间步连续输出的完整序列，即形状为 (batch_size, timesteps, output_features) 的 3D 张量；当该参数的值为 False 时，只返回每个输入序列的最终输出，即形状为 (batch_size, output_features) 的 2D 张量。
- return_state：布尔值，默认为 False，说明是否返回除输出外的最后一个状态。
- go_backwards：布尔值，默认为 False。如果为 True，则 SimpleRNN 逆序处理输入序列并返回逆序序列。
- stateful：布尔值，默认为 False。如果为 True，则批中索引 i（index i）处每个样本的最后状态将作为下一批索引 i 处对应样本的初始状态。
- unroll：布尔值，默认为 False。如果为 True，那么 SimpleRNN 层将被展开；如果为 False，就使用符号化的循环。当使用 TensorFlow 作为后端时，循环网络本来就是展开的，因此该层不做任何事情。尽管 SimpleRNN 层展开会占用较多的内存，但会提高 RNN 的运算速度。层展开只适用于短序列。

下面我们比较一下，在数据集（IMDB）、评价指标（损失函数、精度度量）、优化器（RMSProp）、训练轮次与批次、验证集（训练样本的 20%）、测试集相同的情况下，Conv1D 与 SimpleRNN 的性能。示例如下。

```
Conv1D: 782/782 [===========] - 12s 15ms/step - loss: 0.4465 - acc: 0.8666
SimpleRNN: 782/782 [=========] - 11s 14ms/step - loss: 0.3621 - acc: 0.8560
```

两个模型的性能似乎差不多：在精度上，Conv1D 略高于 SimpleRNN；在损失值方面，Conv1D 略低于 SimpleRNN（相关的评估指标可能会因运行环境与训练样本的随机性而稍有差异）。但是，总体来说，使用这两类网络解决 IMDB 数据集的分类问题，还有很大的改进空间。接下来将要介绍的几种循环神经网络就提供了一些良好的改进方法。

6.3 LSTM 网络

6.2.2 节介绍的 SimpleRNN 是最基本的循环神经网络，理论上，它能够记住序列中所有时间步的信息，但实际上并非如此。由于 SimpleRNN 过于简单，所以它只能记住有限时间长度的信息，这是一种短时记忆行为。为了解决这个问题，出生在德国的瑞士人工智能科学家 Jürgen Schmidhuber（施米德胡贝）与 Hochreiter（霍克赖特），在 1997 年提出了 LSTM（Long Short-Term Memory，长短时记忆）网络①，有效地延长了短时记忆，提升了循环神经网络的训练性能。

6.3.1 短时记忆与遗忘曲线

什么是短时记忆？短时记忆是怎么产生的呢？

所谓短时记忆（Short-Term Memory），是与长时记忆相对而言的，是指在一段较短的时间内储存少量信息的记忆系统，一般被认为是瞬时记忆②与长时记忆③之间的一个阶段。短时记忆容量有限，记住的信息如果得不到及时强化，可能在 15 ~ 20 秒就会被“忘记”。

短时记忆在循环神经网络中的表现是：RNN 在处理较长的序列时，只能理解有限长度或有限时间步的信息。

关于短时记忆的遗忘问题，沃和诺尔曼（Waugh & Norman）做了一个实验，表明短时记忆的遗忘主要是由干扰引起的，即遗忘是由短时记忆中的信息受到其他无关信息的干扰导致的。德国心理学家艾宾浩斯通过研究，发现了人类大脑对新事物遗忘的规律，并提出了“艾

① 来自论文 *Long Short-Term Memory*。

② 瞬时记忆亦称作感觉记忆，是记忆系统的一种，指刺激作用于感觉器官所引起的短暂记忆（通常是 1 秒左右，即刚刚感觉到所注意的信息时间）。也有人把这种记忆称为感觉记忆。瞬时记忆时间极短，大量被注意到的信息很容易丢失，能够记住的东西才进入短时记忆。

③ 长时记忆（Long-Term Memory）是指存储时间在 1 分钟以上的记忆，一般能保持多年甚至终生。它的信息主要来自短时记忆阶段复述的内容，也有因印象深刻而一次形成的。长时记忆的容量似乎是无限的，它的信息是以有组织的状态被储存起来的。有词语和表象两种信息组织方式，即言语编码和表象编码。言语编码通过词来加工信息，按意义、语法关系、系统分类等方法，把言语材料组合成组块，以帮助记忆。表象编码是利用视觉、听觉、味觉和触觉形象组织材料来帮助记忆的。依照储存的信息类型，还可将长时记忆分为情景记忆和语义记忆。

宾浩斯记忆遗忘曲线”，如图 6-6 所示（横轴为时间间隔，纵轴为记忆量）。可以看出，如果记忆的内容在 20 分钟内得不到强化，就会被忘掉约 42%。

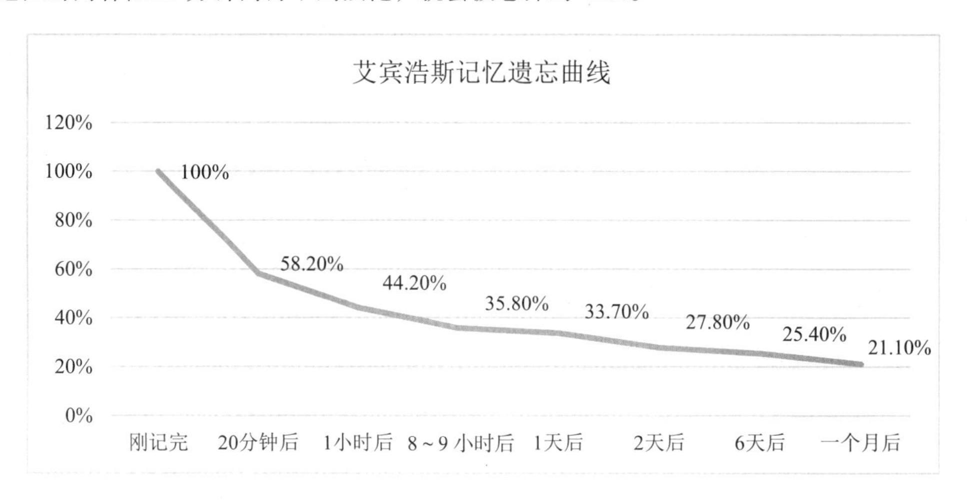

图 6-6

6.3.2 梯度问题

SimpleRNN 之所以会出现短时记忆问题，主要是梯度弥散导致的。为了提高神经网络的性能，也就是提高网络模型的拟合能力（最终是泛化能力），我们通过激活函数（Activation Function，AF）将非线性因素引入神经网络，达到了增大网络模型容量、拟合复杂函数、提高学习能力的目的。深度神经网络本质上是由许多线性层和非线性层堆叠而成的，也可以说，是由很多线性函数和非线性函数组成的。线性因素不存在梯度问题，这是残差网络的核心思想（我们在第 7 章详细介绍残差网络）。因此，非线性因素才是产生梯度问题的根本原因。从根本原因入手解决梯度问题，就是优化网络的非线性因素，实质上就是优化模型参数的权重值 W 和 b。

我们回顾一下如何优化非线性因素。将损失函数的值作为反馈信号，使用梯度下降算法来实现。其实，这就是前面介绍的神经网络优化器的作用，它发生在神经网络模型训练的反向传播阶段。

在反向传播阶段，优化器使用梯度下降算法优化网络参数的过程，是从神经网络拓扑结构的输出层（顶层）通过隐层再到输入层（底层）传递的。在传递过程中，随着网络层数（深度）的增加，可能会出现梯度值接近 0 或远大于 1 的现象，导致优化器不能更新网络模型的参数（W 和 b），或者梯度更新的步长过大、网络突变，或者网络模型的性能指标震荡、不收敛等现象。梯度值接近 0 的现象称为梯度弥散（Gradient Vanishing），也称为梯度消失。梯度值远大于 1 的现象称为梯度爆炸（Gradient Exploding）。

循环神经网络在优化模型参数的过程中，通过连乘运算实现梯度更新。当参与连乘运算的最大特征值小于 1 时，多次连乘后梯度将接近 0，出现梯度弥散现象；当参与连乘运算的最大特征值大于 1 时，多次连乘后梯度将呈爆炸式增长，出现梯度爆炸现象。

解决梯度爆炸问题的方法是通过梯度裁剪的方式限制神经网络的梯度值（但不改变网络的更新方向）。增大学习率、减小网络深度、添加残差连接（Skip Connection），则是解决梯度弥散问题的有效方法。

6.3.3　门控机制

SimpleRNN 之所以会有短时记忆的问题，是因为在训练过程中出现了梯度弥散现象，导致其内存状态向量不能保存全局语义特征，也就是说，随着时间步的推进，内存状态向量会丢失或遗忘序列中的早期信号。那么，有没有一种机制能解决循环神经网络短时记忆的问题呢？答案是肯定的，可以通过一种方法控制信息的遗忘，这种方法就是门控机制（Gating Mechanism）。

门控机制的主要作用是控制序列信号的遗忘与刷新。它在 SimpleRNN 层的基础上增加了一个状态向量——输出向量。因此，在门控机制里共有两个状态向量，即内存状态向量和输出向量。门控的概念来自其设计中的三个门：输入门（Input Gate）、遗忘门（Forget Gate）、输出门（Output Gate）。这三个门控制着这两个状态向量的取值方式。

遗忘门控制上一个时间步（$t-1$）对当前时间步（t）的影响，决定了内存状态向量的取值。当遗忘门打开时，内存状态向量在刷新时将接收 $t-1$ 时间步的所有信息；否则，将忽略 $t-1$ 时间步的信息。

输入门也是约束内存状态向量取值的一个重要因素，它决定了 LSTM 网络对当前时间步输入的序列张量的接收程度。当输入门打开时，接收当前时间步的输入张量；当输入门关闭时，不接收任何输入。这样，在刷新内存状态向量时，将合并遗忘门控制的信息并产生新的当前时间步的状态向量。

LSTM 网络与基础的 RNN（例如 SimpleRNN）不同。在基础的 RNN 中，内存状态向量既作为记忆单元，又作为输出单元。在 LSTM 网络中，则将记忆与输出分开，由内存状态向量作为记忆单元，由输出向量作为输出单元。这样做的好处是可以根据情况控制输出。这是由输出门实现的：当输出门关闭时，输出向量为 0；当输出门打开时，输出向量等于内存状态向量。

我们已经知道，门控机制的主要目的是将记忆和输出分开，故意遗忘一些不需要的信息并有目的地通过记忆让以前的信息重新加入运算，以增强循环神经网络的记忆，解决由短时记忆导致的模型训练参数不更新的梯度弥散问题。

在门控机制中，与内存状态向量和输出向量相关的运算，都是由反向传播算法自动实现的，其中使用了 Sigmoid、Tanh 等激活函数，读者只要了解其运行机制即可。

6.3.4 理解 LSTM 层

LSTM 层继承自 Recurrent 层，是 SimpleRNN 层的一个变体。它利用门控机制保存以前的时间步学习到的语义信息（这些信息可以随时参与模型训练），防止早期的序列信号在处理过程中逐渐消失，有效解决了 SimpleRNN 的梯度弥散问题。因此，LSTM 层比 SimpleRNN 层的记忆力强，更擅长处理较长的序列数据。

LSTM 层可以运行在 CPU 与 GPU 环境中，可以根据运行时的硬件环境和约束条件选择不同的执行方式，从而达到训练效率最大化。如果 GPU 参与 LSTM 网络的训练，则需要使用 cuDNN 库（在第 1 章中介绍过，cuDNN 是 NVIDIA 提供的用于 GPU 的深度神经网络加速库）。在调用 cuDNN 库进行训练时，需要在 LTSM 层进行如下配置。

- LSTM 层的激活函数，即参数 activation 的值为 tanh。
- LSTM 层每个时间步的单次循环（Recurrent Step）的激活函数，即参数 recurrent_activation 的值为 sigmoid。
- LSTM 层控制循环状态的线性变换（神经元）单元，即循环单元的随机失活比率，参数 recurrent_dropout 的值为 0。

- LSTM层使用符号化循环（Symbolic Loop）方式进行模型训练，即参数unroll的值为False。
- LSTM层使用偏置向量参与模型训练，即参数use_bias的值为True。
- 对于LSTM层接收的输入张量，如果使用了掩码（Masking），即对序列信号中长度不足的单元进行了补0填充，则强制进行右填充（Right-Padded）。

由于LSTM层的母体是SimpleRNN层，所以，它的很多参数定义都与SimpleRNN层相同。LSTM层增加了一些SimpleRNN层没有的参数。下面详细解读LSTM层各个参数的含义，示例如下。

```
layers.LSTM(
          units,
          activation="tanh",
          recurrent_activation="sigmoid",
          use_bias=True,
          kernel_initializer="glorot_uniform",
          recurrent_initializer="orthogonal",
          bias_initializer="zeros",
          unit_forget_bias=True,
          kernel_regularizer=None,
          recurrent_regularizer=None,
          bias_regularizer=None,
          activity_regularizer=None,
          kernel_constraint=None,
          recurrent_constraint=None,
          bias_constraint=None,
          dropout=0.0,
          recurrent_dropout=0.0,
          implementation=2,
          return_sequences=False,
          return_state=False,
          go_backwards=False,
          stateful=False,
          time_major=False,
          unroll=False,
          **kwargs
      )
```

- units：正整数值，说明输出空间的维度。
- activation：用于定义LSTM层使用的激活函数，默认为Tanh函数。如果该参数的值为 None，则表示不使用激活函数（线性层没有激活函数）。

- recurrent_activation：用于定义 LSTM 层每个时间步的单次循环的激活函数，默认为 Sigmoid 函数。如果该参数的值为 None，则表示不使用激活函数（线性层没有激活函数）。
- use_bias：布尔值，默认为 True，用于说明是否使用偏置向量。
- kernel_initializer：用于初始化方法名的字符串，说明 LSTM 层的 kernel 参数在输入的线性变换中使用哪种权重矩阵初始化器，默认为 glorot_uniform。
- recurrent_initializer：用于初始化方法名的字符串，说明 LSTM 层的 recurrent_kernel 参数在循环状态的线性变换中使用哪种权重矩阵初始化器，默认为 orthogonal。
- bias_initializer：用于初始化方法名的字符串，说明偏置向量使用哪种初始化器，默认为 zeros。
- unit_forget_bias：与遗忘门有关，充分体现了 LSTM 层使用的门控机制。它是一个布尔值，默认为 True。当 unit_forget_bias 的值为 True 时，遗忘门的偏置量加 1，这时需要强制 bias_initializer="zeros"。
- kernel_regularizer：说明 kernel 参数权重矩阵使用哪种正则化器，默认为 None。
- recurrent_regularizer：说明 recurrent_kernel 参数权重矩阵使用哪种正则化器，默认为 None。
- bias_regularizer：说明偏置向量使用哪种正则化器，默认为 None。
- activity_regularizer：说明输出层使用哪种正则化器，默认为 None。
- kernel_constraint：说明 kernel 参数权重矩阵使用哪种约束，默认为 None。
- recurrent_constraint：说明 recurrent_kernel 参数权重矩阵使用哪种约束，默认为 None。
- bais_constraint：说明偏置向量使用哪种约束，默认为 None。
- dropout：0 ~ 1 的浮点数，指定层输入单元的随机失活比率，说明 LSTM 层的 kernel 参数在输入的线性变换中的随机失活比率，默认为 0.0。
- recurrent_dropout：0 ~ 1 之间的浮点数，指定循环单元的随机失活比率，说明 LSTM 层的 recurrent_kernel 参数在循环状态的线性变换中的随机失活比率，默认为 0.0。

- implementation：该参数在介绍循环层的参数时提到过，取值为 0、1 或 2，默认为 0。该参数在 SimpleRNN 层里没有显式地列出来，但继承了 Recurrent 层的相关参数。该参数说明了 LSTM 层的模型训练的执行模式。执行模式在不同的硬件和不同的应用上有不同的性能配置文件，取值说明如下。

  ✧ 当该参数的值为 1 时，模型训练是由很多小的点积与加法组成的运算结构完成的。

  ✧ 当该参数的值为 2 时，模型训练将诸多点积与加法运算合并成几个大的操作。

- return_sequences：LSTM 层的一个非常重要的参数，决定了 LSTM 层的运行方式，布尔值，默认为 False。当该参数的值为 True 时，将返回每个时间步连续输出的完整序列，即形状为 (batch_size, timesteps, output_features) 的 3D 张量；当该参数的值为 False 时，只返回每个输入序列的最终输出，即形状为 (batch_size, output_features) 的 2D 张量。输出张量的维度顺序由 time_major 参数决定。
- return_state：布尔值，默认为 False，说明是否返回除输出外的最后一个状态。
- go_backwards：布尔值，默认为 False。如果为 True，则 LSTM 层逆序处理输入序列并返回逆序序列。
- stateful：布尔值，默认为 False。如果为 True，则批中索引 i（index i）处每个样本的最后状态将作为下一批中索引 i 处相应样本的初始状态。
- time_major：布尔值，默认为 False，定义 LSTM 层输入张量与输出张量的格式，主要确定时间步在张量中的维度位置。如果该参数的值为 True，则格式为 (timesteps, batch_size, input/output_features)；如果该参数的值为 False，则格式为 (batch_size, timesteps, input/output_features)。当 time_major 为 True，即在张量中 timesteps 维度在前时，由于在循环网络运算之前和之后都避免了交换维度（Transpose）的操作，所以比 time_major 为 False 时的计算效率高一些。在 TensorFlow 中，序列的张量格式支持 batch_size 维度在前。time_major 参数的默认设置是基于 TensorFlow 框架的。
- unroll：布尔值，默认为 False。如果为 True，则 LSTM 网络将被展开；否则，就使用符号化循环。尽管 LSTM 层展开会占用较多的内存，但会提高 RNN 的运算速度。层展开只适用于短序列。

分析完 LSTM 层各参数的含义，下面来看看如何使用 LSTM 网络解决 IMDB 数据集分类问题，示例如下。

```
# 导入所需资源
import matplotlib.pyplot as plt
import tensorflow as tf
from tensorflow import keras
from tensorflow.keras import layers,models,datasets,preprocessing

max_features = 10000      # 作为特征的单词个数
maxlen = 500              # 截掉 500 个单词之后的文本
batch_size = 32           # 训练批次的尺寸

# 1、加载数据
print('Loading data......')
(input_train,y_train),(input_test,y_test) =
datasets.imdb.load_data(num_words=max_features)
print(len(input_train), 'train sequences')
print(len(input_test), 'test sequences')
print('Pad sequences (samples x time)')

# 数据预处理：数据张量化
input_train = preprocessing.sequence.pad_sequences(input_train, maxlen=maxlen)
input_test = preprocessing.sequence.pad_sequences(input_test, maxlen=maxlen)
print('input_train shape:', input_train.shape)
print('input_test shape:', input_test.shape)

# 2、构建网络模型，使用 Embedding 层与 LSTM 层训练网络模型
model = models.Sequential()
model.add(layers.Embedding(max_features,32))
model.add(layers.LSTM(32))
model.add(layers.Dense(1,activation='sigmoid'))

model.summary()

# 3、编译模型：指定优化器、损失函数、度量指标
model.compile(optimizer='rmsprop',loss='binary_crossentropy',metrics=['acc'])

# 4、训练模型
history =
model.fit(input_train,y_train,epochs=10,batch_size=128,validation_split=0.2)

# 5、绘制结果图
# 获取训练精度、验证精度与损失值
```

```
acc = history.history['acc']
val_acc = history.history['val_acc']
loss = history.history['loss']
val_loss = history.history['val_loss']

epochs = range(1, len(acc) + 1)
plt.plot(epochs, acc, 'bo', label='Training acc')
plt.plot(epochs, val_acc, 'b', label='Validation acc')
plt.title('Training and validation accuracy')
plt.legend()
plt.figure()
plt.plot(epochs, loss, 'bo', label='Training loss')
plt.plot(epochs, val_loss, 'b', label='Validation loss')
plt.title('Training and validation loss')
plt.legend()
plt.show()

# 6、模型评估
model.evaluate(input_test,y_test)
```

运行结果如图 6-7 所示。

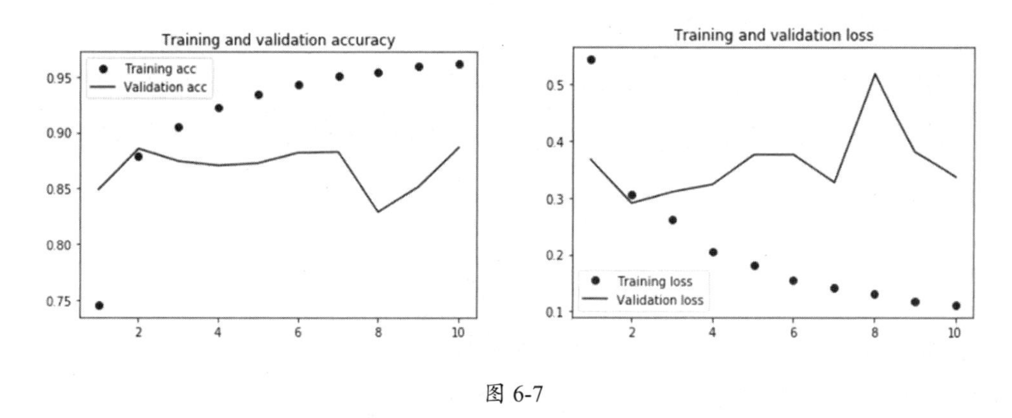

图 6-7

与使用 SimpleRNN 解决 IMDB 数据集分类问题的训练曲线进行对比，如图 6-8 所示。

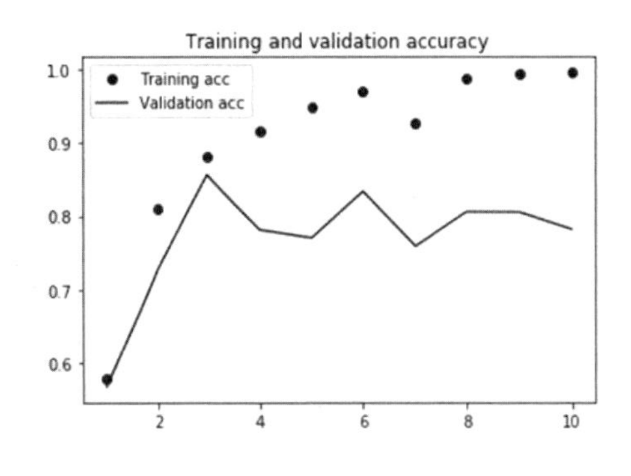

图 6-8

我们发现，在训练集和验证集相同的情况下，使用相同的优化器（RMSProp）、相同的损失函数（binary_crossentropy）、相同的度量指标（acc）、相同的 epoch 和 batch_size 数，LSTM 网络在第 2 轮训练结束时模型达到最优，SimpleRNN 则在第 3 轮训练结束时模型达到最优。比较模型最优时的验证精度与验证损失：LSTM 网络的 val_loss 值为 0.2750，val_acc 值为 0.8896；SimpleRNN 的 val_loss 值为 0.3621，val_acc 值为 0.8560。因此，LSTM 网络的性能比 SimpleRNN 高。

在模型的可训练参数方面，LSTM 网络的总参数量为 328353 个，SimpleRNN 的总参数量为 322113 个。在训练时长方面，达到模型最优，LSTM 网络耗时 18 秒，SimpleRNN 耗时 201 秒。汇总情况，如表 6-1 所示。

表 6-1

训练数据集：IMDB					
RNN 网络类型	总参数量	模型最优训练轮次	耗　时	验证精度	验证损失
SimpleRNN	322113 个	3	201 秒	0.8560	0.3621
LSTM	328353 个	2	18 秒	0.8896	0.2750

说明：表中除参数总量外，其他值会因运行环境、训练样本、验证样本的随机采样不同而稍有不同。

综合来看，LSTM 网络的性能优势比 SimpleRNN 明显。如果使用 LSTM 网络处理时间序列问题，效果会更明显，毕竟 IMDB 数据集中的样本对时间不敏感。但是，使用 LSTM 网络的验证精度只有 0.8896，其性能还有提升的空间。LSTM 网络存在什么问题吗？

6.4　GRU

GRU（Gated Recurrent Unit，门控循环单元）是由 Kyunghyun Cho、Yoshua Bengio、Bart van Merrienboer 等人在 2014 年发表的一篇论文[①]中提出的，它的设计初衷也是解决基础循环神经网络的梯度弥散问题。

梯度弥散会导致 RNN 模型训练不稳定、网络深度不能随机增加、训练的模型参数不更新等问题。6.3 节介绍的 LSTM 网络就是专门为解决此类问题设计的。那么，为什么还要提出 GRU 呢?

6.4.1　LSTM 网络面临的问题

LSTM 网络与最基本的循环神经网络（例如 SimpleRNN）相比，最大的特点就是利用门控机制让 RNN 有了对序列数据的长时记忆，而且能够有效控制对记忆的使用。遗忘门决定了每个时间步是否有记忆信号参与模型训练。输入门控制了当前时间步上的序列数据是否参与模型训练。输出门则对当前时间步的训练结果进行输出控制，即控制是否提供给下一个时间步进行训练（下一个时间步使用与否，是由它的遗忘门决定的）。

通过 LSTM 网络的运算过程可以看出，它的内部结构比较复杂，这导致了计算代价比较高。从前面解决 IMDB 数据集分类问题的模型的运行情况比较中可以知道，LSTM 网络的模型参数（328353 个）比 SimpleRNN（322113 个）多近 6000 个。这是一个非常简单的例子，只有一个 LSTM 层，当面临复杂的问题，使用复杂的神经网络拓扑结构（例如多输入模型、多输出模型、类图网络等）时，其模型可能有少则百万、多则上亿的参数量，这会带来高昂的计算代价。

LSTM 网络模型的复杂度与参数量的增大，显然是由门控机制造成的。那么，我们是否可以优化门控机制，以降低模型的复杂度和参数量呢？Kyunghyun Cho、Yoshua Bengio 等人提出了 GRU 解决方案。

---

① *Learning Phrase Representations using RNN Encoder - Decoder for Statistical Machine Translation*。

6.4.2 门控机制的优化方法

GRU 如何优化 LSTM 网络的门控机制？GRU 将内存状态向量和输出向量合并成一个状态向量，将门控的数量减少为两个，分别是复位门（Reset Gate）与更新门（Update Gate）。

复位门是 LSTM 网络中的遗忘门与输入门合并而成的。当复位门打开时，上一个时间步获得的状态向量与当前时间步的输入张量一起参与模型训练；当复位门关闭时，忽略上一个时间步的状态向量。经过复位门，GRU 会产生一个新的输入向量。复位门只对上一个时间步的状态向量产生影响，对输入不产生任何影响。从这个角度看，也可以认为 GRU 将输入门“废弃”了，即不对输入的内容进行控制。

更新门相当于 LSTM 网络中的输出门，它控制输出的内容，即 LSTM 网络中内存状态向量与输出向量合并后的状态向量的值。当更新门打开时，输出的状态向量的值为经过复位门处理的输出的值；否则，为上一个时间步获得的状态向量。在这里，更新门控制了输入张量是否参与当前时间步的训练。

从上面的过程可以看出，LSTM 网络的输入门的作用是由复位门与更新门协同实现的。

6.4.3 理解 GRU 层

GRU 层继承自 Recurrent 层，它也是 LSTM 层的一种变体，通过优化 LSTM 层的门控机制降低模型复杂度与参数量。

与 LSTM 层一样，GRU 层可以运行在 CPU 与 GPU 环境中，可以根据运行时的硬件环境和约束条件选择不同的执行方式，从而达到训练效率最大化。如果 GPU 参与 GRU 的训练过程，则需要使用 cuDNN 库。在调用 cuDNN 库进行训练时，需要 GRU 层进行如下配置。

- GRU 层的激活函数，即参数 activation 的值为 tanh。
- GRU 层每个时间步的单次循环的激活函数，即参数 recurrent_activation 的值为 sigmoid。
- GRU 层控制循环状态的线性变换（神经元）单元，即单次循环的随机失活比率，参数 recurrent_dropout 的值为 0。
- GRU 层使用符号化循环方式进行模型训练，即参数 unroll 的值为 False。
- GRU 层使用偏置向量参与模型训练，即参数 use_bias 的值为 True。
- GRU 层的参数 reset_after 的值为 True。该参数与复位门的设置有关，说明 GRU 在矩阵乘法之前还是之后使用复位门：值为 False 表示之后（Before），值为 True 表示之前（After）。只有当这个参数的值为 True 时，才与 cuDNN 库兼容。

• 对于 GRU 层接收的输入张量，如果使用了掩码，即对序列信号中长度不足的单元进行了补 0 填充，则强制进行右填充。

基于 Windows 平台，在 CPU 环境里，我们使用一个 GRU 层来解决 IMDB 数据集分类问题，了解如何构建一个 GRU 网络并分析运行结果，示例如下。

```
# 导入所需资源
import matplotlib.pyplot as plt
import tensorflow as tf
from tensorflow import keras
from tensorflow.keras import layers,models,datasets,preprocessing

max_features = 10000      # 作为特征的单词个数
maxlen = 500              # 截掉 500 个单词之后的文本
batch_size = 32           # 训练批次的尺寸

# 1、加载数据
print('Loading data......')

(input_train,y_train),(input_test,y_test) =
datasets.imdb.load_data(num_words=max_features)

print(len(input_train), 'train sequences')
print(len(input_test), 'test sequences')
print('Pad sequences (samples x time)')

# 数据预处理：数据张量化
input_train = preprocessing.sequence.pad_sequences(input_train, maxlen=maxlen)
input_test = preprocessing.sequence.pad_sequences(input_test, maxlen=maxlen)
print('input_train shape:', input_train.shape)
print('input_test shape:', input_test.shape)

# 2、构建网络模型，使用 Embedding 层与 GRU 层训练网络模型
model = models.Sequential()
model.add(layers.Embedding(max_features,32))
model.add(layers.GRU(32))
model.add(layers.Dense(1,activation='sigmoid'))

model.summary()

# 3、编译模型：指定优化器、损失函数、度量指标
```

```
model.compile(optimizer='rmsprop',loss='binary_crossentropy',metrics=['acc'])

# 4、训练模型
history =
model.fit(input_train,y_train,epochs=10,batch_size=128,validation_split=0.2)

# 5、绘制结果图
# 获取训练精度、验证精度与损失值
acc = history.history['acc']
val_acc = history.history['val_acc']
loss = history.history['loss']
val_loss = history.history['val_loss']

epochs = range(1, len(acc) + 1)
plt.plot(epochs, acc, 'bo', label='Training acc')
plt.plot(epochs, val_acc, 'b', label='Validation acc')
plt.title('Training and validation accuracy')
plt.legend()
plt.figure()
plt.plot(epochs, loss, 'bo', label='Training loss')
plt.plot(epochs, val_loss, 'b', label='Validation loss')
plt.title('Training and validation loss')
plt.legend()
plt.show()

# 6、模型评估
model.evaluate(input_test,y_test)
```

为了方便比较，本例的网络模型代码使用与 SimpleRNN、LSTM 网络相同的结构，即使用一个 Embedding 层对训练集与验证集进行向量化处理，紧接着堆叠了一个循环网络层（本例为 GRU 层）。在模型编译时，也使用了相同的优化器、损失函数与度量指标，训练模型的 epoch、batch_size 值及验证数据集不变。训练完成后，以 epoch 为单位的两个关键指标的趋势图，如图 6-9 所示。

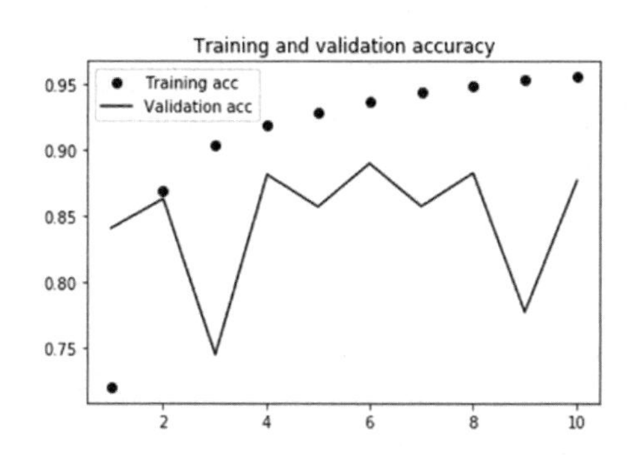

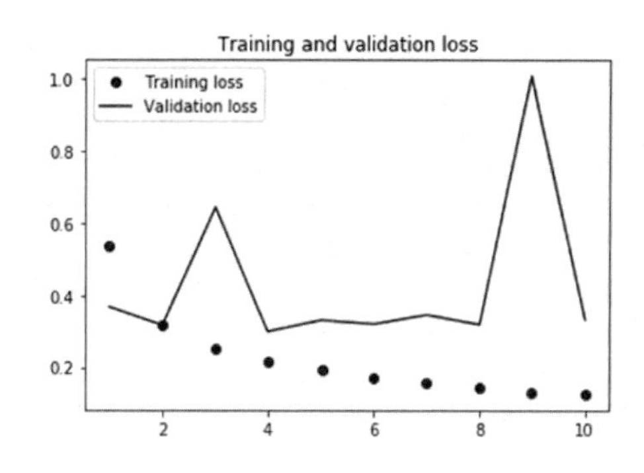

图 6-9

可以看出，完成第 2 个 epoch 时模型达到最优。

我们通过 Spyder 输出的训练日志，比较 SimpleRNN、LSTM、GRU 在 IMDB 数据集上完成二分类任务的性能，如表 6-2 所示。

表 6-2

训练数据集：IMDB					
RNN 网络类型	总参数量	模型最优训练轮次	耗　　时	验证精度	验证损失
SimpleRNN	322113 个	3	201 秒	0.8560	0.3621
LSTM	328353 个	2	18 秒	0.8896	0.2750
GRU	326369 个	2	20 秒	0.8630	0.3182

说明：表中除参数总量外，其他值会因运行环境、训练样本、验证样本的随机采样不同而稍有不同。

从表 6-2 中可以看出，GRU 的性能明显优于 SimpleRNN，比 LSTM 网络略低，但网络模型的参数总量要低于 LSTM 网络。这三个网络模型的拓扑结构非常简单，网络深度只有几层。如果是在动辄百万、千万甚至数亿参数量的复杂的网络模型中，那么，GRU 的门控优化机制可以大大降低模型的参数量，且泛化能力高于 LSTM 网络。

在本例中只给 GRU 定义了一个参数，即 layers.GRU(32)。下面详细分析 GRU 各个参数的意义及作用，示例如下。

```
layers.GRU(
          units,
          activation="tanh",
          recurrent_activation="sigmoid",
          use_bias=True,
```

```
        kernel_initializer="glorot_uniform",
        recurrent_initializer="orthogonal",
        bias_initializer="zeros",
        kernel_regularizer=None,
        recurrent_regularizer=None,
        bias_regularizer=None,
        activity_regularizer=None,
        kernel_constraint=None,
        recurrent_constraint=None,
        bias_constraint=None,
        dropout=0.0,
        recurrent_dropout=0.0,
        implementation=2,
        return_sequences=False,
        return_state=False,
        go_backwards=False,
        stateful=False,
        unroll=False,
        time_major=False,
        reset_after=True,
        **kwargs
    )
```

GRU 层接收一个 3D 张量，经过 GRU 运算，输出一个由 return_sequence 参数决定的 2D 或 3D 张量，输入张量与输出张量的格式由 time_major 参数决定。另外，GRU 在 GPU 上使用 cuDNN 库，有几个参数设置必须满足相关要求（如前所述）。

- units：正整数值，说明输出空间的维度。
- activation：定义 GRU 层使用的激活函数，默认为 Tanh 函数。Tanh 函数将输入值压缩到 (-1,1) 区间内。如果该参数的值为 None，则不使用激活函数（线性层没有激活函数）。
- recurrent_activation：定义 GRU 层每个时间步的单次循环的激活函数，默认为 Sigmoid 函数。如果该参数的值为 None，则不使用激活函数（线性层没有激活函数）。
- use_bias：布尔值，说明是否使用偏置向量，默认为 True。
- kernel_initializer：用于初始化方法名的字符串，说明 GRU 层的 kernel 参数在输入的线性变换中使用哪种权重矩阵初始化器，默认为 glorot_uniform。
- recurrent_initializer：用于初始化方法名的字符串，说明 GRU 层的 recurrent_kernel 参数在循环状态的线性变换中使用哪种权重矩阵初始化器，默认为 orthogonal。

- bias_initializer：用于初始化方法名的字符串，说明偏置向量使用哪种初始化器，默认为 zeros。
- kernel_regularizer：说明 kernel 参数权重矩阵使用哪种正则化器，默认为 None。
- recurrent_regularizer：说明 recurrent_kernel 参数权重矩阵使用哪种正则化器，默认为 None。
- bias_regularizer：说明偏置向量使用哪种正则化器，默认为 None。
- activity_regularizer：说明输出层使用哪种正则化器，默认为 None。
- kernel_constraint：说明 kernel 参数权重矩阵使用哪种约束，默认为 None。
- recurrent_constraint：说明 recurrent_kernel 参数权重矩阵使用哪种约束，默认为 None。
- bais_constraint：说明偏置向量使用哪种约束，默认为 None。
- dropout：0 ~ 1 的浮点数，指定层输入单元的随机失活比率，说明 GRU 层的 kernel 参数在输入的线性变换中的随机失活比率，默认为 0.0。
- recurrent_dropout：0 ~ 1 的浮点数，指定循环单元的随机失活比率，说明 GRU 层的 recurrent_kernel 参数在循环状态的线性变换中的随机失活比率，默认为 0.0。
- implementation：该参数在介绍循环层的参数时提到过，取值为 0、1 或 2，默认为 0。该参数在 SimpleRNN 层里没有显式地列出来，但继承了 Recurrent 层的相关参数。该参数说明了 GRU 的模型训练的执行模式，默认为 2。执行模式在不同的硬件和不同的应用上有不同的性能配置文件，取值说明如下。

  ✧ 当该参数的值为 1 时，模型训练是由很多小的点积与加法组成的运算结构完成的。

  ✧ 当该参数的值为 2 时，模型训练将诸多点积与加法运算合并成几个大的操作。
- return_sequences：GRU 层的一个非常重要的参数，决定了 GRU 的运行方式，布尔值，默认为 False。当该参数的值为 True 时，返回每个时间步连续输出的完整序列，即形状为 (batch_size, timesteps, output_features) 的 3D 张量；当该参数的值为 False 时，只返回每个输入序列的最终输出，即形状为 (batch_size, output_features) 的 2D 张量。输出张量的维度顺序由 time_major 参数决定。
- return_state：布尔值，默认为 False，说明是否返回除输出外的最后一个状态。

- go_backwards：布尔值，默认为 False。如果为 True，则 GRU 逆序处理输入序列并返回逆序序列。
- stateful：布尔值，默认为 False。如果为 True，则批中索引 i（index i）处每个样本的最后状态将作为下一批中索引 i 处相应样本的初始状态。
- unroll：布尔值，默认为 False。如果为 True，则 GRU 网络将被展开；否则，就使用符号化循环。尽管 GRU 层展开会占用较多的内存，但会提高 RNN 的运算速度。层展开只适用于短序列。
- time_major：布尔值，默认为 False，定义 GRU 层输入张量与输出张量的格式，主要确定时间步在张量中的维度位置。如果该参数的值为 True，则格式为 （timesteps, batch_size, input/output_features)；如果该参数的值为 False，则格式为 (batch_size, timesteps, input/output_features)。当该参数的值为 True，即在张量中 timesteps 维度在前时，由于在循环网络运算之前和之后都避免了交换维度的操作，所以比该参数值为 False 时的计算效率高一些。在 TensorFlow 中，序列的张量格式支持 batch_size 维度在前。time_major 参数的默认设置是基于 TensorFlow 框架的。
- reset_after：细心的读者可能已经发现，在 GRU 的参数列表中没有 unit_forget_bias 这个参数（该参数在 LSTM 网络中实现对遗忘门的控制）。在 GRU 中，定义了一个与门控有关的参数 reset_after。该参数与复位门的设置有关，说明 GRU 在矩阵乘法之前还是之后使用复位门，值为 False 表示之后，值为 True 表示之前。只有当这个参数的值为 True 时，才与 cuDNN 库兼容。

与 LSTM 网络相比，GRU 由于优化了门控结构，在深度神经网络中泛化能力较强。解决网络模型的过拟合问题是 AI 算法工程师的核心使命——如果从模型的容量入手，那么如何降低网络训练时的参数量就是主要方向——GRU 则从网络结构上提供了一种思路。

前面我们比较了 SimpleRNN、LSTM、GRU 三种 RNN 在解决 IMDB 数据集二分类问题时的性能指标。在不使用任何其他手段解决过拟合问题的情况下，GRU 除网络参数量指标优于 LSTM 外，其他性能指标都略低于 LSTM。

6.5　双向循环神经网络

计算机视觉相关数据与空间位置有关，序列数据则与顺序或时间有关。前面介绍的继承自 Recurrent 层的 SimpleRNN 层、LSTM 层、GRU 层，在对序列数据进行学习时，都依赖数据的序列顺序，并按序列顺序以时间步的方式逐步提取特征。这种顺序是正向的、从头到尾的。对于严重依赖时间顺序进行学习的序列，其学习行为、特征提取方式有很大的性能优势，例如股价预测、客户消费行为预测、电梯故障预测等。针对这些序列，距离现在时间较近的数据的敏感度肯定比距离现在时间较远的数据高，且打乱数据的时间顺序会影响模型的学习性能。

但是，有一类序列数据对顺序或时间的先后关系不敏感。例如，前面的例子中使用的 IMDB 数据集，针对它的正负评价二分类任务就与数据集中的数据顺序以及数据产生的时间没有太大的关系。另外，像自然语言处理中的词频分析（词云图）、文本摘要（获取中心思想）、文本相似性检查（常用于版权保护）、文本信息抽取（抽取实体、术语）、音频模板、语音关键词布控等任务，也与序列的时间顺序关系不大。为了提高模型的泛化能力，除了传统的正向学习特征，还可以逆向学习特征，然后综合正反两个方向的学习结果，生成新的预测模型。

这个思路提供了一种观察序列的新方法，它其实弥补了人脑记忆的某些不足。在通常情况下，人脑只会记住距现在时间较近的事情，对距现在时间较远的事情则容易忘记。逆向学习可以记住时间或在顺序上距离当前较远的序列特征。RNN 类似于人脑的记忆机制。在理论上，RNN 反向学习可以补充被正向学习忽略的序列特征，提高模型在某些任务上的性能。循环神经网络提供的 Bidirectional 层通过正反双向学习实现上述理论的过程，如图 6-10 所示。

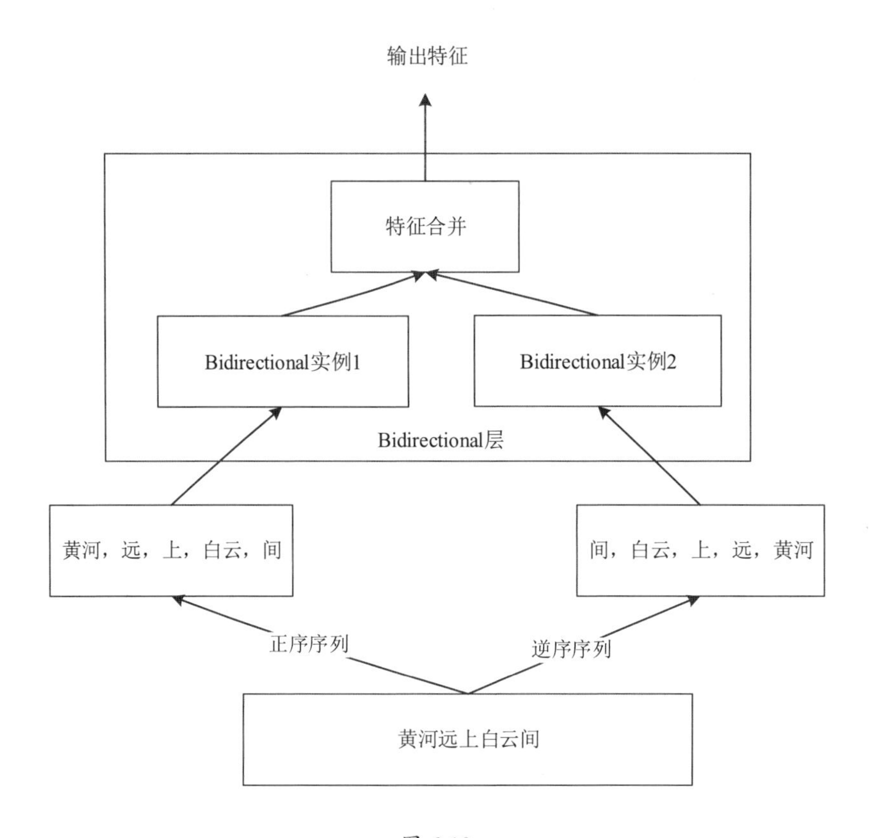

图 6-10

下面我们解读一下 Bidirectional 层各个参数的作用及其含义，示例如下。

```
layers.Bidirectional(
                layer,
                merge_mode="concat",
                weights=None,
                backward_layer=None,
                **kwargs
                )
```

- layer：进行双向运算的循环神经网络的实例（例如 LSTM、GRU），或者是一个满足如下要求的层（自定义的类 RNN 层）。

  ✧是一个处理序列的层。

  ✧有 go_backwards、return_sequences 和 return_state 属性。

  ✧有 input_spec 属性。

✧通过 get_config 和 from_config 方法实现序列化。新建一个 RNN 层的推荐方法是使用 layers.RNN 自定义一个 RNN 单元，而不是直接使用 layers.Layer 的子类。

- merge_mode：说明 Bidirectional 层的正向学习与反向学习结果将以哪种方式合并，作为 Bidirectional 层的输出，取值为 sum、mul、concat、ave、None 中的一个。默认为 concat，即拼接。如果为 None，则不对正向学习和反向学习的结果进行合并，而是输出一个包含正向学习和反向学习结果的列表。

下面我们通过例子了解一下如何实现 LSTM、GRU 的双向训练过程。

6.5.1　双向 LSTM 网络

前面我们介绍过，长短时记忆网络利用门控机制解决了基础 RNN 的短时记忆问题，与 SimpleRNN 相比，大幅提高了模型的泛化能力。如果使用双向 LSTM 网络来训练 IMDB 数据集，解决单标签二分类问题，性能如何呢？来看以下代码。

```
# 导入所需资源
import tensorflow as tf
from tensorflow import keras
from tensorflow.keras import models,datasets,layers,preprocessing
import matplotlib.pyplot as plt

max_features = 10000      # 作为特征的单词个数
maxlen = 500              # 截掉500个单词之后的文本
batch_size = 32           # 训练批次的尺寸

# 1、加载数据
print('Loading data......')

(input_train,y_train),(input_test,y_test) =
datasets.imdb.load_data(num_words=max_features)

# 数据预处理：数据张量化
print(len(input_train), 'train sequences')
print(len(input_test), 'test sequences')
print('Pad sequences (samples x time)')

input_train = preprocessing.sequence.pad_sequences(input_train, maxlen=maxlen)
input_test = preprocessing.sequence.pad_sequences(input_test, maxlen=maxlen)
print('input_train shape:', input_train.shape)
print('input_test shape:', input_test.shape)
```

```
# 2、构建网络模型，使用 Embedding 层与双向 LSTM 层训练网络模型
model = models.Sequential()
model.add(layers.Embedding(max_features,32))
model.add(layers.Bidirectional(layers.LSTM(32)))
model.add(layers.Dense(1,activation='sigmoid'))

model.summary()

# 3、编译模型：指定优化器、损失函数、衡量精度
model.compile(optimizer='rmsprop', loss='binary_crossentropy', metrics=['acc'])

# 4、训练模型
history = model.fit(input_train, y_train,epochs=10, batch_size=128,
validation_split=0.2)

# 5、绘制结果图
# 获取训练精度、验证精度与损失值
acc = history.history['acc']
val_acc = history.history['val_acc']
loss = history.history['loss']
val_loss = history.history['val_loss']

epochs = range(1, len(acc) + 1)
plt.plot(epochs, acc, 'bo', label='Training acc')
plt.plot(epochs, val_acc, 'b', label='Validation acc')
plt.title('Training and validation accuracy')
plt.legend()
plt.figure()
plt.plot(epochs, loss, 'bo', label='Training loss')
plt.plot(epochs, val_loss, 'b', label='Validation loss')
plt.title('Training and validation loss')
plt.legend()
plt.show()

# 6、模型评估
model.evaluate(input_test,y_test)
```

模型使用了一个双向 LSTM 网络，这个网络从正反两个方向对 IMDB 数据集中的 20000 个序列样本进行学习，提取特征。以 epoch 为单位的精度与损失趋势图，如图 6-11 所示。

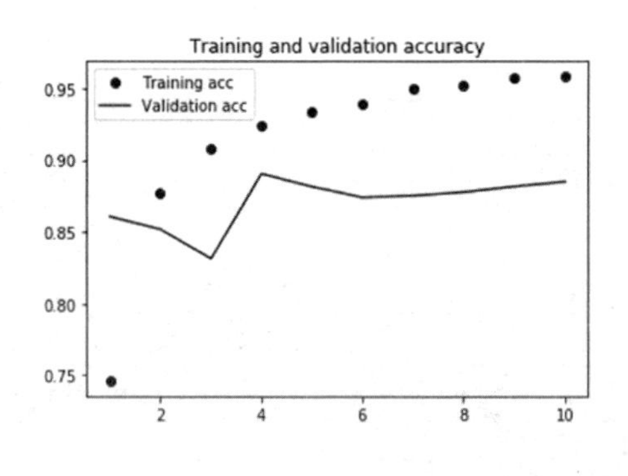

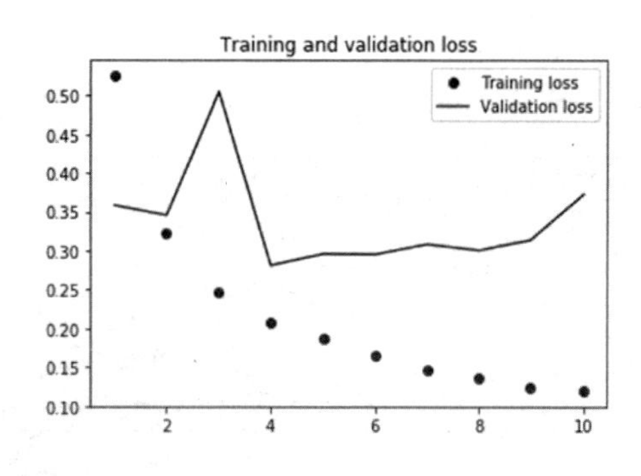

图 6-11

第 4 个 epoch 训练完成后，模型性能最优，验证精度与验证损失分别为 0.8976、0.2814，共耗时 69 秒。

运行 model.summary，输出模型的内部结构，具体如下。

```
Model: "sequential"
_________________________________________________________________
Layer (type)                 Output Shape              Param #
=================================================================
embedding (Embedding)         (None, None, 32)          320000
_________________________________________________________________
bidirectional (Bidirectional (None, 64)                 16640
_________________________________________________________________
dense (Dense)                (None, 1)                 65
=================================================================
Total params: 336,705
Trainable params: 336,705
Non-trainable params: 0
_________________________________________________________________
```

layers.Bidirectional(layers.LSTM(32)) 层的参数量是 16640 个，layers.LSTM(32) 层的参数量是 8320 个，刚好是单 LSTM 层的 2 倍。从参数量的角度看，完全符合双向处理序列的机制。

比较各种 RNN 在 IMDB 数据集分类任务中的训练性能，如表 6-3 所示。

表 6-3

训练数据集：IMDB					
RNN 网络类型	总参数量	模型最优训练轮次	耗　时	验证精度	验证损失
SimpleRNN	322113 个	3	201 秒	0.8560	0.3621
LSTM	328353 个	2	18 秒	0.8896	0.2750
GRU	326369 个	2	20 秒	0.8630	0.3182
Bidirectional LSTM	336705 个	4	69 秒	0.8976	0.2814

说明：表中除参数总量外，其他值会因运行环境、训练样本、验证样本的随机采样不同而稍有不同。

双向 LSTM 网络的参数量最高，验证精度最好，验证损失略低于 LSTM。

6.5.2 双向 GRU

Bidirectional 层同样可以通过 GRU 实现双向门控循环神经网络。GRU 是 LSTM 的优化版本，它优化了 LSTM 的门控系统，将三个门合并成两个门（复位门与更新门），同时合并了 LSTM 的内存状态向量和输出向量，从而减少了 GRU 的参数量。从模型容量的角度看，解决网络的过拟合问题，优先考虑的方法就是降低模型的参数量。GRU 可以有效解决模型的过拟合问题。

使用双向 GRU 解决 IMDB 数据集的二分类问题，代码如下。

```
# 导入所需资源
import tensorflow as tf
from tensorflow import keras
from tensorflow.keras import layers,models,datasets,preprocessing
import matplotlib.pyplot as plt

# 变量初始化
max_features = 10000        # 作为特征的单词个数
maxlen = 500                # 截掉 500 个单词之后的文本
batch_size = 32             # 训练批次的尺寸

# 1、加载数据
print('Loading data......')

(input_train,y_train),(input_test,y_test) =
datasets.imdb.load_data(num_words=max_features)
```

```
# 数据预处理：数据张量化
print(len(input_train), 'train sequences')
print(len(input_test), 'test sequences')
print('Pad sequences (samples x time)')

input_train = preprocessing.sequence.pad_sequences(input_train, maxlen=maxlen)
input_test = preprocessing.sequence.pad_sequences(input_test, maxlen=maxlen)
print('input_train shape:', input_train.shape)
print('input_test shape:', input_test.shape)

# 2、构建网络模型，使用 Embedding 层与双向 GRU 层训练网络模型
model = models.Sequential()
model.add(layers.Embedding(max_features,32))
model.add(layers.Bidirectional(layers.GRU(32)))
model.add(layers.Dense(1,activation='sigmoid'))

model.summary()

# 3、编译模型：指定优化器、损失函数、衡量精度
model.compile(optimizer='rmsprop', loss='binary_crossentropy', metrics=['acc'])

# 4、训练模型
history = model.fit(input_train, y_train,epochs=10, batch_size=128,
validation_split=0.2)

# 5、绘制结果图
# 获取训练精度、验证精度与损失值
acc = history.history['acc']
val_acc = history.history['val_acc']
loss = history.history['loss']
val_loss = history.history['val_loss']

epochs = range(1, len(acc) + 1)
plt.plot(epochs, acc, 'bo', label='Training acc')
plt.plot(epochs, val_acc, 'b', label='Validation acc')
plt.title('Training and validation accuracy')
plt.legend()
plt.figure()
plt.plot(epochs, loss, 'bo', label='Training loss')
plt.plot(epochs, val_loss, 'b', label='Validation loss')
plt.title('Training and validation loss')
plt.legend()
plt.show()
```

```
# 6、模型评估
model.evaluate(input_test,y_test)
```

本例只使用了一个双向 GRU 层，即 layers.Bidirectional(layers.GRU(32))，为 Bidirectional 指定了一个 layer 参数，正反双向学习到的序列特征通过 concat 方式合并输出。每个 epoch 的训练精度、训练损失、验证精度、验证损失，如图 6-12 所示。

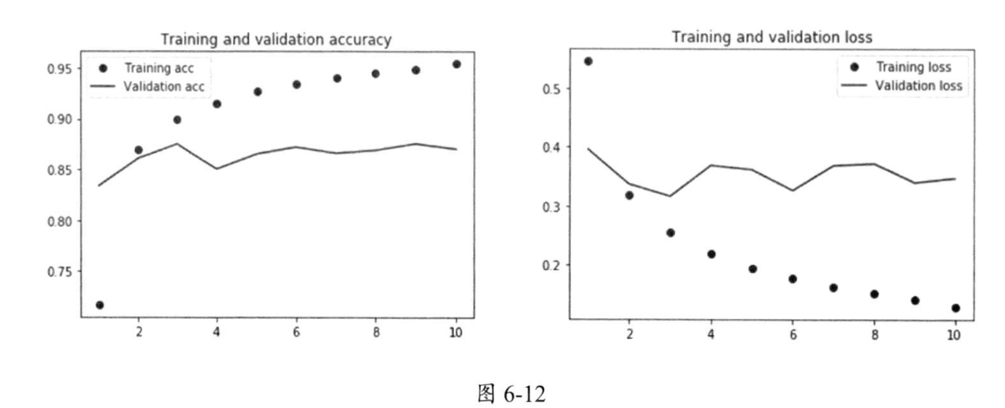

图 6-12

第 3 个 epoch 训练完成后，模型性能达到最优，验证精度为 0.8750，验证损失为 0.3166。同样，在参数量方面，双向 GRU 层是单层正向 GRU 层的 2 倍，即 6336 × 2 = 12672 个，整个网络的参数量为 332737 个。

在表 6-3 的基础上追加，直观分析相关指标，如表 6-4 所示。

表 6-4

训练数据集：IMDB					
RNN 网络类型	总参数量	模型最优训练轮次	耗　　时	验证精度	验证损失
SimpleRNN	322113 个	3	201 秒	0.8560	0.3621
LSTM	328353 个	2	18 秒	0.8896	0.2750
GRU	326369 个	2	20 秒	0.8630	0.3182
Bidirectional LSTM	336705 个	4	69 秒	0.8976	0.2814
Bidirectional GRU	332737 个	3	50 秒	0.8750	0.3166

说明：表中除参数总量外，其他值会因运行环境、训练样本、验证样本的随机采样不同而稍有不同。

对比表 6-4 中各个参数的值，可以看出，Bidirectional GRU 与单个正向 GRU 相比，验证精度与验证损失都有提升。

6.6 解决循环神经网络的拟合问题

本节将详细介绍如何解决循环神经网络的拟合问题。从对 SimpleRNN、LSTM、GRU、Bidrectional 网络的训练趋势图的对比可以看出，这些模型在 IMDB 数据集上很快就出现了过拟合，这个问题是我们在实际工作中必须要解决的。

第 4 章介绍了解决过拟合问题的四种方法，即增加数据规模、降低模型容量、正则化模型参数与随机失活。这些方法同样适用于循环神经网络。本节将以用 GRU 解决 IMDB 数据集的分类问题为例，详细讨论后两种方法。读者可以参照 4.4.1 节的内容，尝试通过降低模型容量的方法解决循环神经网络的过拟合问题。

6.6.1 通过正则化模型参数解决拟合问题

我们在第 4 章中介绍过，正则化方式有三种，分别是 L1 正则化、L2 正则化与 L1_L2 正则化。正则化主要对模型学习过程中的损失函数产生影响。GRU 层提供了四个参数对不同的内容实现正则化，分别是 kernel_regularizer、recurrent_regularizer、bias_regularizer、activity_regularizer。前面已经对这些参数进行了说明，本节不再赘述。我们来看具体的使用方式。

```
# 构建网络模型，使用 Embedding 层与 GRU 层训练网络模型
model = models.Sequential()
model.add(layers.Embedding(max_features,32))
model.add(layers.GRU(32,recurrent_regularizer=regularizers.l1_l2(l1=0.01,
                                                                  l2=0.01),
                 kernel_regularizer=regularizers.l1(0.01),
                 bias_regularizer=regularizers.l1(0.01)))
model.add(layers.Dense(1,activation='sigmoid'))
```

在本例中，模型权重的两个参数 kernel、bias 使用 L1 正则化，说明 GRU 层的 kernel 权重矩阵与 bias 权重矩阵的每个系数都会使网络总损失增加。循环核（Recurrent Kernel）权重矩阵使用 L1 正则化与 L2 正则化。训练效果，如图 6-13 所示。

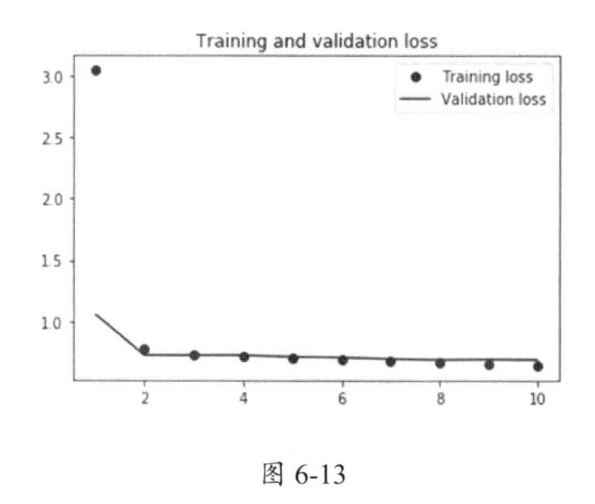

图 6-13

解决拟合问题的效果非常明显，除了第 1 个 epoch 出现欠拟合，在后面的训练循环中，训练损失值与验证损失值紧密贴合在一起，没有出现过拟合现象。但是，由于正则化对损失函数的影响，这两个损失值都比较大。

我们可以通过增加训练循环次数（增加 epochs 的值）的方法观察什么时候会出现过拟合现象。另外，可以调整正则化值或者使用不同的正则化方式，进行损失调优。

6.6.2 使用随机失活解决拟合问题

我们在全连接网络与卷积神经网络中见识过 Dropout 解决过拟合问题的能力。它是一种强大的技术，同样适用于循环神经网络，只是在使用方式上有些差异。

Dense 层与 Conv 层没有内置参数使用 Dropout，它们是通过 Dropout 层堆叠的方式实现随机失活的。循环神经网络则是通过内置参数的方式实现随机失活的，它提供了两个参数，分别是 recurrent_dropout、dropout：前者针对循环单元，说明循环单元的随机失活比率；后者是层输入单元的随机失活比率。也可以将 Dropout 层堆叠在循环神经网络之前来实现随机失活，但实践证明，这不是一种好的方式，因为这种方式的随机失活比率所代表的内容将随训练循环的时间步的变化而变化，从而影响模型的学习。正确的做法是：每个时间步使用相同的随机失活比率所代表的内容，循环层内部的循环单元也使用不随时间变化的随机失活比率所代表的内容，代码如下。

```
# 构建网络模型，使用 Embedding 层与 GRU 层训练网络模型
model = models.Sequential()
model.add(layers.Embedding(max_features,32))
```

```
model.add(layers.GRU(32,dropout=0.5,recurrent_dropout=0.5))
model.add(layers.Dense(1,activation='sigmoid'))
```

在本例中，指定两个参数的随机失活比率为 0.5，趋势图如图 6-14 所示。与单独使用 GRU 层相比，过拟合问题有明显的改善。而且，根据验证损失值与验证精度值，模型在训练阶段的性能优于没有使用随机激活的 GRU 网络。

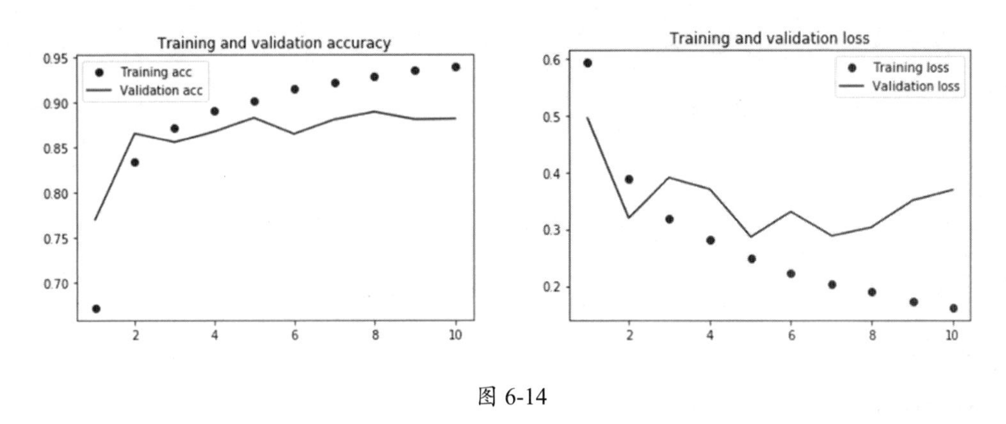

图 6-14

读者可以尝试将 Dropout 层堆叠在 GRU 层之前，观察过拟合的情况。

第 7 章　深度学习高阶实践

十年磨一剑，霜刃未曾试。

——《述剑》　贾岛

前面我们在介绍深度学习的基础知识与各种网络模型时，都是使用 Sequential 方法构建模型的拓扑结构的。在第 3 章中，我们也介绍过神经网络模型的实现方法。

从字面意思看，Sequential 方法是一种将各种类型的网络层按顺序进行线性堆叠的模型构造方法。这种方法的网络拓扑结构简单，能解决一些分类问题、回归问题（特别是单标签单输出的任务）。但是，这种线性堆叠式的神经网络有一个非常大的局限性，就是只接收单一输入，而且输出也是单一的，这限制了这类网络在工程实践中的应用范围。

在实际工作中，我们经常会遇到通过多个输入标签获得一个预测结果、通过一个输入标签获得多个预测结果、通过多个输入标签获得多个预测结果的问题。例如，通过一个客户的年龄段、学历、性别、专业、所处地域、工作行业等信息预测这个客户的年收入。再如，通过一段语音预测该语音说话人的年龄段、性别、语种、情绪、健康状况、出生地域、身高范围等信息。使用 Sequential 方法构建的网络就无法解决这类问题。要想解决这类问题，需要使用比较复杂的非线性网络结构。还有一种情况是，虽然神经网络的输入与输出都是单一的，但为了提高模型的性能，使其具有更好的泛化能力，模型内部的拓扑结构不是线性的，而是有分支的、并行的，只是在输出层进行了特征的合并与拼接，这类网络也是 Sequential 方法不能解决的，需要通过另一种方法——函数式 API（Functional API）来构建网络模型。

为了让读者对神经网络模型有一个比较直观的认识，本章使用 utils 下的 plot_model 函数在模型训练过程中将拓扑结构生成 JPG 格式的图片，以便理解。要想使用 utils.plot_model 函数，需要安装 pydotplus 与 Graphviz[①]。

pydotplus 的安装比较简单，在 Windows 命令行窗口执行“pip install pydotplus”命令即可，如图 7-1 所示。

```
C:\WINDOWS\system32\cmd.exe

C:\Users\T480S>pip install pydotplus
Collecting pydotplus
  Downloading https://files.pythonhosted.org/packages/60/bf/62567830b700d9f6930e9ab6831d6ba256f7b0b730acb37278b0ccdffacf
/pydotplus-2.0.2.tar.gz (278kB)
     |████████████████████████████████| 286kB 41kB/s
Requirement already satisfied: pyparsing>=2.0.1 in c:\users\t480s\anaconda3\lib\site-packages (from pydotplus) (2.4.2)
Building wheels for collected packages: pydotplus
  Building wheel for pydotplus (setup.py) ... done
  Created wheel for pydotplus: filename=pydotplus-2.0.2-cp37-none-any.whl size=24573 sha256=71f5330b41c78c4da6d392fc53b9
aba59c4a8a5b9864f312cd9b1e321ece61ff
  Stored in directory: C:\Users\T480S\AppData\Local\pip\Cache\wheels\35\7b\ab\66fb7b2ac1f6df87475b09dc48e707b6e0de80a6d8
444e3628
Successfully built pydotplus
Installing collected packages: pydotplus
Successfully installed pydotplus-2.0.2
```

图 7-1

Graphviz 的安装程序是 graphviz-2.38.msi，按向导提示安装即可。安装完成后，需要配置环境变量。将 \Graphviz2.38\bin 路径添加到 path 环境变量中，如图 7-2 所示。

图 7-2

① 下载地址：链接 7-1。

配置完成后，在 Windows 命令行窗口执行“dot -version”命令，验证是否安装成功，如图 7-3 所示。

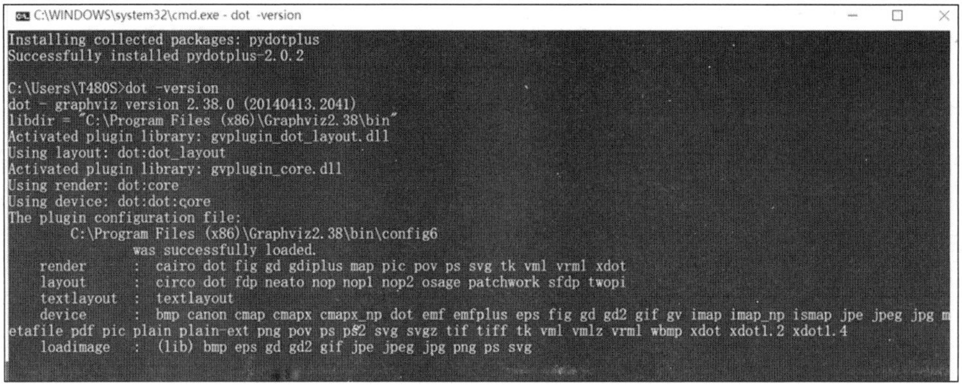

```
C:\WINDOWS\system32\cmd.exe - dot -version
Installing collected packages: pydotplus
Successfully installed pydotplus-2.0.2

C:\Users\T480S>dot -version
dot - graphviz version 2.38.0 (20140413.2041)
libdir = "C:\Program Files (x86)\Graphviz2.38\bin"
Activated plugin library: gvplugin_dot_layout.dll
Using layout: dot:dot_layout
Activated plugin library: gvplugin_core.dll
Using render: dot:core
Using device: dot:dot:core
The plugin configuration file:
        C:\Program Files (x86)\Graphviz2.38\bin\config6
                was successfully loaded.
    render      :  cairo dot fig gd gdiplus map pic pov ps svg tk vml vrml xdot
    layout      :  circo dot fdp neato nop nop1 nop2 osage patchwork sfdp twopi
    textlayout  :  textlayout
    device      :  bmp canon cmap cmapx cmapx_np dot emf emfplus eps fig gd gd2 gif gv imap imap_np ismap jpe jpeg jpg m
etafile pdf pic plain plain-ext png pov ps ps2 svg svgz tif tiff tk vml vmlz vrml wbmp xdot xdot1.2 xdot1.4
    loadimage   :  (lib) bmp eps gd gd2 gif jpe jpeg jpg png ps svg
```

图 7-3

utils.plot_model 函数可根据需要输出网络模型各层的形状、数据类型、层名称等信息，详细情况如下。

```
utils.plot_model( model,
                to_file="model.png",
                show_shapes=False,
                show_dtype=False,
                show_layer_names=True,
                rankdir="TB",
                expand_nested=False,
                dpi=96,
            )
```

- model：指定输出的模型图的模型实例。
- to_file：指定输出的模型图的文件名。
- show_shapes：说明在模型图中是否显示张量的形状。
- show_dtype：说明在模型图中是否显示张量的类型。
- show_layer_names：说明在模型图中是否显示层的名称。
- rankdir：供内置画图工具 PyDot 使用，指定绘图方式是垂直绘图还是水平绘图。该参数的值是一个字符串，“TB”表示垂直绘图，“LR”表示水平绘图，默认为“TB”。

- expand_nested：说明在输出的模型图中是否将嵌套模型展开。
- dpi：说明输出的模型图每英寸的点数。

模型图虽然不能在 Spyder 的 IDE 环境中显示，但可以通过图片查看工具浏览。

7.1　函数式 API 网络模型

本节还是基于第 3 章使用全连接网络解决 MNIST 数据集手写数字识别问题的例子，用函数式 API 方法构建网络，并详细解读函数式 API 方法。

使用 Sequential 方法构建的全连接网络模型的代码，示例如下。

```
# 导入 Keras 相关库
import tensorflow as tf
from tensorflow import keras
from tensorflow.keras import
layers,models,datasets,utils,optimizers,losses,metrics

# 1、数据准备：下载 MNIST 数据集，并构建训练集与测试集
print('load MNIST...')
(train_images_datasets,train_labels_datasets),(test_images_datasets,test_label
s_datesets) = datasets.mnist.load_data()

# 数据预处理：对数据进行预处理，将数据转换成符合神经网络要求的形状
# 训练集
train_images = train_images_datasets.reshape((60000, 28 * 28))
train_images = train_images.astype('float32') / 255
# 测试集
test_images = test_images_datasets.reshape((10000, 28 * 28))
test_images = test_images.astype('float32') / 255
# 对分类标签进行编码
train_labels = utils.to_categorical(train_labels_datasets)
test_labels = utils.to_categorical(test_labels_datesets)

# 2、构建神经网络：全连接网络
model = models.Sequential()
model.add(layers.Dense(512,activation='relu',input_shape=(28*28,)))
model.add(layers.Dropout(rate=0.2))
model.add(layers.Dense(10,activation='softmax'))
model.summary()
# 输出模型图：模型及各层的输入张量、输出张量的形状
```

```
utils.plot_model(model,'API_MNIST_Model_Layer_Shape.png',show_shapes=True,show
_dtype=True)

# 3、编译模型：指定模型的优化器、损失函数、评价指标
# 实例化优化器对象
inst_rmsprop = optimizers.RMSprop(lr=0.001,rho=0.9,epsilon=None,decay=0.0)

# 使用评价函数实例化对象
model.compile(optimizer=inst_rmsprop,
            loss=losses.categorical_crossentropy,
            metrics=[metrics.categorical_accuracy])

model.fit(train_images,train_labels,epochs = 10,batch_size =
128,validation_split=0.1)

# 4、模型测试：评估网络模型的性能
test_loss,test_acc = model.evaluate(test_images,test_labels)
```

为了简化代码和进行性能比较，本节示例只给到模型测试这一步，原因是两种方法除了构建模型的方式不同，其他代码完全相同。

模型使用了两个 Dense 层和一个 Dropout 层。使用函数式 API 方法，代码如下。

```
# 使用函数式 API 方法构建神经网络
# 定义函数
input_tensor = Input(shape=(28*28,))
dense = layers.Dense(512,activation='relu')
dropout = layers.Dropout(rate=0.2)
output_layer= layers.Dense(10,activation='softmax')
# 构建网络
net = (dense)(input_tensor)
net = (dropout)(net)
net = (output_layer)(net)
model = Model(input_tensor,net)
# 输出网络概要信息
model.summary()
```

首先，定义函数，将输入张量与每个层都分别定义为一个函数。Input 是 Layers API 提供的一个用于实例化 Keras 张量的函数。Keras 张量是 TensorFlow 的符号化张量对象。Input 函数可以返回一个张量。

然后，构建网络。除了本例的方式，还有一种方式，就是将下一层作为上一层函数的输入，示例如下。

```
net = dense(input_tensor)
net = dropout(net)
net = output_layer(net)
model = Model(input_tensor,net)
```

两种方法构建的模型拓扑结构相同，示例如下。

```
Layer (type)                 Output Shape              Param #
=================================================================
input_3 (InputLayer)          [(None, 784)]             0

dense_4 (Dense)              (None, 512)               401920

dropout_2 (Dropout)           (None, 512)               0

dense_5 (Dense)              (None, 10)                5130
=================================================================
```

通过 utils.plot_mode 输出模型图，示例如下。

```
# 输出模型及各层的输入张量、输出张量的形状
utils.plot_model(model,'API_MNIST_Model_Layer_Shape_LR.png',show_shapes=True,
show_dtype=True,rankdir="LR")
```

指定 rankdir 为“LR”，模型图水平横向输出，如图 7-4 所示。

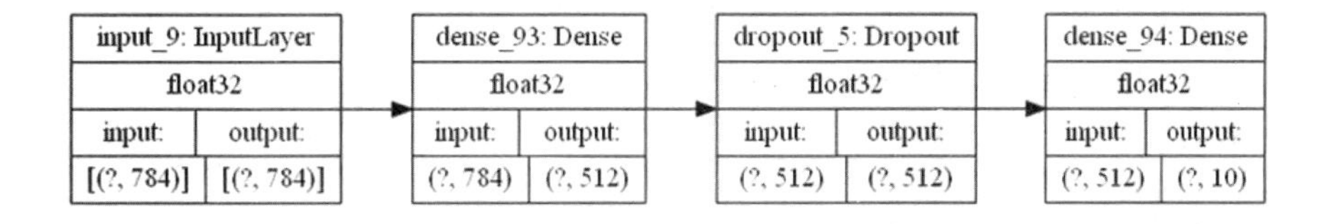

图 7-4

不改变 rankdir 参数的值，使用其默认值“TB”，示例如下。

```
utils.plot_model(model,'API_MNIST_Model_Layer_Shape.png',show_shapes=True)
```

输出的模型图，如图 7-5 所示（垂直纵向）。

尽管与 Sequential 方法相比，Input 方法多了一个 InputLayer 层，但模型的总参数量、可训练参数量、不可训练参数量都是相同的，示例如下。

```
Total params: 407,050
Trainable params: 407,050
```

```
Non-trainable params: 0
```

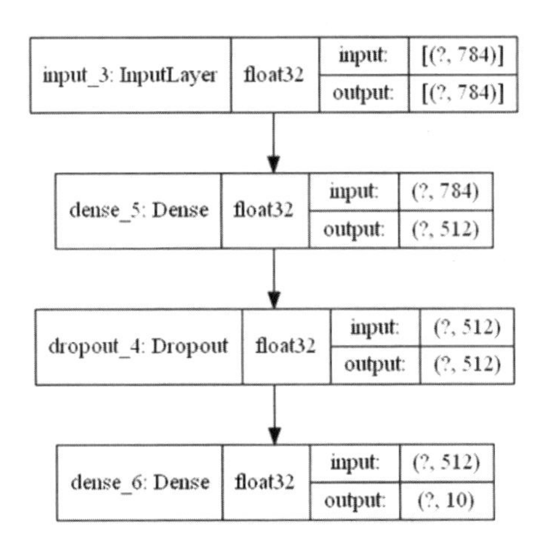

图 7-5

下面我们回顾一下第 3 章的内容，熟悉一下 Model 方法。

本例导入了 tensorflow.keras.Model 类。该类的主要作用是将各种层组合成可以进行训练与推理的对象。Model 方法有 3 个属性，分别是 Model 的输入 inputs、Model 的输出 outputs、Model 的名称 name。可以通过 Model.inputs、Model.outputs、Model.name 获得相关信息。

Model 方法可以通过 summary 方法获得网络模型的概要信息，还可以通过 get_layer 方法获得网络拓扑结构各个层的名称与索引值。

我们比较一下通过这两种方式构建的模型的性能（评估性能时使用损失值与多分类精度），具体如下。

- Sequential 方法："1s 52us/sample - loss: 0.0375 - categorical_accuracy: 0.9799"。
- 函数 API 方法："1s 56us/sample - loss: 0.0364 - categorical_accuracy: 0.9793"。

在模型参数总量（407050 个）相同的情况下，函数式 API 方法的耗时比 Sequential 方法长，在性能上，Sequential 方法则略好于函数式 API 方法。

通过本节的例子，我们了解了如何使用函数式 API 方法构建一个全连接网络模型。这类模型是常见的比较简单的单标签二分类任务模型，使用 Sequential 方法也能很容易地构建，无法体现函数式 API 方法的优势。

7.1.1　如何实现层图共享

函数式 API 是一个易于使用、功能齐全的 API，支持任意模型架构，包括线性模型架构和非线性模型架构，可应用于大多数场景，是使用深度学习模型解决问题的主要建模方法。从本节开始，我们将利用函数式 API 方法构建较为复杂的神经网络模型——从如何实现层图（Graph of Layers）共享开始。

层图是指由不同的层组成网络结构（或者模块）。在复杂的网络结构中，重复使用同一个层图是常见现象，将这部分层图提炼出来形成公共组件进行共享是一种好的做法。现在我们通过一个例子说明使用函数式 API 方法是如何实现层图共享的。改造使用二维卷积网络解决 MNIST 数据集分类问题的网络模型（原模型使用的是 Sequential 方法），示例如下。

```
# 构建卷积神经网络
model = Sequential([
      layers.Conv2D(32,(3,3),strides=(1,1),input_shape=(28,28,1)),
      layers.Dropout(rate=0.5),
      layers.ReLU(),
      layers.MaxPooling2D(2,2),
      layers.Conv2D(64,(3,3)),
      layers.Dropout(rate=0.5),
      layers.ReLU(),
      layers.MaxPooling2D(2,2),
      layers.Conv2D(64,(3,3)),
      layers.Dropout(rate=0.5),
      layers.ReLU(),
      layers.Flatten(),
      layers.Dense(64,activation='relu'),
      layers.Dense(10,activation='softmax')
      ])
model.build()
```

如何改造呢？基于上述代码，我们建立两个层图 GraphofLayer_1、GraphofLayer_2，示例如下。

```
# 构建 GraphofLayer_1
GraphofLayer_1_input = Input(shape=(28,28,1), name="GraphofLayer_input")
x = layers.Conv2D(32,(3,3),strides=(1,1))(GraphofLayer_1_input)
x = layers.Dropout(rate=0.5)(x)
x = layers.ReLU()(x)
GraphofLayer_1_output = layers.MaxPooling2D(2,2)(x)
# 构建 GraphofLayer_2
```

```
y = layers.Conv2D(64,(3,3))(GraphofLayer_1_output)
y = layers.Dropout(rate=0.5)(y)
y = layers.ReLU()(y)
y = layers.MaxPooling2D(2,2)(y)
y = layers.Conv2D(64,(3,3))(y)
y = layers.Dropout(rate=0.5)(y)
GraphofLayer_2_output = layers.ReLU()(y)
```

这两个层图可以构建成两个不同的 Model，示例如下。

```
graphofLayer_1_model = Model(GraphofLayer_1_input, GraphofLayer_1_output,
name="GraphofLayer_1_output")
graphofLayer_2_model = Model(GraphofLayer_1_input,GraphofLayer_2_output,
name="GraphofLayer_2_output")
```

然后，构建一个全连接网络的分类器，示例如下。这个分类器根据输入样本完成 10 分类的概率输出。

```
# 构建一个全连接网络的分类器：10 分类
classifier = layers.Flatten()(GraphofLayer_2_output)
classifier = layers.Dense(64,activation='relu')(classifier)
classifier = layers.Dense(10,activation='softmax')(classifier)
```

最后，构建 10 分类神经网络模型，并使用 utils.plot_model 方法输出模型图，示例如下。

```
# 构建 10 分类模型：classifierModel
classifierModel = Model(GraphofLayer_1_input, classifier,
name="classifierModel")
classifierModel.summary()
# 输出模型图
utils.plot_model(classifierModel,'classifierModel.png',show_shapes=True)
```

从上面的代码中可以看出，我们一共构建了 3 个模型，分别是 graphofLayer_1_model、graphofLayer_2_model、classifierModel，它们共用 GraphofLayer_1_input。这是层共享，或者说，是共享层（Shared Layer）。graphofLayer_1_model 与 graphofLayer_2_model 共用层图 GraphofLayer_1_output，graphofLayer_2_model 与 classifierModel 共用层图 GraphofLayer_2_output。

我们可以通过 classifierModel 的模型图直观地了解其网络拓扑结构，如图 7-6 所示。

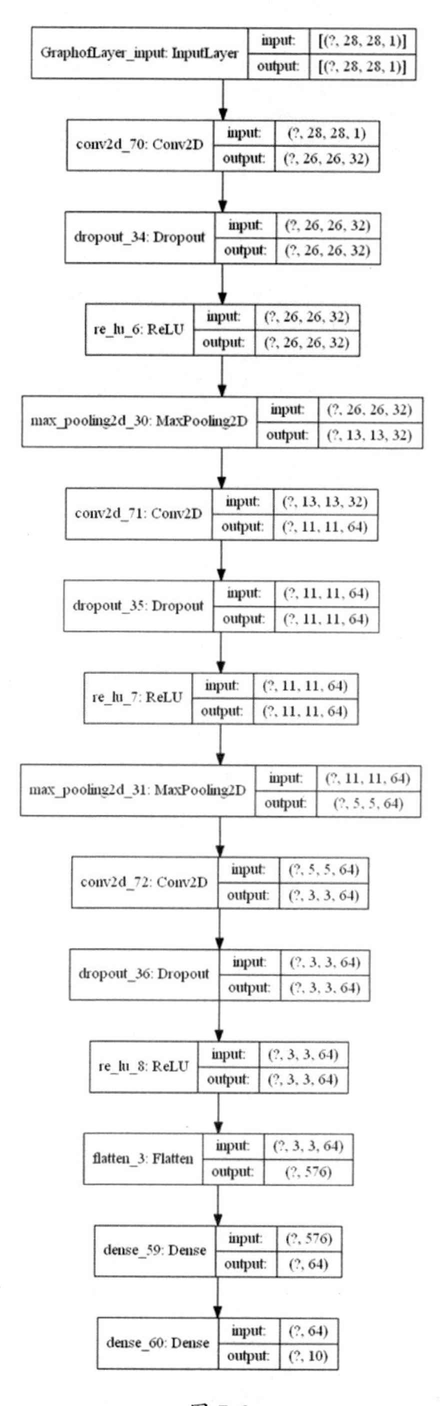
GraphofLayer_input: InputLayer
input: [(?, 28, 28, 1)]
output: [(?, 28, 28, 1)]
conv2d_70: Conv2D
input: (?, 28, 28, 1)
output: (?, 26, 26, 32)
dropout_34: Dropout
input: (?, 26, 26, 32)
output: (?, 26, 26, 32)
re_lu_6: ReLU
input: (?, 26, 26, 32)
output: (?, 26, 26, 32)
max_pooling2d_30: MaxPooling2D
input: (?, 26, 26, 32)
output: (?, 13, 13, 32)
conv2d_71: Conv2D
input: (?, 13, 13, 32)
output: (?, 11, 11, 64)
dropout_35: Dropout
input: (?, 11, 11, 64)
output: (?, 11, 11, 64)
re_lu_7: ReLU
input: (?, 11, 11, 64)
output: (?, 11, 11, 64)
max_pooling2d_31: MaxPooling2D
input: (?, 11, 11, 64)
output: (?, 5, 5, 64)
conv2d_72: Conv2D
input: (?, 5, 5, 64)
output: (?, 3, 3, 64)
dropout_36: Dropout
input: (?, 3, 3, 64)
output: (?, 3, 3, 64)
re_lu_8: ReLU
input: (?, 3, 3, 64)
output: (?, 3, 3, 64)
flatten_3: Flatten
input: (?, 3, 3, 64)
output: (?, 576)
dense_59: Dense
input: (?, 576)
output: (?, 64)
dense_60: Dense
input: (?, 64)
output: (?, 10)

图 7-6

模型重构完成后，我们可以完全复用前面给出的数据准备与预处理、模型编译、模型训练、模型评估的代码，示例如下。

```
from tensorflow.keras import Input,layers,utils,Model,datasets

# 1、数据准备：加载数据
print('load MNIST...')
(train_images,train_labels),(test_images,test_labels) =
datasets.mnist.load_data()
# 数据预处理：将数据缩放到[-1,1]或[0,1]之间
train_images = train_images.reshape((60000,28,28,1))  # 神经网络需要的张量形状
train_images = train_images.astype('float32') / 255   # 将数据缩放到[0,1]之间
test_images = test_images.reshape((10000,28,28,1))    # 神经网络需要的张量形状
test_images = test_images.astype('float32') / 255     # 将数据缩放到[0,1]之间
# 对分类标签进行编码
train_labels = utils.to_categorical(train_labels)
test_labels = utils.to_categorical(test_labels)
# 3、指定神经网络的优化器、损失函数、度量指标
classifierModel.compile(optimizer='rmsprop',loss='categorical_crossentropy',
                        metrics=['accuracy'])
# 4、训练模型
classifierModel.fit(train_images,train_labels,epochs=10,batch_size=128,
                    validation_split=0.1)

# 5、评估模型：在测试数据上评估模型
classifierModel.evaluate(test_images,test_labels)
```

训练完成后，模型性能的评估结果为：loss，0.0574；accuracy，0.9922。基本上与使用 Sequential 方法构建的模型性能相当。

在构建神经网络模型的过程中，特别是成百上千层的深度学习模型，利用函数式 API 方法可以很容易地实现层、层图的复用，这极大地方便了模型的开发。当然，也可以实现模型共享。

7.1.2 如何实现模型共享

在本节中，我们将基于 7.1.1 节的例子详细介绍如何实现模型共享。

在 7.1.1 节中，我们基于层图构建了 3 个网络模型，这 3 个模型共享了部分层图。为了实现模型共享，共享的模型将不再使用公共层图（每个模型都相对独立）。在这里，我们同样构建 3 个模型：model_1、model_2、classifierModel。其中，classifierModel 使用前两个模

型 model_1、model_2 的训练结果。

构建第一个模型，即 model_1，示例如下。

```
# 构建 model_1
model_1_input = Input(shape=(28,28,1), name="model_1_input")
x = layers.Conv2D(32,(3,3),strides=(1,1))(model_1_input)
x = layers.Dropout(rate=0.5)(x)
x = layers.ReLU()(x)
model_1_output = layers.MaxPooling2D(2,2)(x)
model_1 = Model(model_1_input, model_1_output, name="model_1")
model_1.summary()
# 输出模型图
utils.plot_model(model_1,'model_1.png',show_shapes=True)
```

构建第二个模型，即 model_2，示例如下。

```
# 构建 model_2
model_2_input = Input(shape=(13,13,32),name='model_2_input')
y = layers.Conv2D(64,(3,3))(model_2_input)
y = layers.Dropout(rate=0.5)(y)
y = layers.ReLU()(y)
y = layers.MaxPooling2D(2,2)(y)
y = layers.Conv2D(64,(3,3))(y)
y = layers.Dropout(rate=0.5)(y)
model_2_output = layers.ReLU()(y)
model_2 = Model(model_2_input,model_2_output,name="model_2")
model_2.summary()
# 输出模型图
utils.plot_model(model_2,'model_2.png',show_shapes=True)
```

使用 model_1、model_2，示例如下。

```
# 使用模型
classifier_input = Input(shape=(28,28,1), name="classifier_input")
classifier_1_model_output = model_1(classifier_input)
classifier_2_model_output = model_2(classifier_1_model_output)
```

使用全连接网络构建一个分类器，示例如下。

```
# 构建一个全连接网络的分类器：10 分类
classifier = layers.Flatten()(classifier_2_model_output)
classifier = layers.Dense(64,activation='relu')(classifier)
classifier = layers.Dense(10,activation='softmax')(classifier)
```

构建分类器模型，示例如下。

```
# 构建分类器模型：classifierModel
classifierModel = Model(classifier_input, classifier, name="classifierModel")
classifierModel.summary()
# 输出模型图
utils.plot_model(classifierModel,'classifierModel.png',show_shapes=True)
```

这样，我们就完成了 model_1、model_2、classifierModel 模型的构建。如图 7-7 所示，classifierModel 复用了 model_1、model_2 两个模型，它作为最终的神经网络模型用于 MNIST 数据集的训练。

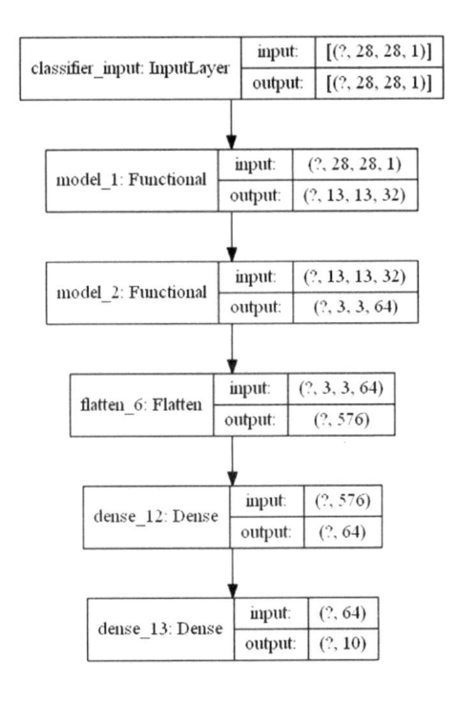

图 7-7

同样，我们可以复用前面加载 MNIST 数据集及数据预处理的代码，示例如下。

```
from tensorflow.keras import Input,layers,utils,Model,datasets
# 1、数据准备：加载数据
print('load MNIST...')
(train_images,train_labels),(test_images,test_labels) =
datasets.mnist.load_data()
# 数据预处理：将数据缩放到[-1,1]或[0,1]之间
train_images = train_images.reshape((60000,28,28,1))  # 神经网络需要的张量形状
train_images = train_images.astype('float32') / 255   # 将数据缩放到[0,1]之间
```

```
test_images = test_images.reshape((10000,28,28,1))      # 神经网络需要的张量形状
test_images = test_images.astype('float32') / 255       # 将数据缩放到[0,1]之间
# 对分类标签进行编码
train_labels = utils.to_categorical(train_labels)
test_labels = utils.to_categorical(test_labels)
```

复用模型编译、训练、评估代码，示例如下。

```
# 指定神经网络的优化器、损失函数、度量指标
classifierModel.compile(optimizer='rmsprop',loss='categorical_crossentropy',
                        metrics=['accuracy'])
# 训练模型
classifierModel.fit( train_images,train_labels,
                     epochs=10, batch_size=128, validation_split=0.1)
# 评估模型：在测试数据上评估模型
classifierModel.evaluate(test_images,test_labels)
```

现在，就可以利用 MNIST 数据集对 classifierModel 进行模型的训练与评估了。评估结果为：loss，0.0461；accuracy，0.9927。

7.1.3　如何实现模型组装与嵌套

我们仍以 MNIST 数据集手写数字识别问题为例，详细介绍如何使用函数式 API 方法将一组模型集成（或者说，嵌套成一个单独的模型），在神经网络内部实现多个模型同时训练，将综合训练结果作为模型的能力的过程，示例如下。

```
# 导入需要的资源
from tensorflow.keras import
Input,Model,layers,utils,datasets,optimizers,losses,metrics

# 1、数据准备：下载 MNIST 数据集，并构建训练集与测试集
print('load MNIST...')
(train_images_datasets,train_labels_datasets),(test_images_datasets,
                    test_labels_datesets) = datasets.mnist.load_data()
# 数据预处理：对数据进行预处理，将数据转换成符合神经网络要求的形状
# 训练集
train_images = train_images_datasets.reshape((60000, 28 * 28))
train_images = train_images.astype('float32') / 255
# 测试集
test_images = test_images_datasets.reshape((10000, 28 * 28))
test_images = test_images.astype('float32') / 255
# 对分类进行编码
train_labels = utils.to_categorical(train_labels_datasets)
```

```
test_labels = utils.to_categorical(test_labels_datesets)
# 2、定义模型
# 定义函数：输出张量函数、层函数
input_tensor = Input(shape=(28*28,))
dense = layers.Dense(512,activation='relu')
dropout = layers.Dropout(rate=0.2)
output_layer= layers.Dense(10,activation='softmax')
# 定义模型函数
def get_model():
    net = dense(input_tensor)
    net = dropout(net)
    net = output_layer(net)
    return Model(input_tensor, net)
# 实例化 3 个模型
pred_model_1 = get_model()
pred_model_2 = get_model()
pred_model_3 = get_model()
# 指定 3 个模型的输入张量：同一个输入张量
pred_1_inputs = Input(shape=(28*28,))
pred_result_1 = pred_model_1(pred_1_inputs)
pred_result_2 = pred_model_2(pred_1_inputs)
pred_result_3 = pred_model_3(pred_1_inputs)
# 模型组装与嵌套：将 3 个模型嵌套到一个独立的模型中，并取这 3 个模型预测结果的平均值作为整体预测
结果
outputs = layers.average([pred_result_1, pred_result_2, pred_result_3])
ensemble_model = Model(inputs=pred_1_inputs, outputs=outputs)
# 生成模型概要文件
ensemble_model.summary()
# 输出模型图
utils.plot_model(ensemble_model,'nestedmodel_dense.png',show_shapes=True)
# 3、编译模型：指定模型的优化器、损失函数、评价指标
# 实例化优化器对象
inst_rmsprop = optimizers.RMSprop(lr=0.001,rho=0.9,epsilon=None,decay=0.0)
# 使用评价函数实例化对象
ensemble_model.compile(optimizer=inst_rmsprop,
                    loss=losses.categorical_crossentropy,
                    metrics=[metrics.categorical_accuracy])
ensemble_model.fit( train_images,train_labels,
                epochs = 10,batch_size = 128, validation_split=0.1)
# 4、模型测试：评估网络模型的性能
test_loss,test_acc = ensemble_model.evaluate(test_images,test_labels)
```

通过 utils.plot_model 方法输出的模型图，如图 7-8 所示。可以看出，ensemble_model 模型是一个单输入单输出模型，其内部嵌套了 3 个子模型，共用一个输入，并将 3 个模型训练

结果的平均值作为 ensemble_model 模型的输出。

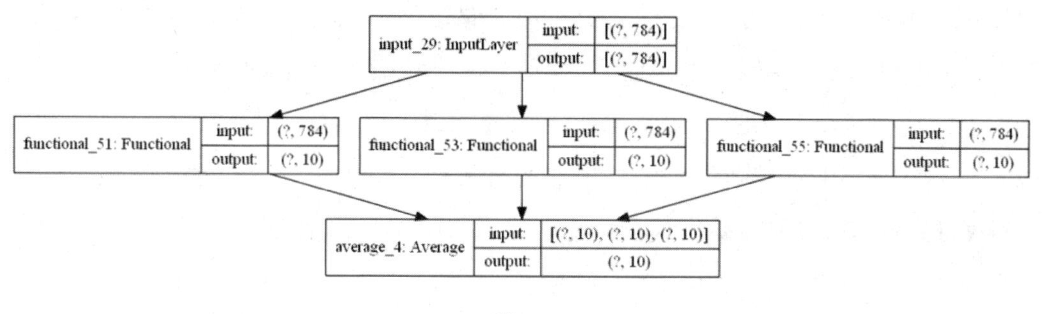

图 7-8

本例定义了一个 get_model 方法用于构建子模型，因此，组装在一起的 3 个子模型有相同的拓扑结构，示例如下。

```
def get_model():
    net = dense(input_tensor)
    net = dropout(net)
    net = output_layer(net)
    return Model(input_tensor, net)
```

各个子模型通过 get_model 方法进行模型实例化，独自训练后，取平均值作为模型的输出。layers.average 是一种合并（Merge）多个结果的方式。在 Layers API 的 Merging Layers 中定义了多种方式，具体包括 Concatenate、Average、Maximum、Minimum、Add、Subtract、Multiply、Dot，可以在对多个结果进行取最大值、取最小值、特征相加、特征拼接、特征相减等张量运算后，输出一个结果张量。

7.1.4　如何实现多输入多输出模型

除了实现层、层图、模型共享、模型嵌套（Nested Model），利用函数式 API 方法还可以方便地构建多输入多输出模型。在实际的工程应用中，多输入多输出模型也是一种常见的网络结构，例如通过综合多个指标获得一个或多个预测结果、通过神经网络预测一个信息中的多个指标等，都会用到比较复杂的多输入或（和）多输出模型。本节将介绍通过函数式 API 方法构建此类模型的过程。

示例模型的任务是对刚毕业的学生可能最适合的就业岗位进行预测。训练数据包括两个指标，分别是毕业生的学历（Educational Background）、HR 对毕业生的面谈记录（Interview Record）；需要预测两个内容，分别是毕业生可能最适合的就业岗位（Job）与毕业生对该预测岗位的满意度（Satisfaction）。毕业生的学历是一个由数字代码组成的列表（数据字典）；HR 对毕业生的面谈记录是一个长文本数据（长文本序列）；就业岗位是一个由数字代码组成的列表（数据字典）；毕业生对该预测岗位的满意度是一个布尔型的值（满意与不满意）。

我们将整个过程分为 3 步。

第一步，构建多输入多输出模型，示例如下。

```
# 构建多输入多输出模型
# 定义张量
edu_bg_no = 10              # 假设毕业生的学历数：10
job_no = 5                  # 预测毕业生可能胜任的就业岗位数：5
words_num = 10000           # 预处理文本数据时获得的词汇量：10000

ini_input = Input(shape=(None,),name='predict')
interview_record_input = Input(shape=(None,),name='interview_record')
edu_bg_no_input = Input(shape=(edu_bg_no,),name='edu_bg_no')

# 256 维的词向量
ini_features = layers.Embedding(words_num,256)(ini_input)
interview_record_features =
layers.Embedding(words_num,256)(interview_record_input)

# 将 ini_features 转换成 256 维的向量，使用 LSTM 网络进行训练
ini_features = layers.LSTM(256)(ini_features)
# 将 interview_record_features 转换成 128 维的向量，使用 GRU 进行训练
interview_record_features = layers.GRU(128)(interview_record_features)

# 通过拼接的方式将 3 个特征向量合并
x = layers.concatenate([ini_features,interview_record_features,
                        edu_bg_no_input])

# 满意度预测分类器：二分类器
pred_Satisfaction = layers.Dense(1,name='Satisfaction')(x)
# 可能最适合的就业岗位分类器：多分类器
pred_Job = layers.Dense(job_no,name='Jobs')(x)

# 构建预测模型
model = Model(
       inputs=[ini_input,interview_record_input,edu_bg_no_input],
       outputs=[pred_Satisfaction,pred_Job])
```

```
# 输出模型概要信息
model.summary()
# 输出模型图
utils.plot_model(model,'MultInputAndOutput.png',show_shapes=True)
```

输出的模型图，如图 7-9 所示。

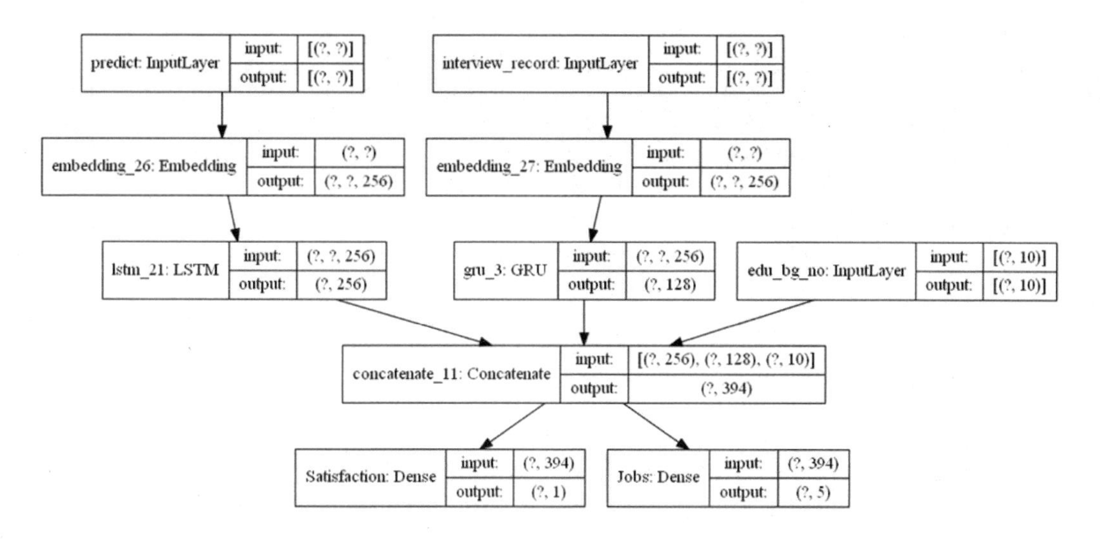

图 7-9

第二步，编译模型，示例如下。

```
# 编译模型
model.compile(optimizer=optimizers.RMSprop(1e-3),
              loss={
                    'Satisfaction':losses.BinaryCrossentropy(from_logits=True),
                    'Jobs':losses.CategoricalCrossentropy(from_logits=True),
                      },
              loss_weights=[1.0,0.2],
              metrics=['acc']
              )
```

在进行模型编译时，可以为每一个预测值分配不同的损失函数与损失权重，示例如下。有两种方式，一种是本例使用的输出层名（本例中分类器的名字）的方式，另一种是按照构建模型时输出的顺序的方式。

```
model.compile(optimid=optimizers.RMSprop(1e-3),
              loss={
```

```
                losses.BinaryCrossentropy(from_logits=True),
                losses.CategoricalCrossentropy(from_logits=True),
                  },
            loss_weights=[1.0,0.2],
            metrics=['acc']
            )
```

第三步，训练模型，示例如下。

```
# 训练模型
# 构建模拟数据集：如果有真实的已标注数据，则替换此部分
# 可以通过preprocessing.image_dataset_from_directory方法构训练集、验证集、测试集
predict_data = np.random.randint(words_num,size=(1280,10))
interview_record_data = np.random.randint(words_num,size=(1280,100))
edu_no_data = np.random.randint(2,size=(1280,edu_bg_no)).astype('float32')

# 构建模拟目标数据
pred_Satisfaction_data = np.random.random(size=(1280,1))
pred_Job_data = np.random.randint(2,size=(1280,job_no))

# 训练模型
history = model.fit( { 'predict':predict_data,
                 'interview_record':interview_record_data,
                 'edu_bg_no':edu_no_data },
                { 'Satisfaction':pred_Satisfaction_data,
                 'Jobs':pred_Job_data },
                epochs=5, batch_size=32, validation_split=0.2)
```

在使用 fit 方法调用多个数据集时，除了上面使用一组字典的方法，还可以通过列表方法实现，代码如下。

```
history = model.fit( [predict_data,interview_record_data,edu_no_data],
                [pred_Satisfaction_data,pred_Job_data],
                epochs=5, batch_size=32, validation_split=0.2)
```

这个模型的性能不太理想，如果要实际应用，还需要增大数据集、对模型进行调优。

本节的主要目的是向读者介绍构建多输入多输出模型的方法，在示例中使用了两个不同的网络 LSTM、GRU，它们都是循环神经网络，且 GRU 是 LSTM 门控机制的优化版本。我们也可以使用不同类型的网络，例如将一维卷积网络（Conv1D）与循环神经网络（LSTM，或者 GRU，或者双向 LSTM、GRU）混合在一起，共同解决问题——在某些问题上可能是不错的选择。

7.2　混合网络模型

我们在第 5 章介绍了如何使用 Conv1D 网络解决 IMDB 数据集的正负评价情感分类问题。基于这个例子的网络设计，模型在第 5 个 epoch 性能达到最优，验证损失为 0.4537，验证精度为 0.8354，与 RNN 相比泛化能力稍逊一筹，还有优化的空间。这为我们提供了一个新思路：可不可以利用卷积神经网络与循环神经网络各自的优势共同解决一些特定的问题？我们可以基于时空（卷积网络针对空间数据，循环网络针对序列数据）的理念来解决问题。本节还是以 IMDB 数据集为例，使用 Conv1D 和 GRU 构建一个混合神经网络模型，解决长序列的学习问题。

基于卷积神经网络的局部相关性与权值共享的特点，可以将长序列转换成经 CNN 初步处理的由高级特征组成的短序列，然后由 RNN 进一步提取序列特征。对于对时间步不敏感的任务，通过 CNN 将长序列数据短序列化是一种高效的处理方式，且 RNN 在处理短序列时可以从数据源头上大大降低短时记忆问题带来的风险。

我们来看一看构建模型的代码，示例如下。

```
# 构建网络模型，使用 Conv1D 与 GRU 构建混合模型
model = models.Sequential()
model.add(layers.Embedding(max_features,128, input_length=maxlen))
model.add(layers.Conv1D(32,7,activation='relu'))
model.add(layers.Dropout(rate=0.5))
model.add(layers.MaxPooling1D(5))
model.add(layers.GRU(32))
model.add(layers.Dropout(rate=0.5))
model.add(layers.Flatten())
model.add(layers.Dense(1))
model.build()
model.summary()
# 输出模型图
utils.plot_model(model,'imdb_conv1d_gru.png',show_shapes=True)
```

本例通过 Sequential 方法，使用 Conv1D 与 GRU 堆叠了一个线性混合神经网络。Conv1D 负责对 IMDB 数据集进行短序列化预处理，将提取到的由高级特征组成的序列送给 GRU 进一步学习，最后使用全连接层构建一个二分类器。网络模型图，如图 7-10 所示。

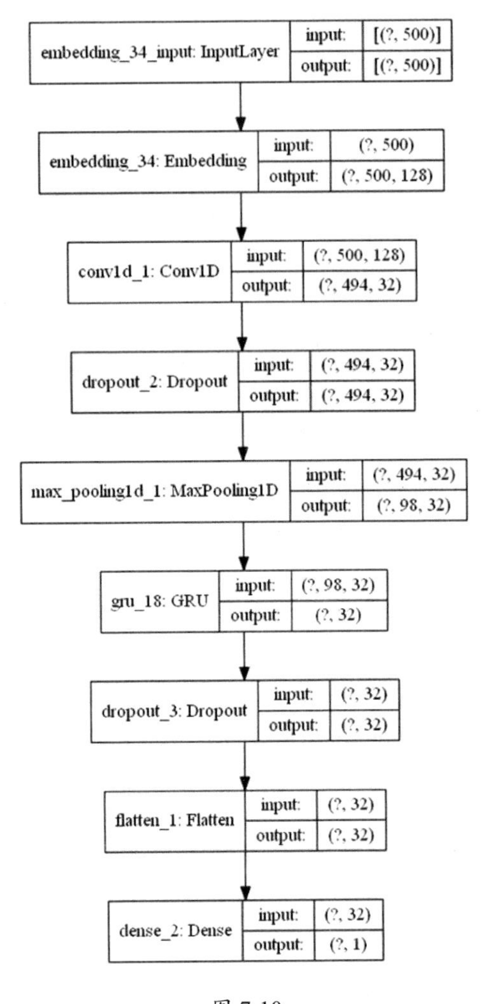

图 7-10

其他部分的代码都可以复用，包括数据加载、数据张量化、模型编译与训练部分。

数据加载与数据张量化，示例如下。

```
# 变量初始化
max_features = 10000        # 作为特征的单词个数
maxlen = 500                # 截掉 500 个单词之后的文本
batch_size = 32             # 训练批次的尺寸
# 加载数据
print('Loading data......')
(x_train,y_train),(x_test,y_test) =
datasets.imdb.load_data(num_words=max_features)
# 数据预处理：数据张量化
```

```
print(len(x_train), 'train sequences')
print(len(x_test), 'test sequences')
print('Pad sequences (samples x time)')
x_train = preprocessing.sequence.pad_sequences(x_train, maxlen=maxlen)
x_test = preprocessing.sequence.pad_sequences(x_test, maxlen=maxlen)
print('input_train shape:', x_train.shape)
print('input_test shape:', x_test.shape)
```

模型编译与训练，示例如下。

```
# 编译模型
model.compile(optimizer='rmsprop', loss='binary_crossentropy', metrics=['acc'])
# 训练模型
history = model.fit(x_train,
y_train,epochs=10,batch_size=128,validation_split=0.2)
```

该混合模型的训练效果比单独使用 Conv1D 好。在第 4 个 epoch，验证损失为 0.3846，验证精度为 0.8638，性能优于 Conv1D 在第 5 个 epoch 的最优结果（验证损失 0.4537，验证精度 0.8354）。与 GRU 相比，该混合模型的验证精度相当，损失指标略差。理论上，该混合模型的效果应该优于 GRU。可能的原因是：示例使用的数据集 IMDB 不太符合长序列的要求，增加了训练的网络层数与不同的网络类型，反而降低了训练的效率和性能（模型的容量增加了，可训练参数量随之增大）。

7.3 基于 Xception 架构实现图片分类任务

本节将基于 Xception 架构实现猫狗图片分类任务。

7.3.1 Xception 架构

Xception①取意于“Extreme Inception”，是 Inception 架构的典型代表。

Inception 是一种图形式的神经网络组件，它第一次出现是在 2014 年的 ILSVRC 中，并获得了图片分类任务的冠军。当时对外宣布的网络名称并不是 Inception，而是 GoogleNet。GoogleNet 是由 Christian Szegedy 及其同事在 2013—2014 年开发的，是一个 22 层的神经网络，参数量只有获得 2012 年 ILSVRC 冠军的 AlexNet 的 1/12，却取得了 TOP5 错误率 6.7%

① 来自论文 *Xception: Deep Learning with Depthwise Separable Convolutions*。

的好成绩。

GoogleNet 的创新点是网络的拓扑结构采用模块化的设计思想，通过大量堆叠 Inception 模块组成复杂的网络结构，既保持了滤波器级的网络稀疏性，又能充分发挥密集矩阵的高计算性能。那么，这种模块是由哪些部分组成的呢？具体如下。

- 1 × 1 Conv2D。
- 1 × 1 Conv2D + 3 × 3 Conv2D。
- 1 × 1 Conv2D + 5 × 5 Conv2D。
- 3 × 3 MaxPooling2D/AveragePooling2D + 1 × 1 Conv2D。

GoogleNet 中的 Inception 模块接收一个输入张量后，由 4 个分支子网络进行卷积运算，然后在通道轴上实现特征合并（有多种合并方式），形成一个输出。一个基础的 Inception 模块结构，如图 7-11 所示。

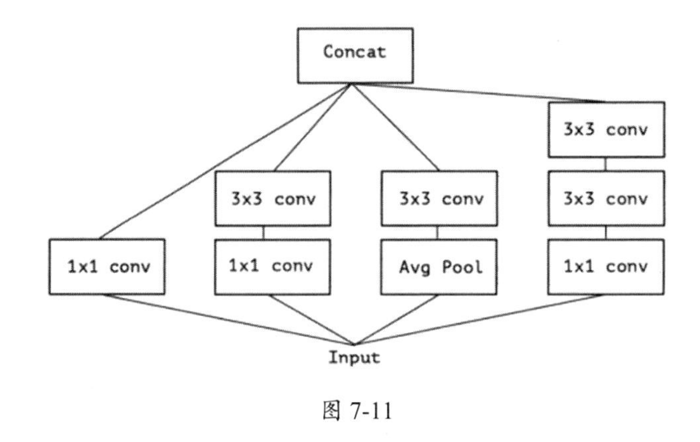

图 7-11

可以看出，基础的 Inception 模块由 4 个 Conv 卷积层接收数据，经过各自的卷积运算，由池化+卷积运算合并结果输出。合并特征的方式有很多种，如 7.1 节所述，有 Concatenate、Average、Maximum、Minimum 等。1 × 1 卷积也称为逐点卷积（Pointwise Convolution），是 Inception 的特色，其主要作用是区分通道特征学习与空间特征学习。

Xception 把这种思想推发挥到极致，改变了 Inception 的做法，使用可分卷积（Separable Convolution）与逐点卷积将空间特征与通道特征完全分离，比 Inception 的 V3 版本更高效。Xception 模块的组成，如图 7-12 所示。

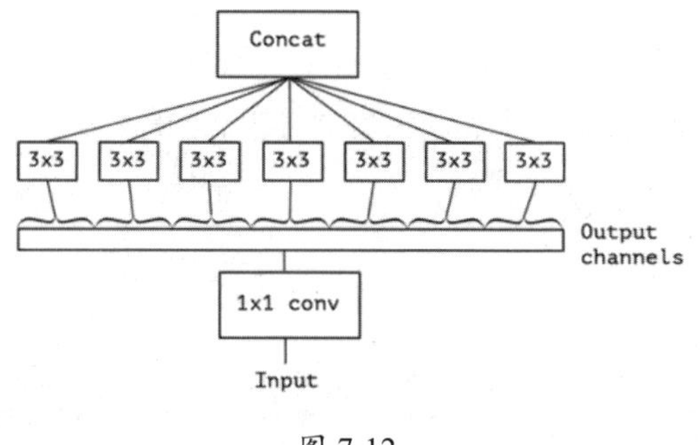

图 7-12

Xception 的架构，如图 7-13 所示。

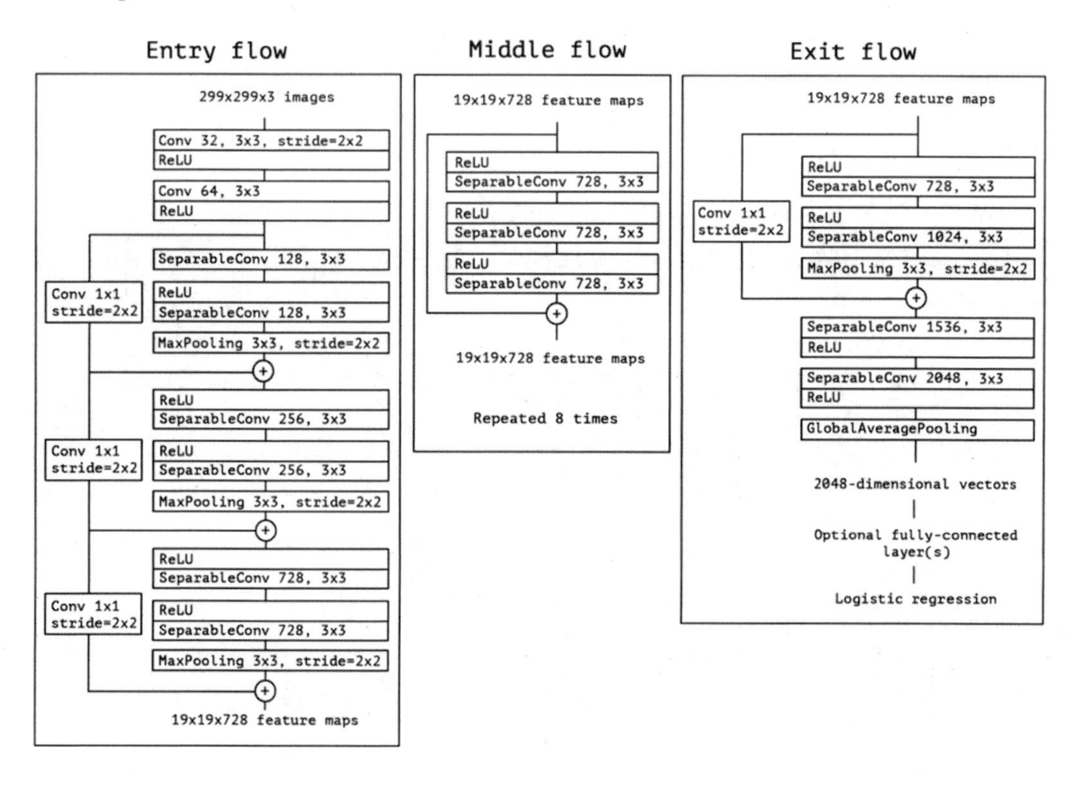

图 7-13

在对 Xception 架构有了基本认识之后，我们再回到猫狗图片分类任务上。

在数据集的使用方面，本例与前面的例子有所不同。前面使用的 MNIST、IMDB 等数据集，都是经过初步预处理后集成在 datasets 下的，通过 load_data 方法下载就可以直接使用，通常已经进行了标注，并划分了训练集与测试集。本例将从头开始实现一个图片分类模型，读者将在此过程中学习到构建训练集、验证集的方法。同时，由于参与训练的猫和狗的图片数量比较少，为了提高模型的泛化能力，还将使用一项能在小数据集上训练出高性能模型的重要技术——数据增强技术。

7.3.2 使用 image_dataset_from_directory 函数构建数据集

在本例中，由于我们要使用 preprocessing 中的 image_dataset_from_directory 函数构建数据集，所以，需要安装 tf-nightly 程序包。方法很简单，进入 Windows 命令行环境，执行如下命令，安装过程如图 7-14 所示。

```
pip install tf-nightly
```

```
C:\WINDOWS\system32\cmd.exe
Microsoft Windows [版本 10.0.18362.900]
(c) 2019 Microsoft Corporation。保留所有权利。

C:\Users\T480S>pip install tf-nightly
Collecting tf-nightly
  Downloading https://files.pythonhosted.org/packages/93/27/d665aa710c0170a49a1b3aadc19975c835cd4df3011013feba839ff88dc0/tf_nightly-2.4.0.dev20200706-cp37-cp37m-win_amd64.whl (265.8MB)
     |████████████████████████████████| 265.8MB 152kB/s
Requirement already satisfied: wheel>=0.26 in c:\users\t480s\anaconda3\lib\site-packages (from tf-nightly) (0.33.6)
Requirement already satisfied: numpy<1.19.0,>=1.16.0 in c:\users\t480s\anaconda3\lib\site-packages (from tf-nightly) (1.16.5)
Collecting astunparse==1.6.3 (from tf-nightly)
  Downloading https://files.pythonhosted.org/packages/2b/03/13dde6512ad7b4557eb792fbcf0c653af6076b81e5941d36ec61f7ce6028/astunparse-1.6.3-py2.py3-none-any.whl
Requirement already satisfied: opt-einsum>=2.3.2 in c:\users\t480s\anaconda3\lib\site-packages (from tf-nightly) (3.1.0)
Collecting tf-estimator-nightly (from tf-nightly)
  Downloading https://files.pythonhosted.org/packages/a0/3c/985ff11fb5b886b7e9acb9781380af7735e0eebf92424ebfb05a1aade546/tf_estimator_nightly-2.4.0.dev2020070601-py2.py3-none-any.whl (459kB)
     |████████████████████████████████| 460kB ...
Requirement already satisfied: six>=1.12.0 in c:\users\t480s\anaconda3\lib\site-packages (from tf-nightly) (1.12.0)
Requirement already satisfied: grpcio>=1.8.6 in c:\users\t480s\anaconda3\lib\site-packages (from tf-nightly) (1.25.0)

Collecting gast==0.3.3 (from tf-nightly)
  Downloading https://files.pythonhosted.org/packages/d6/84/759f5dd23fec8ba71952d97bcc7e2c9d7d63bdc582421f3cd4be845f0c98/gast-0.3.3-py2.py3-none-any.whl
Collecting scipy==1.4.1 (from tf-nightly)
  Downloading https://files.pythonhosted.org/packages/61/51/046cbc61c7607e5ecead6ff1a9453fba5e7e47a5ea8d608cc7036586a5ef/scipy-1.4.1-cp37-cp37m-win_amd64.whl (30.9MB)
     |████████████████████████████████| 30.9MB 726kB/s
```

图 7-14

tf-nightly 安装完成后，还有一项准备工作，就是将猫和狗的图片数据下载到本地。在本例中，我们使用的是 Kaggle Cats vs Dogs 数据集[①]。

① 下载地址：链接 7-2。

下载完成后，将其解压到与本例代码相同的目录下。如图 7-15 所示，在 PetImages 目录下有 Cat 和 Dog 两个目录，分别存储了猫和狗的图片数据。

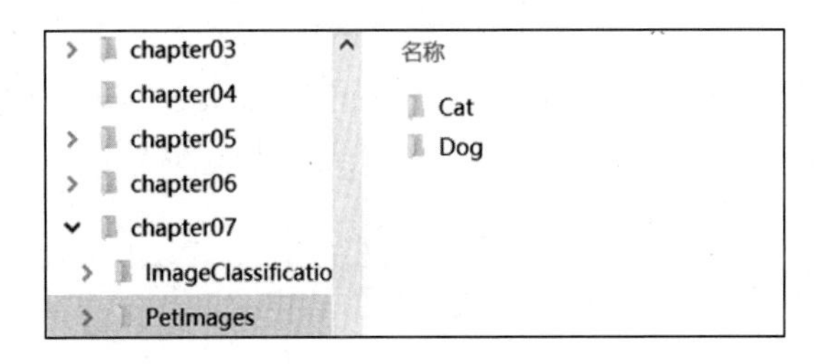

图 7-15

一切准备就绪后，我们开始基于 Xceptoin 架构构建猫狗图片分类模型之旅。

首先，导入本例中需要使用的资源库，示例如下。

```
import os
import tensorflow as tf
import matplotlib.pyplot as plt
from tensorflow import keras
from tensorflow.keras import layers,preprocessing,utils
```

第二步，进行数据质检。数据质检是在构建用于训练的神经网络模型的数据集之前必须要进行的重要步骤，检查内容一般包括数据的存储格式、数据是否有损坏、是否存在数据污染等。可以人工检查，也可以使用 AI 来检查（对视频、图片、语音等数据，有专门的 AI 检查技术与方法）。本例已经对 Kaggle Cats vs Dogs 数据集中被损坏的图片标注了“JFIF”。下面的代码用于删除带有“JFIF”标注的文件，以保证数据集的有效性与可用性。

```
# 数据准备
# 图片质检：过滤被损坏的图片
num_skipped = 0
for folder_name in ("Cat", "Dog"):
    folder_path = os.path.join("PetImages", folder_name)
    for fname in os.listdir(folder_path):
        fpath = os.path.join(folder_path, fname)
        try:
            fobj = open(fpath, "rb")
            is_jfif = tf.compat.as_bytes("JFIF") in fobj.peek(10)
        finally:
            fobj.close()
        if not is_jfif:
```

```
            num_skipped += 1
            # 删除被损坏的图片
            os.remove(fpath)
print("Deleted %d images" % num_skipped)
```

接下来，我们使用 preprocessing.image_dataset_from_directory 函数读取图片数据，并生成数据集。该函数支持 JPEG、PNG、BMP、GIF 等图片格式（对动画图片，取第 1 帧），示例如下。

```
# 生成数据集
image_size = (180, 180)
batch_size = 32
# 训练集
train_ds = preprocessing.image_dataset_from_directory(
            "PetImages",
            validation_split=0.2,
            subset="training",
            seed=1337,
            image_size=image_size,
            batch_size=batch_size,
)
# 验证集
val_ds = preprocessing.image_dataset_from_directory(
            "PetImages",
            validation_split=0.2,
            subset="validation",
            seed=1337,
            image_size=image_size,
            batch_size=batch_size,
)
```

在本例中，image_dataset_from_directory 函数的工作是将指定目录下的两个文件夹里的图片合并在一起，随机生成两个数据集 train_ds 与 val_ds，同时生成相应的标签。我们详细解读一下 image_dataset_from_directory 函数及各个参数，示例如下。

```
preprocessing.image_dataset_from_directory(
                directory,
                labels="inferred",
                label_mode="int",
                class_names=None,
                color_mode="rgb",
                batch_size=32,
                image_size=(256, 256),
```

```
        shuffle=True,
        seed=None,
        validation_split=None,
        subset=None,
        interpolation="bilinear",
        follow_links=False,
    )
```

该函数的作用，是将图片文件生成 tf.data.Dataset 类型的数据集。当参数 labels 的值为 inferred 时，一个主目录（main_directory）下将有两个子目录（subdirectory），这两个子目录下存放着 JPEG、PNG、BMP、GIF 等格式的图片文件。例如，在本例中，PetImages 目录下有两个目录 Cat、Dog，分别存放着 JPG 格式的猫和狗的图片。经过 image_dataset_from_directory 函数的运算，随机从两个子目录中生成用于训练与测试的批量图片（Batchs of Images），同时为两个子目录下的图片样本打上 0 或 1 的标签：0 对应于第一个子目录样本；1 对应于第二个子目录样本。各参数的含义如下。

- directory：指定数据存放的目录。如前所述，当参数 labels 的值为 inferred 时，要求目录结构由一个主目录和两个子目录组成，每个子目录下存放相关的图片数据。这时，参数 directory 指向主目录；否则，忽略该目录结构。
- labels：值为 inferred，或者一个整数列表，或者一个整数元组。当该参数的值为 inferred 时，样本的标签通过目录结构生成。否则，判断 directory 下图片文件的尺寸是否相同并将其作为标签值，以字母顺序作为标签的排序规则。
- label_mode：有如下几个值。

  ✧int：说明标签被编码为整数值。

  ✧categorical：说明标签被编码为分类向量（Categorical Vector）。

  ✧binary：说明标签被编码为 0 或 1 的标量，仅有两个值，数据类型为 float32。

  ✧None：没有标签。
- class_names：仅在参数 labels 的值为 inferred 时有效，明确列出与子目录名称匹配的类别名称，用来控制类别的顺序；否则，使用字母与数字的顺序排序。
- color_mode：grayscale、rgb、rgba 中的一个，默认为 rgb，说明在生成 tf.data.Dataset 的过程中是否将图片的通道数转换为 1（grayscale）、3（rgb）、4（rgba，代表 Red、

Green、Blue 和 Alpha 的色彩空间）通道。

- batch_size：说明每批数据的尺寸，默认为 32。
- image_size：说明从磁盘目录读取图片之后缩放（Resize）原图片尺寸的大小，默认为 (256,256)。这个参数必须提供，因为神经网络在处理图片时要求所有样本大小相同。
- shuffle：布尔值，说明是否打乱数据，默认为 True。这个参数也非常重要，它的目的是保证数据分布的随机性和均匀性。如果为 False，则按字母顺序排序。
- seed：说明数据打乱或变换时的随机种子数。
- validation_split：这个参数经常用到，为 0 ~ 1 的浮点数，表示训练集中预留作为验证样本的比例。
- subset：该参数的值为 training 或 validation，只有当 validation_split 被设置时使用。默认为 None。本例中使用了这个参数。
- interpolation：字符串，在缩放原始图片尺寸时使用，默认为 bilinear，支持 bilinear、nearest、bicubic、area、lanczos3、lanczos5、gaussian、mitchellcubic。
- follow_links：布尔值，说明指向子目录的符号链接是否可以访问，默认为 False。

image_dataset_from_directory 函数返回一个 tf.data.Dataset 对象。当参数 label_mode 的值为 None 时，读取文件夹下的图片，生成一个形状为 (batch_size, image_size[0], image_size[1], num_channels) 的 4D 张量；否则，生成一个包含图片和相应标签的元组，图片张量格式为 (batch_size, image_size[0], image_size[1], num_channels)，标签的生成规则如下。

- 如果参数 label_mode 的值为 int，那么图片标签是一个数据类型为 int32、形状为 (batch_size,) 的 1D 向量张量。
- 如果参数 label_mode 的值为 binary，那么图片标签是一个取值为 0 或 1、数据类型为 float32、形状为 (batch_size,1) 的 2D 张量。
- 如果参数 label_mode 的值为 categorical，那么图片标签是数据类型为 float32、形状为 (batch_size, num_classes) 的 2D 张量。它表示的是图片类别索引的 one-hot 编码。

数据集中图片通道数的生成规则由参数 color_mode 的取值决定。当该参数的值为 grayscale 时，表示灰度图片，通道数是 1；当该参数的值为 rgb 时，通道数是 3；当该参数的值为 rgba 时，通道数是 4。

我们使用 matplotlib.pyplot 工具，看一看输出结果，示例如下。

```
# 查看训练集
plt.figure(figsize=(10, 10))
for images, labels in train_ds.take(1):
    for i in range(9):
        ax = plt.subplot(3, 3, i + 1)
        plt.imshow(images[i].numpy().astype("uint8"))
        plt.title(int(labels[i]))
        plt.axis("off")
```

读取训练集 train_ds 里的前 9 张图片，通过 matplotlib.pyplot 方法打印并显示，0 是标记为“猫”的图片，1 是标记为“狗”的图片，如图 7-16 所示。

图 7-16

7.3.3 数据增强技术

通过 IPython 控制台的输出日志可知，参与模型训练的猫和狗的图片总数为 23422 张，用于训练的有 18738 张，用于验证的有 4684 张，这样的分配比例是在使用 image_dataset_from_directory 函数构建数据集时通过定义 validation_split=0.2 确定的。实际上，我们通过

len(train_ds) 方法获得的真正参与训练的样本，只有 586 个批次、每批次 32 张图片——如此规模的数据用于训练模型，实在是太小了，很容易出现过拟合现象。我们可以通过数据增强技术扩大数据的规模，从而利用训练集的规模效应提升模型的性能。

数据增强技术最基本的思想是在不改变原始标签的情况下对数据进行任意变换。图片增强技术包括旋转、水平轴翻转、垂直轴翻转、缩放、平移、裁剪、变换视角、随机擦除、添加高斯噪音。也可以使用条件生成对抗网络（CGAN）来生成图片。对于这些技术和方法，TensorFlow、Keras 等框架都提供了相关的函数，可以很方便地实现。

在本例中，使用随机水平旋转与随机旋转两种方式实现数据增强，示例如下。

```
# 构建数据增强器
data_augmentation = keras.Sequential(
    [
        layers.experimental.preprocessing.RandomFlip("horizontal"),
        layers.experimental.preprocessing.RandomRotation(0.1),
    ]
)
# 查看数据增强的结果
plt.figure(figsize=(10, 10))
for images, _ in train_ds.take(1):
    for i in range(9):
        augmented_images = data_augmentation(images)
        ax = plt.subplot(3, 3, i + 1)
        plt.imshow(augmented_images[0].numpy().astype("uint8"))
        plt.axis("off")
```

Keras 的图像预处理与增强层（Image Preprocessing & Augmentation Layers）提供了一系列已经定义好的函数实现图片数据增强，例如 Resizing、Rescaling、CenterCrop、RandomCrop、RandomFlip 、 RandomTranslation 、 RandomRotation 、 RandomZoom 、 RandomHeight 、RandomWidth。RandomFlip 函数可以对指定图片随机进行水平、垂直或者水平—垂直方式的旋转，随机数是由其参数 seed 定义的。该参数接收一个通道在后的 4D 张量，输出的也是通道在后的 4D 张量，如图 7-17 所示。

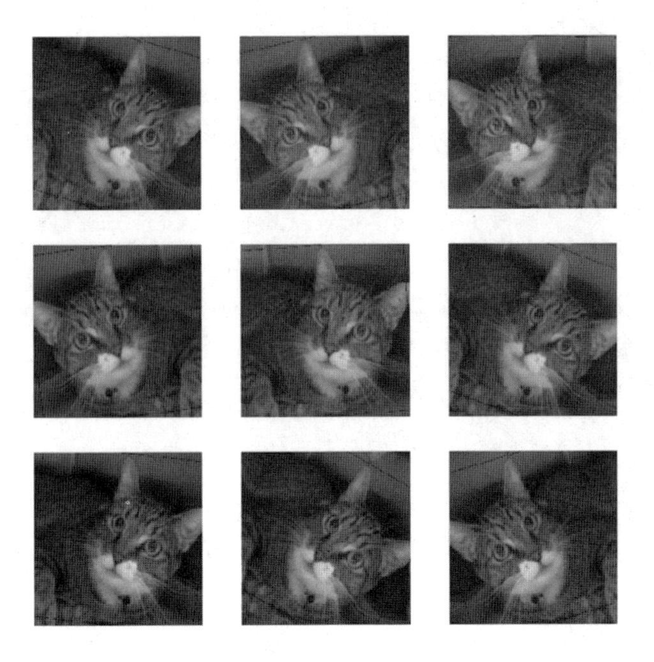

图 7-17

7.3.4　数据增强器的使用

在 7.3.3 节中，我们通过 Sequential 类构建了一个数据增强器 data_augmentation。该数据增强器可以对 train_ds 数据集中的训练样本进行随机水平旋转与随机旋转两种类型的变换，以扩大训练样本的规模。使用数据增强器的方式有以下两种。

- 将数据增强器作为模型的一部分。在这种情况下，只有在使用 fit 方法训练模型时才使用数据增强器，而通过 evaluate 或 predict 方法进行模型评估与预测时，数据增强器处于非激活状态，也就是在模型的测试阶段不使用数据增强器。而在模型训练阶段，数据增强器通过在设备（Device）上运行来扩大训练样本的规模。如果模型是在 GPU 上进行训练的，那么这种方式是一个不错的选择。示例代码如下。

```
# 将数据增强器作为模型的一部分
inputs = keras.Input(shape=input_shape)
x = data_augmentation(inputs)
```

- 将数据增强器直接应用于数据集。如果模型是在 CPU 上训练的，则应优先选择这种方式。因为在使用样本进行模型训练之前，数据增强器就已经按照既定的变换规则生成了相关的数据集并将其保存起来，供训练模型使用。数据增强器的活动与模型训练是异步进行的。示例代码如下。

```
# 在 CPU 上比较好用的方法
augmented_train_ds = train_ds.map(
                        lambda x, y: (data_augmentation(x, training=True), y))
```

下面简单介绍一下匿名函数 lambda。lambda 表达式是 Python 中一类特殊的定义函数的形式，使用它可以定义一个匿名函数。与其他编程语言不同，Python 的 lambda 表达式的函数体只能有单独的一条语句，即返回值表达式语句，它返回用 data_augmentation 增强器基于 train_ds 数据集进行数据增强的结果。增强后图片的数量与原图片的数量相同，示例如下。

```
In[4]: len(train_ds),len(augmented_train_ds)
Out[4]: (586, 586)
```

在本例中，epoch 为 50 次，data_augmentation 将异步随机生成 50 次共 586 批不同的数据增强后的图片。

为了确保在没有 I/O 阻塞的情况下从设备（例如磁盘）生成数据，我们可以预设部分缓存，示例如下。

```
# 为训练集与验证集设置的缓存
train_ds = train_ds.prefetch(buffer_size=32)
val_ds = val_ds.prefetch(buffer_size=32)
```

数据准备就绪，下一步就是构建网络模型了。

7.3.5 二维深度分离卷积层：SeparableConv2D

本节将通过函数式 API 方法构建猫狗分类模型。基于学习的目的，本例只构建一个小型的 Xception 网络。关于数据增强器，本例两种方式都已涵盖（利用 GPU 进行模型训练的代码已被注释掉，读者可以参考）。本例在 CPU 上进行模型训练，运行环境参见第 1 章。模型构建部分的完整代码如下所示。

```
# 构建模型
def make_model(input_shape, num_classes):
    inputs = keras.Input(shape=input_shape)

    '''
```

```
# 将数据增强器作为模型的一部分
x = data_augmentation(inputs)
x = layers.experimental.preprocessing.Rescaling(1.0 / 255)(x)
'''

x = layers.Conv2D(32, 3, strides=2, padding="same")(inputs)
x = layers.BatchNormalization()(x)
x = layers.Activation("relu")(x)

x = layers.Conv2D(64, 3, padding="same")(x)
x = layers.BatchNormalization()(x)
x = layers.Activation("relu")(x)

previous_block_activation = x

for size in [128, 256, 512, 728]:
    x = layers.Activation("relu")(x)
    x = layers.SeparableConv2D(size, 3, padding="same")(x)
    x = layers.BatchNormalization()(x)

    x = layers.Activation("relu")(x)
    x = layers.SeparableConv2D(size, 3, padding="same")(x)
    x = layers.BatchNormalization()(x)

    x = layers.MaxPooling2D(3, strides=2, padding="same")(x)

    residual = layers.Conv2D(size, 1, strides=2, padding="same")(
        previous_block_activation
    )
    x = layers.add([x, residual])
    previous_block_activation = x

x = layers.SeparableConv2D(1024, 3, padding="same")(x)
x = layers.BatchNormalization()(x)
x = layers.Activation("relu")(x)

x = layers.GlobalAveragePooling2D()(x)
if num_classes == 2:
    activation = "sigmoid"
    units = 1
else:
    activation = "softmax"
    units = num_classes

x = layers.Dropout(0.5)(x)
```

```
    outputs = layers.Dense(units, activation=activation)(x)
    return keras.Model(inputs, outputs)

model = make_model(input_shape=image_size + (3,), num_classes=2)
model.summary()
# 输出模型图
utils.plot_model(model,'ImageClassification_Dogs_Cats_model.png',
                 show_shapes=True,show_dtype=True)
```

由于输出的模型图比较大，所以就不在书中展示了，读者可以在程序执行完成后，找到当前目录下的 ImageClassification_Dogs_Cats_model.png 文件，通过图片查看工具了解模型的细节。

下面讨论一下模型网络结构中在前面的章节没有出现过的两种层——SeparableConv2D 层与 BatchNormalization 层。

SeparableConv2D 层是深度可分离二维卷积网络层，用于实现深度分离卷积过程。这里的“分离”可以理解为 SeparableConv2D 层将卷积运算过程拆分为以下两个步骤。

- 第一步，可分卷积运算：沿每个输入通道的深度进行空间卷积运算，也就是学习图片的空间特征。
- 第二步，逐点卷积运算：混合输出通道的逐点运算，也就是学习图片的通道特征。

在第一步中，可分卷积运算的输出通道数是由 SeparableConv2D 层的 depth_multiplier 参数指定的。该参数说明，在可分卷积运算过程中，每一个输入通道将产生多少个输出通道。SeparableConv2D 层接收一个 4D 张量，经过两步卷积运算，输出一个通道位置与输入位置相同的 4D 张量，通道位置由参数 data_format 指定。二维深度分离卷积网络的参数及其含义，与 Conv2D 层的基本相同，只是多出了几个个性化的参数，示例如下。

```
layers.SeparableConv2D(
                    ...
                    depth_multiplier=1,
                    depthwise_initializer="glorot_uniform",
                    pointwise_initializer="glorot_uniform",
                    depthwise_regularizer=None,
                    pointwise_regularizer=None,
                    depthwise_constraint=None,
                    pointwise_constraint=None,
                    ...
                 )
```

- depth_multiplier：说明每个输入通道的深度卷积的输出通道数。深度卷积的输出通道的总数等于该卷积层输出空间的维度数与 depth_multiplier 的积。该参数默认值为 1。
- depthwise_initializer：说明深度卷积核矩阵使用哪种初始化器。
- pointwise_initializer：说明逐点卷积运算的卷积核矩阵使用哪种初始化器。
- depthwise_regularizer：说明深度卷积核矩阵使用哪种正则函数。
- pointwise_regularizer：说明逐点卷积运算的卷积核矩阵使用哪种正则函数。
- depthwise_constraint：说明深度卷积核矩阵使用哪种约束函数。
- pointwise_constraint：说明逐点卷积运算的卷积核矩阵使用哪种约束函数。

可以直观地理解：SeparableConv2D 层将一个大的卷积核分解成两个小的卷积核，与 Conv2D 层相比，构建的模型更加轻量、训练速度更快，特别适合数据样本有限且需要从头开始训练的小型神经网络模型使用。

我们回顾一下 Xception 的核心思想。Xception 使用可分卷积与逐点卷积将空间特征与通道特征完全分离，实现了特征提取，本例正是这种思想的体现。需要说明的是，深度卷积层 DepthwiseConv2D 与 SeparableConv2D 层不同，DepthwiseConv2D 层只实现可分卷积运算。

7.3.6　数据标准化前置与中置

下面我们详细了解一下 BatchNormalization 层①。该层与 Dropout 层的作用一样，也是为了解决 CNN 的拟合问题而设计的。

我们知道，随着神经网络层数的增加，CNN 的训练会越来越不稳定，模型对模型参数的微调也会越来越敏感，这是一种典型的过拟合现象。Dropout 层从降低模型的参数量入手解决拟合问题。BatchNormalization 层则从训练数据着手解决拟合问题，它基于这样一个先验知识：训练样本的分布越接近且分布在越小的范围内，训练时看到的样本就越相似，也就越有利于梯度传播和优化器优化。BatchNormalization 层是通过对训练样本进行批标准化（Batch Normalization）来达到上述目的的。与 Dropout 层类似，BatchNormalization 层通过设置 training 标志位来区分训练模式与测试模式。在训练阶段，training 的值为 True；在测试或推理阶段

---

① 来自论文 *Batch Normalization: Accelerating Deep Network Training by Reducing Internal Covariate Shift*。

冻结该层时，training 的值为 False。

从本例的代码中可以看出，BatchNormalization 层通常和卷积层或全连接层一起使用，且该层在卷积层或全连接层之后，因此，BatchNormalization 层的数据标准化操作在模型的网络内部，即在卷积或全连接运算后进行。

本书前面的许多例子都对样本数据进行了张量化预处理，这本质上是一种数据标准化，其原因在于，神经网络所有的运行操作都是基于张量对象进行的，而且对张量的数据类型、取值范围也有一定的要求，例如必须是 (0,1) 范围内的 float32 数据。这些数据的预处理操作与 BatchNormalization 层不同的是，标准化工作前置在神经网络模型外部，且在模型训练之前进行。BatchNormalization 层在模型训练过程中进行数据标准化。

7.3.7 编译与训练模型

下面我们开始进行模型的编译与训练。

考虑到在 Windows 环境中基于 CPU 进行训练的速度比较慢，为了快速看到训练效果，我们只训练 2 个 epoch，在训练过程中使用回调函数来保存模型。

还记得前面介绍过的回调函数与保存模型的方式吗？本例使用 ModelCheckpoint 回调函数，它的功能是在模型训练过程中以某种频度保存模型或模型的权重，以便后续重新加载该模型，继续进行训练或工程化。在这里，除了指定保存模型的文件名及格式，其他都使用默认值。我们使用 ModelCheckpoint 函数保存每个 epoch 的模型，并将模型的结构和参数都保存在 save_at_{epoch}.h5 文件中。这是一种不需要网络的原始文件就可以恢复网络模型的保存方法（将在第 8 章中使用这个模型），代码如下。

```
# 编译与训练模型
epochs = 2  # 50
callbacks = [
    keras.callbacks.ModelCheckpoint("dog_cat_cls_{epoch}.h5"),
]
model.compile(
    optimizer=keras.optimizers.Adam(1e-3),
    loss="binary_crossentropy",
    metrics=["accuracy"],
)
```

在模型编译部分，损失函数与度量指标都是前面使用过的二分类任务常用的函数与精度指标。但是，优化器不是常用的 RMSProp，而是 Adam。Adam 优化器集成了 RMSProp 优化器的优点，它基于梯度的均值（一阶矩估计，First Moment Estimation）与梯度的未中心化方差（二阶矩估计，Second Moment Estimation）的随机梯度下降算法，与 RMSProp 优化器相比有显著的优势。但是，在预训练模型的微调技术中，使用更多的是 RMSProp 优化器（在后面的章节中，我们会对比讨论 Adam 优化器和 RMSProp 优化器的训练效果）。

在编译时，指定 Adam 优化器的学习率为 0.001。编译完成后，开始训练，在训练时使用数据增强器 augmented_train_ds，示例如下。

```
# 将数据增强应用于数据集，以训练模型
model.fit( augmented_train_ds,
        epochs=epochs,
        callbacks=callbacks,
        validation_data=val_ds,)
```

训练完成后，回调函数 ModelCheckpoint 将在当前文件夹下生成 save_at_1.h5、dog_cat_cls_2.h5 两个模型文件。

在现有环境中①，训练 2 个 epoch 大约花费 2.5 小时，详细日志如下。

```
Epoch 1/2
586/586 [======] - 4358s 7s/step - loss: 0.6420 - accuracy: 0.6455 - val_loss: 0.8354
- val_accuracy: 0.5335
Epoch 2/2
586/586 [======] - 4741s 8s/step - loss: 0.5162 - accuracy: 0.7541 - val_loss: 0.5500
- val_accuracy: 0.7340
```

模型经过 2 个 epoch 的训练，验证损失达到 0.55，验证精度达到 0.734。随着训练轮次的增加，模型的性能会逐渐提升，直到最优，然后出现过拟合。

7.3.8　在新数据上进行推理

下面，我们利用训练了 2 个 epoch 的模型，在新的数据集（可以是测试集，也可以是一张刚刚下载的图片）上进行推理。在这里，使用一张猫的图片（如图 7-18 所示）进行推理，示例如下。

① 第 1 章介绍的环境。

图 7-18

```
# 在新的数据集上进行推理
img = keras.preprocessing.image.load_img(
    "PetImages/Cat/6779.jpg", target_size=image_size
)
img_array = keras.preprocessing.image.img_to_array(img)
img_array = tf.expand_dims(img_array, 0)      # 创建一个批的维度

predictions = model.predict(img_array)
score = predictions[0]
print(
    "This image is %.2f percent cat and %.2f percent dog."
    % (100 * (1 - score), 100 * score)
)
```

结果如下，图片中包含“猫”的百分比是 86.33%。

```
This image is 86.33 percent cat and 13.67 percent dog.
```

本节详细介绍了如何构建自定义数据集，如何使用数据增强技术扩大训练样本规模，如何利用深度分离卷积层构建一个小型的 Xception 架构类型的神经网络模型，以及如何在训练过程中实现数据标准化等，帮助读者对复杂网络模型的构建形成初步的认识。

7.4 残差网络在 CIFAR10 数据集上的实践

本节将使用 CIFAR10 数据集训练一个小型 ResNet 网络，并以此为基础详细介绍残差网络的特点与模型构造方法。

7.4.1 CIFAR10 数据集

CIFAR10[①]数据集是由 60000 张 32 像素 × 32 像素的编码格式为 RGB 的单标签彩色图片

① CIFAR 主页：链接 7-3。

组成的，数据类型为 uint8，取值范围为 0 ~ 255，有 10 个完全互斥的类别，分别是 airplane、automobile、bird、cat、deer、dog、frog、horse、ship、truck，每个类别有 6000 张图片（训练集 50000 张，测试集 10000 张），如图 7-19 所示。

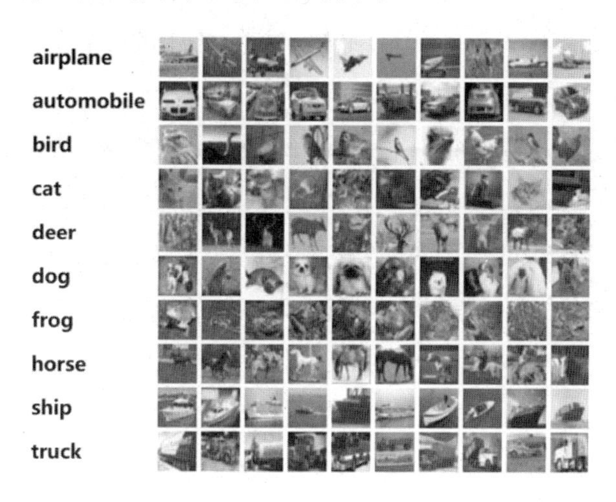

图 7-19

CIFAR10 将数据分为 5 个训练批次和 1 个测试批次。1 个测试批次中的 10000 张图片是从 10 个类别里分别随机抽取 1000 张图片组成的。在 5 个训练批次中，每个批次的 10000 张图片是从剩下的 50000 张图片中随机抽取的，10 个类别可能均匀抽取，也可能非均匀抽取，但所有训练批次共包含 10 个类别各 5000 张图片，每个批次里的图片不重复。

tf.keras.datasets 模块集成了 CIFAR10 数据集。可通过 datasets.cifar10.load_data 方法下载数据，获得训练集与测试集，包括图片与对应的类别标签。其中，图片的张量格式是 (num_samples, 3, 32, 32) 或 (num_samples, 32, 32, 3)，前者 RGB 通道数据在前，后者 RGB 通道数据在后。标签的张量格式是 (num_samples, 1)，标签是 0 ~ 9 的整数，类似于 MNIST 数据集的分类标签。

7.4.2　深度残差网络：ResNet

前面我们介绍了一些提高卷积神经网络模型性能的方法，例如数据增强、正则化、适当减少或增加模型的超参数、随机失活、批标准化，这些方法也适用于全连接网络与循环神经网络。本节将介绍另一种高效的方法——深度残差网络（ResNet）。

神经网络面临三大问题，分别是非凸优化问题、梯度问题与拟合问题。非凸优化问题针对的是神经网络的优化器陷入局部最优解。梯度问题是指在反向传播过程中通过随机梯度下降算法优化神经网络的模型参数与超参数时，得不到正确、有效的更新。拟合问题就是模型在验证、评估、推理过程中表现比较差，不符合预期。这些问题最终都表现在模型的泛化能力上。

Dropout 技术采用减少两个相邻层之间的训练连接数从而降低模型容量的方法来提高模型的泛化能力。BatchNormalization 层在训练过程中对训练数据进行有利于模型学习方向的样本标准化操作，以提高模型的性能。ResNet 则从网络层面解决此类问题。

ResNet[①]进入人工智能领域是在 2015 年。在这一年的 ILSVRC 中，ResNet 在图像分类与目标检测方面不俗的表现引起了同行的关注，从此一发不可收拾，成为计算机视觉领域广泛使用的模型之一。

ResNet 是由微软亚洲研究院的何恺明等 4 人发明的。它第一次真正实现了深层的人工神经网络（深度学习）。它的网络层数从 18 层、34 层、50 层，到 101 层、152 层，再到 1202 层，都具有稳定的性能和可靠的泛化能力。从理论上讲，网络越深，假设空间就越大，模型拟合复杂函数的能力就越强，表达能力就越强，相应的学习能力也就越强，越有可能实现强大的泛化能力。但是，随着网络层数的增加，也越易产生拟合与梯度问题。ResNet 找到了一种有效的机制来解决这种问题。

我们知道，在深度学习出现之前，很少有拟合问题与梯度问题，这是因为浅层神经网络使用的跃阶、符号等激活函数不可导，以致线性模型的表达能力差、学习能力弱，只能处理简单的几何图片分类任务。可见，梯度问题与拟合问题的根源就是非线性因素。深层神经网络的非线性因素是由 Sigmoid、ReLU、Tanh、Softmax 等激活函数产生的，因此，使用正确的激活函数是模型优化的关键点。这也是深度学习在解决一些特定领域的特定问题时需要自定义激活函数的原因。

ResNet 解决问题的思路，不是从如何创建、使用或改进激活函数出发的，而是借鉴了浅层络不存在梯度问题的先验知识，为深度神经网络增加了一种回退到浅层网络的方法，即在

① 来自论文 *Deep Residual Learning for Image Recognition*。

卷积层的输入与输出之间添加一个名为 Skip Connection（残差连接）的连接来实现层的回退机制，如图 7-20 所示。

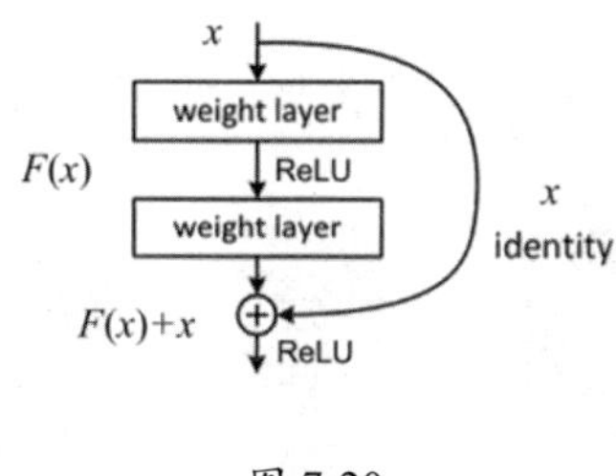

图 7-20

这种机制没有增加新的网络层类型，同时兼顾了浅层神经网络与深度神经网络的优势，为构建一个训练稳定、性能优越的大规模深度学习模型奠定了基础。

2017 年，基于 Skip Connection 的思想，推出了更加激进的 DenseNet 模型。它的名称来源于 Skip Connection 在卷积层中采用的稠密连接方式（这种模块称为 Dense Block）。它在图片数据的通道轴上进行拼接操作，合并特征信息，使 DenseNet 模型在降低参数量、提高计算效率的同时具有非常好的抗过拟合能力。

7.4.3　基于 ResNet 构建多分类任务模型

我们利用 ResNet 构建一个多分类任务模型，模型的训练数据集为 CIFAR10。

导入需要的资源库，示例如下。

```
# 导入需要的资源库
from tensorflow import keras
from tensorflow.keras import layers,Input,Model,utils,datasets,preprocessing
import matplotlib.pyplot as plt
```

第一步，通过 load_data 方法下载 CIFAR10 数据集，并对训练样本与测试样本进行张量化。样本图片被转换为 0 ~ 1 的 32 位浮点数，样本所对应的标签被转换为 0 ~ 9 的整数，示例如下。

```
# 数据准备：下载 CIFAR10 数据集
(x_train, y_train), (x_test, y_test) = datasets.cifar10.load_data()

# 显示部分训练样本：图片与标签所对应的编码
for i in range(9):
```

```
    ax = plt.subplot(3,3,i+1)
    plt.imshow(x_train[i])
    plt.title(y_train[i])
    plt.axis("off")
```

在预处理之前，随机取9张原始图片及对应的类别编码，如图7-21所示，示例如下。

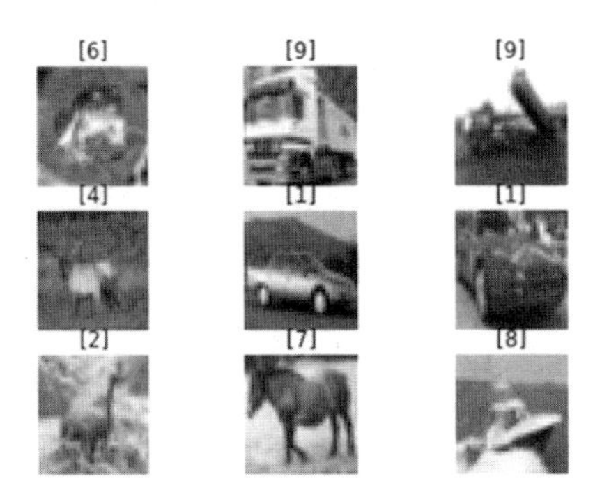

图 7-21

```
# 数据预处理
x_train = x_train.astype("float32") / 255.0
x_test = x_test.astype("float32") / 255.0
y_train = utils.to_categorical(y_train, 10)
y_test = utils.to_categorical(y_test, 10)
```

第二步，构建网络模型并使用utils.plot_mode函数输出模型图，示例如下。

```
# 构建网络模型：ResNet
inputs = Input(shape=(32, 32, 3), name="img")
x = layers.Conv2D(32, 3, activation="relu")(inputs) # 32
x = layers.BatchNormalization()(x)
x = layers.Conv2D(64, 3, activation="relu")(x)  # 64
x = layers.BatchNormalization()(x)
block_1_output = layers.MaxPooling2D(3)(x)

x = layers.Conv2D(64, 3, activation="relu", padding="same")(block_1_output)
x = layers.BatchNormalization()(x)
x = layers.Conv2D(64, 3, activation="relu", padding="same")(x)
x = layers.BatchNormalization()(x)
block_2_output = layers.add([x, block_1_output])

x = layers.Conv2D(64, 3, activation="relu", padding="same")(block_2_output)
x = layers.BatchNormalization()(x)
x = layers.Conv2D(64, 3, activation="relu", padding="same")(x)
```

```
x = layers.BatchNormalization()(x)
block_3_output = layers.add([x, block_2_output])

x = layers.Conv2D(64, 3, activation="relu")(block_3_output)
x = layers.BatchNormalization()(x)
x = layers.GlobalAveragePooling2D()(x)
x = layers.Dense(64, activation="relu")(x)
x = layers.BatchNormalization()(x)
outputs = layers.Dense(10,activation='softmax')(x)

model = Model(inputs, outputs, name="cifar10_resnet")
model.summary()
# 输出模型图
utils.plot_model(model,'Classification_ResNet_CIFAR10.png')
```

输出的模型图，如图 7-22 所示。可以看出，模型实现了两次 Skip Connection，分别是 block_1_output 与 block_2_output。在进行数据打平时，使用的层是二维全局平均池化层 GlobalAveragePooling2D，而非 Flatten 层。使用两个全连接层构建 10 分类器，为提高分类器的性能增加了一个随机失活比率为 0.5 的 Dropout 层。

第三步，编译模型，示例如下。

```
# 编译模型
model.compile(
    optimizer=keras.optimizers.RMSprop(1e-3),
    loss=keras.losses.CategoricalCrossentropy(from_logits=True),
    metrics=["acc"],
)
```

在编译模型时，优化器为 RMSProp，学习率为 0.001，使用多分类损失函数，性能度量指标为精度。

第四步，训练模型，示例如下。

```
# 训练模型
epochs=20
model.fit(x_train, y_train, batch_size=64, epochs=epochs,
          validation_split=0.2)
```

第五步，对训练后的模型进行评估，示例如下。

```
# 模型评估
model.evaluate(x_test,y_test)
```

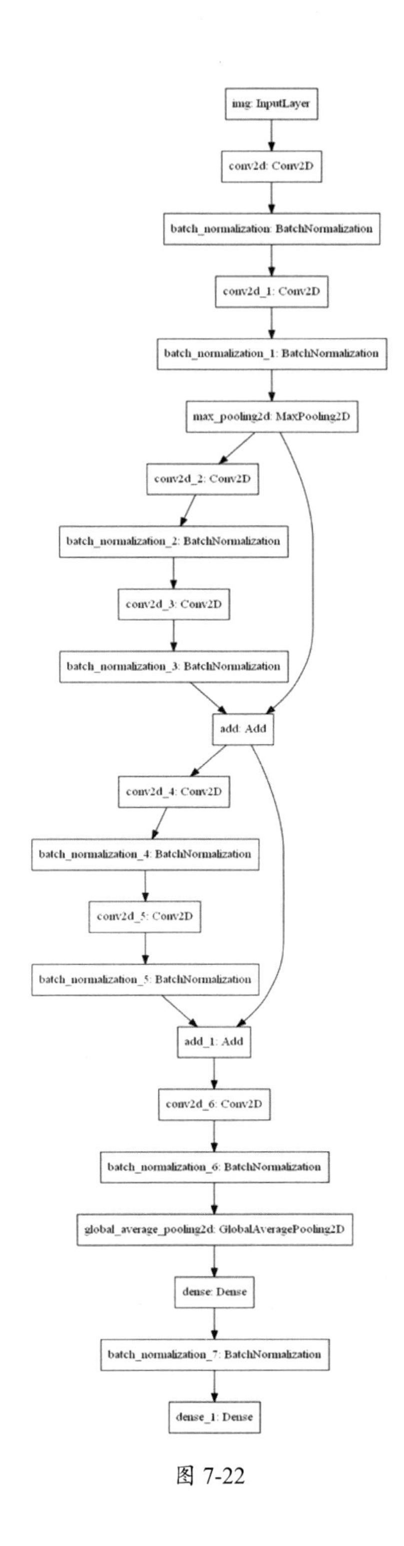
img: InputLayer
conv2d: Conv2D
batch_normalization: BatchNormalization
conv2d_1: Conv2D
batch_normalization_1: BatchNormalization
max_pooling2d: MaxPooling2D
conv2d_2: Conv2D
batch_normalization_2: BatchNormalization
conv2d_3: Conv2D
batch_normalization_3: BatchNormalization
add: Add
conv2d_4: Conv2D
batch_normalization_4: BatchNormalization
conv2d_5: Conv2D
batch_normalization_5: BatchNormalization
add_1: Add
conv2d_6: Conv2D
batch_normalization_6: BatchNormalization
global_average_pooling2d: GlobalAveragePooling2D
dense: Dense
batch_normalization_7: BatchNormalization
dense_1: Dense

图 7-22

经过 20 个批次的训练，模型的性能为：loss，1.7107；acc，0.7492。可以进一步优化和增加训练批次。

第六步，在新数据上进行推理，示例如下。

```
# 在新数据上进行推理
image_size = (32,32)
```

使用一张飞机的照片（airplane.jpg）进行预测，示例如下。

```
img = preprocessing.image.load_img(
    "ResNetCIFAR10Inference/airplane.jpg", target_size=image_size
)
plt.imshow(img)

img_inference = keras.preprocessing.image.img_to_array(img)
img_inference = tf.expand_dims(img_inference, 0)  # 形成 4D 张量
predictions = model.predict(img_inference)
score = predictions[0]
```

score 的输出值为 [1., 0., 0., 0., 0., 0., 0., 0., 0., 0.]，预测的结果是“airplane”。

7.5　GloVe 预训练词嵌入实践

要想使用一维卷积网络或循环神经网络处理序列数据，就必须将序列信号中的单词与词向量关联在一起，让神经网络使用这些词向量进行学习，提取特征。如 6.1.2 节所述，有两种方式建立关联：一种是高维度、硬编码、极其稀疏的 one-hot 词向量方式，这种方式效率极低；另一种是低维度、学习型、密集的词嵌入方式，这是常用的方式。

获取词嵌入的方法有两种。

- 现学方式：在训练模型的同时学习词嵌入。这种方式与训练神经网络的权重类似，在初始学习时使用的是随机的词向量，随后，通过反向传播算法逐步学习到正确的词向量，这个过程的本质是让 Embedding 层获得一个合理的权重。本书前面提到的所有基于序列数据的神经网络模型使用的都是这种方式。
- 预训练方式：使用已经训练好的词嵌入。这项研究始于 21 世纪初，由本吉奥（Bengio）首次提出，基本思想是利用统计学相关原理进行词频统计，然后使用无监督方法计算

一个密集的低维词嵌入空间，提供给神经网络使用。在可用的训练数据很少的情况下，这种方法非常好用。这个想法在 2013 年由 Google 工程师托马斯·米科洛夫（Tomas Mikolov）实现，并公布了著名的词嵌入方案——Word2vec 算法。2014 年，斯坦福大学的研究人员开发并公布了词表示全局词向量 GloVe（Global Vectors for Word Representation）①。这是一个常用的预训练词向量，也是本节例子要使用的词向量。

本节再续前缘，用全连接网络搭建一个预测影评数据正负评价的模型，训练的数据集仍然是 IMDB。与前面的例子不同的是，我们将 IMDB 数据集下载到本地，用没有进行分词处理的原始文本构建分类网络。

访问链接 7-5，下载 IMDB 数据集的原始文件压缩包，然后解压，将文件放在与模型文件相同的目录下，如图 7-23 所示。

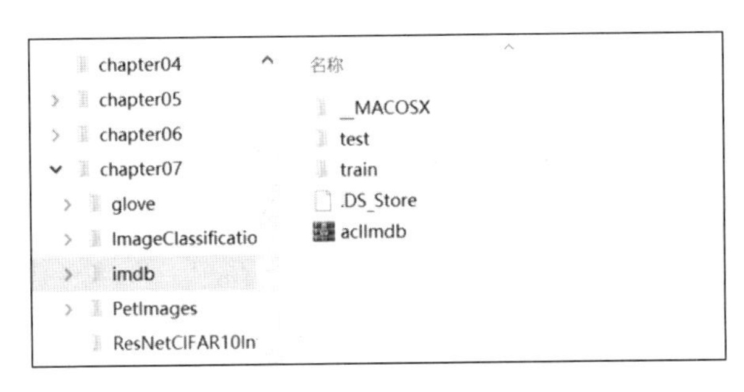

图 7-23

可以看到，imdb 目录下有两个子目录 train、test，分别存储了训练集与测试集的原始数据；train、test 目录下都有 neg、pos 两个子目录，pos 目录用于存放正面评价数据，neg 目录用于存放负面评价数据。接下来，我们就要构建训练数据了。

7.5.1 从原始文件构建训练集

前面我们详细介绍了如何通过 image_dataset_from_directory 函数用存储在磁盘上的图片文件构建训练集与测试集。本节我们将详细阐述如何使用原始文本文件构建数据类型为序列的训练集与测试集。

---

① 来自论文 *GloVe: Global Vectors for Word Representation Jeffrey*（链接 7-4）。

其实，tf.keras.preprocessing 也提供了类似于 image_dataset_from_directory 函数的使用文本文件构建数据集的函数 text_dataset_from_directory，它生成 tf.data.Dataset 的方式和相关要求与 image_dataset_from_directory 函数基本相同，故不再演示。本节介绍另一种生成序列类型的数据集的方法。

首先将 train 目录下的所有包含正面评价、负面评价的原始文件的内容加载到两个 list 变量中，然后对内容进行文本向量化，示例如下。

```
import os
# 准备训练数据
# 初始化 IMDB 数据集原始文件的路径
imdb_train_dir = os.path.join('imdb','train')
# 定义文本、评价标签变量
train_labels = []     # 评价标签列表：0 为负面评价；1 为正面评价
train_texts = []      # 评论所对应的字符串列表
# 将参与训练的评论样本转换为字符串列表，每个字符串对应于一条评论
for label_type in ['neg', 'pos']:
 dir_name = os.path.join(imdb_train_dir, label_type)
 for fname in os.listdir(dir_name):
     if fname[-4:] == '.txt':
        f = open(os.path.join(dir_name, fname),encoding='UTF-8')
        train_texts.append(f.read())
        f.close()
        if label_type == 'neg':
           train_labels.append(0)        # 负面评价的标签的编码为 0
        else:
           train_labels.append(1)        # 正面评价的标签的编码为 1
```

上面的程序用于将所有参与训练的数据文本和对应的标签编码分别存放在 train_texts、train_labels 两个 list 变量中。需要说明的是，在通过 open 方式打开文件并读取内容时，需要指定字符集 UTF-8，否则在运行时会提示存在字符集方面的问题。程序在读取内容的同时，会根据当前文件所在的目录名称生成相应的评价类别标签编码：当目录为 neg 时，当前文件内容所对应的评价标签的值为 0，即负面；否则，评价标签的值为 1，即正面。

下一步，对原始文件内容进行文本分词。文本分词是序列类型的数据在进入神经网络之前必须进行的处理工作，前面我们已经对通过 load_data 方法下载的 IMDB 数据集进行了分词处理。

为了验证预训练词嵌入在少量训练样本下的性能，我们将训练样本数量设置为 200 个，

示例如下。

```
# 对原始文件进行文本分词
from tensorflow.keras import preprocessing
import numpy as np

max_word_num = 100          # 只选取每条评论的前 100 个单词，多余的截掉并舍弃，不足的补 0
train_samples_num = 200        # 在 200 个样本上训练，主要验证预训练词嵌入的性能
valid_samples_num = 10000      # 模型的验证样本数
max_normal_words_num = 10000 # 只考虑 IMDB 数据集中前 10000 个常用单词，其他的舍弃

# 向量化文本内容：将文本转换为序列
tokenizer = preprocessing.text.Tokenizer(num_words=max_normal_words_num)
tokenizer.fit_on_texts(train_texts)
# 将文本转换为序列
train_sequences = tokenizer.texts_to_sequences(train_texts)
# 生成字典
word_index = tokenizer.word_index
print('Found %s unique tokens.' % len(word_index))
```

Tokenizer 类是一个用于将文本语料向量化，或者说，将文本转换为数字序列（本质上是索引过程，即单词在字典中的索引构成的列表，从 1 算起）的实用工具类，示例如下。

```
preprocessing.text.Tokenizer(
                        num_words=None,
                        filters='!"#$%&()*+,-./:;<=>?@[\\]^_`{|}~\t\n',
                        lower=True,
                        split=" ",
                        char_level=False,
                        oov_token=None,
                        document_count=0,
                        **kwargs
                    )
```

- num_words：基于单词的使用频度，说明文本样本最多保留的单词数。最多保留的单词数为 num_words-1。
- filters：字符串，说明将文本文件的内容生成数据集时需要过滤的字符。在赋值给 filters 的字符串中，所有的字符都会被过滤。在默认情况下，除了“ ' ”符号，所有的标点符号都会被过滤，包括制表符（Tab）与回车换行符（Line Break）。
- lower：布尔值，默认为 True，说明是否将文本转换为小写形式。

- split：字符串，说明分词的分割符。
- char_level：布尔值，默认为 False，说明是否为字符级的标记（Token，文本被分解后形成的单元）。
- oov_token：在将文本转换为序列（text_to_sequence）时，该参数将被赋予的值添加到词索引中，用来替换超出词表的字符，即对不在词表中的字符使用 oov_token 参数指定的值，默认为 None。
- document_count：指定文档的个数。该参数的值通常会根据输入的文本自动计算。

总的来说，Tokenizer 类的主要作用是将文本转换为序列。

由于我们的既定策略是“只选取每条评论的前 100 个单词，多余的截掉并舍弃，不足的补 0”，因此，为了保证所有训练样本的一致性，对于不满 100 个单词的评论，需要通过补 0 进行填充，以确保样本的长度相同，示例如下。

```
# 对不足 100 个单词的评论，补 0 填充
pad_0_data =
preprocessing.sequence.pad_sequences(train_sequences,maxlen=max_word_num)
# 标签内容
train_labels = np.asarray(train_labels)
print('Shape of data tensor:', pad_0_data.shape)
print('Shape of label tensor:', train_labels.shape)
```

评论文本向量化完成后，就可以构建训练集与验证集了。前面我们从磁盘文件读取内容到 train_texts 列表中时，是有序写入的。为了保证数据集中的正面评价和负面评价随机均匀分布，满足独立同分布假设，我们先将样本随机打乱，再生成训练集与验证集，示例如下。

```
# 划分训练集与验证集
# 将已排序的数据打乱：为了确保训练与验证的有效性，正面评价和负面评价随机均匀分布
indices = np.arange(pad_0_data.shape[0])
np.random.shuffle(indices)
pad_0_data = pad_0_data[indices]           # 随机打乱样本
train_labels = train_labels[indices]       # 随机打乱标签

# 取打乱后的前 200 个样本作为训练集
imdb_train_texts = pad_0_data[:train_samples_num]
imdb_train_labels = train_labels[:train_samples_num]
# 从打乱后的第 201 个样本开始，取 10000 个样本作为验证集（201～100201）
imdb_val_texts = pad_0_data[train_samples_num: train_samples_num +
                                               valid_samples_num]
```

```
imdb_val_labels = train_labels[train_samples_num: train_samples_num +
                                                    valid_samples_num]
```

这样，我们就完成了训练神经网络模型所需要的数据集的准备工作。

7.5.2 解析并加载 GloVe

本节将详细介绍如何解析并加载 GloVe。

首先，将 GloVe 下载到本地（链接 7-6），解压到与模型文件同级的目录下。glove 目录下有 glove.6B.50d、glove.6B.100d、glove.6B.200d、glove.6B.300d 共 4 个文本文件。本例将使用 glove.6B.100d。将该文件复制到与模型文件相同的目录下。

下面要做的是基于 glove.6B.100d 文件建立一个词嵌入矩阵（Embedding Matrix）。这个词嵌入矩阵将提供给 Embedding 层使用，并作为 Embedding 层的权重，参与整个神经网络模型的训练。此时，Embedding 层的权重在反向计算过程中不做优化更新。

建立词嵌入矩阵的第一步是读取并解析 GloVe 文件 glove.6B.100d.txt，并构建一个将单词映射为 NumPy 类型向量的索引，即建立一个单词索引表，示例如下。

```
# 解析并加载 GloVe 文件
# 解析 GloVe 文件 glove.6B.100d.txt，建立单词索引表 embeddings_index
embeddings_index = {}
f = open('glove.6B.100d.txt',encoding='UTF-8')
for line in f:
    values = line.split()
    word = values[0]
    coefs = np.asarray(values[1:], dtype='float32')
    embeddings_index[word] = coefs
f.close()
print("Found %s word vectors." % len(embeddings_index))
```

在使用 open 方式打开并读取文件时，需要设置 encoding='UTF-8'，示例如下。

```
# 准备 GloVe 词嵌入矩阵，以便加载到 Embedding 层
# 定义单词所对应的维的向量
embedding_dim = 100
```

接下来，建立词嵌入矩阵。这是一个非常简单的 NumPy 类型的矩阵 embedding_matrix。该矩阵的索引 i 表示的内容就是单词索引表（embeddings_index）中索引为 i 的单词所对应的预训练词向量，示例如下。

```
embedding_matrix = np.zeros((max_normal_words_num, embedding_dim))
for word, i in word_index.items():
 if i < max_normal_words_num:
   embedding_vector = embeddings_index.get(word)
   if embedding_vector is not None:
     # 在嵌入索引中找不到的词，其嵌入向量为 0
     embedding_matrix[i] = embedding_vector
```

词嵌入矩阵初始化完成后，就可以通过 shape 与 dtype 成员属性得知，embedding_matrix 是一个数据类型为 float64、形状为 (10000, 100) 的 2D 张量。这与我们在构建训练集时对数据样本的限制与约束是一致的：每条评论只取前 100 个单词，而且这 100 单词只取 10000 个常用单词里面的。

7.5.3　在二分类模型中使用词嵌入矩阵

下面我们看看如何在模型中使用预训练词嵌入，也就是如何将词嵌入矩阵应用到神经网络模型中。

第一种方式是将 GloVe 词嵌入矩阵加载到 Embedding 层，以层的方式使用，示例如下。

```
# 构建二分类模型
from tensorflow.keras import layers,models,initializers,Input,Model

# 第一种方式
# 将 GloVe 词嵌入矩阵加载到 Embedding 层
embedding_layer = layers.Embedding(
        max_normal_words_num,
        embedding_dim,
        input_length = max_word_num,
        embeddings_initializer = initializers.Constant(embedding_matrix),
        trainable = False,)

ini_sequence_input = Input(shape=(200,100),dtype='int32')
# 使用 GloVe 词嵌入
embedded = embedding_layer(ini_sequence_input)
x = layers.Flatten()(embedded)
x = layers.Dense(32,activation='relu')(x)
x = layers.Dense(1,activation='sigmoid')(x)
model = Model(ini_sequence_input,x)
```

第二种方式是将词嵌入矩阵作为 Embedding 层的权重，且该层的权重参数不参与训练，示例如下。

```
# 第二种方式
model = models.Sequential()
model.add(layers.Embedding(max_normal_words_num,embedding_dim,
                           input_length=max_word_num))
model.add(layers.Flatten())
model.add(layers.Dense(32,activation='relu'))
model.add(layers.Dense(1,activation='sigmoid'))
# 使用 GloVe 词嵌入
model.layers[0].set_weights([embedding_matrix])  # 使用 GloVe 权重
model.layers[0].trainable = False                # Embedding 层不再训练
model.summary()
```

将模型的 Embedding 层的 trainable 参数设置为 False 是非常重要的。这样设置的目的是保护 GloVe 已经学习到的特征不被训练过程破坏，在模型的训练过程中不再更新其权重。

7.5.4 模型的编译与训练

模型的编译与训练和前面的示例一样，没有任何变化，具体如下。

```
# 编译模型
model.compile(optimizer='rmsprop',loss='binary_crossentropy',metrics=['acc'])
```

为了检验在训练样本较少的情况下预训练词嵌入的功能，本例模型的训练集中只有 200 个样本，而验证集中有 10000 个样本，示例如下。

```
# 训练模型
history = model.fit( imdb_train_texts,imdb_train_labels,
                epochs=10,batch_size=32,
                validation_data=(imdb_val_texts,imdb_val_labels))
```

7.5.5 构建测试集与模型评估

在对模型进行评估之前，需要构建测试集。所有测试集的原始数据都在 /imdb/test 目录下。构建测试集比构建训练集与验证集简单一些，少了一个步骤。我们回顾一下构建训练集的步骤，具体如下。

- 第一步，读取数据，将训练样本转换为字符串列表，每个字符串对应于一条评论。
- 第二步，对原始文件内容进行文本分词。

- 第三步，随机打乱数据，使数据均匀分布。
- 第四步，构建训练使用的数据集。

由于测试集不需要打乱数据，故没有以上第三步，示例如下。

```
# 评估模型
# 初始化 IMDB 数据集原始文件的路径
imdb_test_dir = os.path.join('imdb','test')

# 定义文本、评价标签变量
test_labels = []      # 评价标签列表：0 为负面评价；1 为正面评价
test_texts = []       # 评论所对应的字符串列表

# 将训练样本转换为字符串列表，每个字符串对应于一条评论
for label_type in ['neg', 'pos']:
 dir_name = os.path.join(imdb_test_dir, label_type)
 for fname in os.listdir(dir_name):
     if fname[-4:] == '.txt':
        f = open(os.path.join(dir_name, fname),encoding='UTF-8')
        test_texts.append(f.read())
        f.close()
        if label_type == 'neg':
           test_labels.append(0)        # 负面评价的标签的编码为 0
        else:
           test_labels.append(1)        # 正面评价的标签的编码为 1

# 将文本转换为序列
test_sequences = tokenizer.texts_to_sequences(test_texts)
```

对于不满足长度要求的样本，也需要用 0 补足 100 个单词的长度，示例如下。

```
# 构建测试集
imdb_test_texts =
     preprocessing.sequence.pad_sequences(test_sequences,maxlen=max_word_num)
imdb_test_lables = np.asarray(test_labels)
```

构建完成后，使用测试集进行评估，示例如下。

```
# 进行模型评估
model.evaluate(imdb_test_texts,imdb_test_lables)
```

为了进行比较，在使用第二种词嵌入矩阵方式运行上述代码后，需要注释（屏蔽）掉如下代码。

```
# 使用 GloVe 词嵌入
model.layers[0].set_weights([embedding_matrix])   # 使用 GloVe 权重
model.layers[0].trainable = False                  # Embedding 层不再训练
```

这意味着，Embedding 层抛弃了 GloVe，转而通过“现学”的方式获得词嵌入。模型的性能如下（结果可能会随运行环境的变化而有差别）。

- 随模型学习词嵌入的性能：loss，0.7345；acc，0.5278。
- 使用 GloVe 的性能：loss，0.8426；acc，0.5614。

在 IMDB 数据集中，通过评估指标可以看出，使用预训练词嵌入的精度高于随模型学习词嵌入的精度，但损失指标略低。在只有 200 个训练样本的情况下，能达到这个精度已经很不错了。大家可以试着增加训练样本数（train_samples_num 的值），看看训练效果。通常可以得到这样的结论：训练样本数越多，随模型学习词嵌入的优势就越明显。

7.6 基于预训练网络 VGG16 完成图片分类任务

前面介绍了深度学习如何应用于小型序列数据集，本节将介绍如何在小型图片数据集上训练一个性能良好的深度学习模型。

在面对小型数据集时，我们首先想到的就是利用现有数据集扩大训练样本的规模。数据增强是一种强大的技术。本节将通用一种更强大的技术，在现有数据集上训练出性能优良的模型。

7.6.1 预训练网络

预训练网络（Pretrained Network）是在大型数据集上训练好并保存下来的网络。与预训练词嵌入类似，在训练样本很少的情况下，很难从序列数据上随训练模型学习到有效的词嵌入，通过较小的图片数据集也很难训练出性能良好的神经网络模型。在基于 Xception 架构实现猫狗图片分类任务时，通过数据增强技术扩大训练样本的规模是一个优秀的实践。其实，还有一种更强大的方法，就是本节使用的预训练模型。

分析一下预训练模型在理论上的可行性。我们知道，卷积神经网络学习的过程是一种表示学习的过程。表示学习的特点是从低层特征（例如边缘、角点、色彩）开始，到中层特征（例如纹理），最后学习高层特征（例如物体），层层堆叠，逐层提取。在这种空间层次的特征结构中，通常高层特征才是区分目标或物体的特征空间。如果参与训练的原始数据集足够大、足够通用（例如在 ImageNet 数据集上训练的模型），那么，我们完全可以将训练完成后模型的低层与中层特征空间作为图片分类、目标识别等任务的通用特征空间。进一步，如果要解决的任务与预训练模型的训练数据类似，那么，我们甚至可以在对预训练模型进行微调后直接使用。

本节将使用 VGG16①网络作为预训练模型，在 Kaggle Cats vs Dogs 数据集上进行训练与预测，并与通过 Xception 架构实现图片分类任务的性能进行比较，展示预训练模型在小数据集中强大的能力。预训练模型的使用方法有两种，分别是特征提取（Feature Extraction）与微调模型（Fine-Tuning）。下面将详细介绍这两种方法的实现方式。

7.6.2　预训练网络之特征提取方法

为了客观地进行比较，我们使用相同的方法构建数据集。在本例中，会展示在使用数据增强技术与不使用数据增强技术两种情况下，VGG16 在性能上的表现。

大家还记得卷积神经网络的基础结构吗？卷积网络大都是由 CNN—Pooling—Flatten—Dense 的结构组成的。其中，Flatten 层可以是全局池化层。当然，在 Flatten 层之前，可能有前面介绍过的数据标准化层（如果将 Dropout 以层的方式构建模型拓扑结构，则也可能会出现）。Flatten 层之后是由全连接层构成的分类器，可以是一个 Dense 层，也可以是多个 Dense 层，在训练中它学习到的是目标或物体的更抽象的高层特征空间，而在 Flatten 层之前的 CNN 层与 Pooling 层学习到的是低层与中层特征空间。因此，在使用预训练网络进行特征提取时，要做的就是为选定的预训练网络构建一个新的分类器，这个分类器将学习小样本新数据的高层特征。

在操作层面，需要去掉 VGG16 的分类器，构建一个新的适配 Kaggle Cats vs Dogs 数据集的分类器，同时复用 VGG16 已经在 ImageNet 上学习到的低层、中层特征。

类似于 7.3 节的示例，我们先通过 image_dataset_from_directory 函数构建测试集与验证集，示例如下。

---

① 来自论文 *Very Deep Convolutional Networks for Large-Scale Image Recognition*。

```
import os
import tensorflow as tf
from tensorflow.keras import
applications,Sequential,utils,layers,preprocessing,models,optimizers

# 数据准备
# 图片质检：过滤被损坏的图片
num_skipped = 0

for folder_name in ("Cat", "Dog"):
    folder_path = os.path.join("PetImages", folder_name)
    for fname in os.listdir(folder_path):
        fpath = os.path.join(folder_path, fname)
        try:
            fobj = open(fpath, "rb")
            is_jfif = tf.compat.as_bytes("JFIF") in fobj.peek(10)
        finally:
            fobj.close()

        if not is_jfif:
            num_skipped += 1
            # Delete corrupted image
            os.remove(fpath)

print("Deleted %d images" % num_skipped)

# 生成数据集
image_size = (150,150)
batch_size = 32

# 训练集
train_ds = preprocessing.image_dataset_from_directory(
    "PetImages",
    validation_split=0.2,
    subset="training",
    seed=1337,
    image_size=image_size,
    batch_size=batch_size,
)
# 验证集
val_ds = preprocessing.image_dataset_from_directory(
    "PetImages",
    validation_split=0.2,
    subset="validation",
    seed=1337,
```

```
    image_size=image_size,
    batch_size=batch_size,
)

# 构建数据增强器
data_augmentation = Sequential(
    [
        layers.experimental.preprocessing.RandomFlip("horizontal"),
        layers.experimental.preprocessing.RandomRotation(0.1),
    ]
)

# 在 CPU 上比较好用的方法
augmented_train_ds = train_ds.map(
                    lambda x, y: (data_augmentation(x, training=True), y))
```

建立测试集与验证集的代码，与使用 Xception 架构实现猫狗图片分类任务的代码完全相同。下一步是实例化 VGG16 网络，示例如下。

```
# 实例化 VGG16 网络
vgg16_conv_base = applications.VGG16(weights='imagenet',
                                     include_top=False,
                                     input_shape=(180,180,3))
```

tf.keras.application 集成了很多可用于预测推理、特征提取、模型微调的预训练模型，VGG16 就是其中之一。weights='imagenet' 说明 vgg16_conv_base 使用 VGG16 从 ImageNet 数据集训练得到的权重。include_top=False 说明 vgg16_conv_base 不使用顶部的网络层（由全连接网络组成的分类器）。input_shape=(180,180,3) 确定了 vgg16_conv_base 接收的数据张量格式是高和宽均为 180 像素的 RGB 三通道彩色图片。

下面构建神经网络模型。其实，就是为 vgg16_conv_base 增加一个二分类器。该分类器由两个 Dense 层组成。我们通过 Sequential 方法构建模型的拓扑结构，示例如下。

```
# 构建神经网络模型：为 vgg16_conv_base 添加分类器
model = models.Sequential()
# 将实例化的 VGG16 卷积基作为网络模型添加到 model 中
model.add(vgg16_conv_base)
model.add(layers.Flatten())
model.add(layers.Dense(256,activation='relu'))
model.add(layers.Dense(1,activation='sigmoid'))
```

为防止 vgg16_conv_base 被重新训练，需要进行如下设置。

```
# 设置 vgg16_conv_base 不可训练
vgg16_conv_base.trainable = False
# 输出模型拓扑结构与模型图
model.summary()
utils.plot_model(model,'PreVgg16_Cat_Dog.png',
             show_shapes=True,show_dtype=True)
```

通过模型的概要文件可以看出：

```
Total params: 17,992,001
Trainable params: 3,277,313
Non-trainable params: 14,714,688
```

其中：vgg16_conv_base 的参数有 14714688 个，均不参与模型训练；参与模型训练的是分类器的 3277313 个参数。

通过 utils.plot_model 方法输出模型图，如图 7-24 所示。

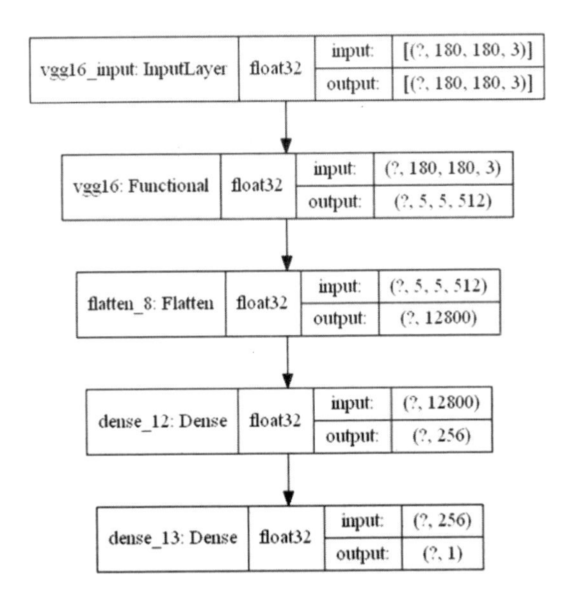

图 7-24

接下来，就是模型的编译与训练，示例如下。

```
# 编译模型
model.compile(
    optimizer=optimizers.Adam(1e-3),
    loss="binary_crossentropy",
    metrics=["accuracy"],
```

```
)

# 训练模型
# 使用数据增强进行训练
model.fit(augmented_train_ds,
        epochs=2,
        validation_data=val_ds,)
'''
# 不使用数据增强进行训练
model.fit(train_ds,
        epochs=2,
        validation_data=val_ds,)
'''
```

在模型训练部分，包含两个代码块：一个代码块使用数据增强进行训练；另一个代码块不使用数据增强进行训练。读者可以将其中一个代码块注释掉，观察在两种情况下的训练效果。

最后一步是检验模型的性能，在新的数据集上进行推理，示例如下。这里使用与 7.3 节相同的猫的图片。

```
# 在新的数据集上进行推理
img = preprocessing.image.load_img(
    "PetImages/Cat/6779.jpg", target_size=image_size
)
img_array = preprocessing.image.img_to_array(img)
img_array = tf.expand_dims(img_array, 0)

predictions = model.predict(img_array)
score = predictions[0]
print(
    "This image is %.2f percent cat and %.2f percent dog."
    % (100 * (1 - score), 100 * score)
)
```

比较预测结果，使用预训练模型 VGG16 的性能要远远高于 Xception，如表 7-1 所示。

表 7-1

模　　型	epoch	val_loss	val_accuracy	inference
Xception 架构+数据增强	2 个	0.5500	0.7340	cat: 86.33%; dog: 13.67%
VGG16 预训练模型	2 个	0.1466	0.9462	cat: 99.41%; dog: 0.59%
VGG16 预训练模型+数据增强	2 个	0.1339	0.9524	cat: 99.05%; dog: 0.95%

7.6.3 预训练网络之微调模型方法

微调已经训练好的模型，以适配新的样本、获得性能优良的推理能力，也是一种强大的技术。微调是指让已有模型（训练过）的某些层参与训练，从新的样本中学习特征，而大部分网络层不参与训练，保留原来学习到的特征。与特征提取方法相比，微调是部分复用模型的，即复用指定的特征提取部分的完整模型结构。

现在问题来了：哪些层参与训练，哪些层不参与训练呢？这个选择才是关键。其实，前面的讨论已经给出了答案。正确的选择是：越靠近分类器的层，越有可能进行微调。其原因是，卷积神经网络的学习过程是一种表示学习过程，越靠近分类器的网络层会学到越接近目标的高层特征；反之亦然——离分类器越远的层会学到越低的层的特征，而这些特征越有可能是通用特征。所以，应该选择那些学习目标的中层特征且离分类器近的层进行模型微调。

有两种模型微调方式，具体如下。本节将详细介绍第一种方式。

- 将 VGG16 微调部分的网络层与分类器一起训练。
- 利用 7.6.2 节训练好的模型，只训练 VGG16 微调部分的网络层。

第二种方式分两步：使用特征提取方法训练模型并将模型保存下来；重新加载模型，设置可训练的网络层进行训练。

现在，我们来实现模型微调的第一种方式。选择需要冻结的层，然后执行 vgg16_conv_base.summary 函数。模型的网络概要信息如下。

```
Model: "vgg16"
_________________________________________________________________
Layer (type)                Output Shape              Param #
=================================================================
input_26 (InputLayer)        [(None, 180, 180, 3)]     0
_________________________________________________________________
block1_conv1 (Conv2D)        (None, 180, 180, 64)      1792
_________________________________________________________________
block1_conv2 (Conv2D)        (None, 180, 180, 64)      36928
_________________________________________________________________
block1_pool (MaxPooling2D)    (None, 90, 90, 64)        0
_________________________________________________________________
block2_conv1 (Conv2D)        (None, 90, 90, 128)       73856
_________________________________________________________________
block2_conv2 (Conv2D)        (None, 90, 90, 128)       147584
_________________________________________________________________
```

```
block2_pool (MaxPooling2D)   (None, 45, 45, 128)       0
_________________________________________________________________
block3_conv1 (Conv2D)        (None, 45, 45, 256)       295168
_________________________________________________________________
block3_conv2 (Conv2D)        (None, 45, 45, 256)       590080
_________________________________________________________________
block3_conv3 (Conv2D)        (None, 45, 45, 256)       590080
_________________________________________________________________
block3_pool (MaxPooling2D)   (None, 22, 22, 256)       0
_________________________________________________________________
block4_conv1 (Conv2D)        (None, 22, 22, 512)       1180160
_________________________________________________________________
block4_conv2 (Conv2D)        (None, 22, 22, 512)       2359808
_________________________________________________________________
block4_conv3 (Conv2D)        (None, 22, 22, 512)       2359808
_________________________________________________________________
block4_pool (MaxPooling2D)   (None, 11, 11, 512)       0
_________________________________________________________________
block5_conv1 (Conv2D)        (None, 11, 11, 512)       2359808
_________________________________________________________________
block5_conv2 (Conv2D)        (None, 11, 11, 512)       2359808
_________________________________________________________________
block5_conv3 (Conv2D)        (None, 11, 11, 512)       2359808
_________________________________________________________________
block5_pool (MaxPooling2D)   (None, 5, 5, 512)         0
=================================================================
Total params: 14,714,688
Trainable params: 0
Non-trainable params: 14,714,688
_________________________________________________________________
```

靠近分类器的是名称为 block5 的 3 个二维卷积层，每个层的参数量为 2359808 个，共计 7079424 个。微调这 3 个层，具体代码如下。

```
# 模型微调，让第 15、16、17 层参与训练
vgg16_conv_base.trainable = True
set_trainable = False
for layer in vgg16_conv_base.layers:
    if layer.name == 'block5_conv1':
        set_trainable = True
    if set_trainable:
        layer.trainable = True
    else:
        layer.trainable = False
```

首先让 vgg16_conv_base 模型可以训练，然后逐一设置哪些层可以训练、哪些层不可以训练。完整代码如下。

```
"""
Created on Fri Jul 17 20:32:21 2020
@author: T480S
"""
import os
import tensorflow as tf
from tensorflow.keras import
applications,Sequential,utils,layers,preprocessing,models,optimizers

# 1、数据准备
# 图片质检：过滤被损坏的图片
num_skipped = 0

for folder_name in ("Cat", "Dog"):
    folder_path = os.path.join("PetImages", folder_name)
    for fname in os.listdir(folder_path):
        fpath = os.path.join(folder_path, fname)
        try:
            fobj = open(fpath, "rb")
            is_jfif = tf.compat.as_bytes("JFIF") in fobj.peek(10)
        finally:
            fobj.close()

        if not is_jfif:
            num_skipped += 1
            # Delete corrupted image
            os.remove(fpath)

print("Deleted %d images" % num_skipped)

# 生成数据集
image_size = (180,180)
batch_size = 32

# 训练集
train_ds = preprocessing.image_dataset_from_directory(
    "PetImages",
    validation_split=0.2,
    subset="training",
    seed=1337,
    image_size=image_size,
```

```
    batch_size=batch_size,
)
# 验证集
val_ds = preprocessing.image_dataset_from_directory(
    "PetImages",
    validation_split=0.2,
    subset="validation",
    seed=1337,
    image_size=image_size,
    batch_size=batch_size,
)

# 构建数据增强器
data_augmentation = Sequential( [
        layers.experimental.preprocessing.RandomFlip("horizontal"),
        layers.experimental.preprocessing.RandomRotation(0.1), ])

# 在 CPU 上比较好用的方法
augmented_train_ds = train_ds.map(
                  lambda x, y: (data_augmentation(x, training=True), y))

# 2、实例化 VGG16
vgg16_conv_base = applications.VGG16( weights='imagenet',
                                      include_top=False,
                                      input_shape=(180,180,3))

# 3、构建神经网络模型：为 vgg16_conv_base 添加分类器
model = models.Sequential()
# 将实例化的 VGG16 卷积基作为网络模型添加到 model 中
model.add(vgg16_conv_base)
model.add(layers.Flatten())
model.add(layers.Dense(256,activation='relu'))
model.add(layers.Dense(1,activation='sigmoid'))

# 模型微调，让第 16、17、18 层参与训练
vgg16_conv_base.trainable = True

set_trainable = False
for layer in vgg16_conv_base.layers:
    if layer.name == 'block5_conv1':
        set_trainable = True
    if set_trainable:
        layer.trainable = True
    else:
        layer.trainable = False
```

```
# 输出模型拓扑结构与模型图
model.summary()
utils.plot_model(model,'PreVgg16_Cat_Dog_FineTuning.png',
               show_shapes=True,show_dtype=True)

# 4、编译模型
model.compile(
    optimizer=optimizers.Adam(1e-3),
    loss="binary_crossentropy",
    metrics=["accuracy"],
)

# 5、训练模型
# 不使用数据增强进行训练
model.fit(train_ds, epochs=2, validation_data=val_ds,)

# 6、在新的数据集上进行推理
img = preprocessing.image.load_img(
    "PetImages/Cat/6779.jpg", target_size=image_size
)
img_array = preprocessing.image.img_to_array(img)
img_array = tf.expand_dims(img_array, 0)  # Create batch axis

predictions = model.predict(img_array)
score = predictions[0]
print(
    "This image is %.2f percent cat and %.2f percent dog."
    % (100 * (1 - score), 100 * score)
)
```

在本例中，没有使用数据增强技术。我们通过 model.summary 函数查看模型的参数，示例如下。

```
Layer (type)                 Output Shape              Param #
=================================================================
vgg16 (Functional)           (None, 5, 5, 512)         14714688
_________________________________________________________________
flatten_10 (Flatten)         (None, 12800)             0
_________________________________________________________________
dense_16 (Dense)             (None, 256)               3277056
_________________________________________________________________
dense_17 (Dense)             (None, 1)                 257
=================================================================
Total params: 17,992,001
```

```
Trainable params: 10,356,737
Non-trainable params: 7,635,264
```

与 7.6.2 节基于 VGG16 的特征提取方法相比：总参数量不变，共 17992001 个；可训练参数量由 3277313 个增加到 10356737 个，共增加了 7079424 个；不可训练参数由 14714688 个减少到 7635264 个，共减少了 7079424 个。这一增一减的个数，正是参与微调的 3 个二维卷积层的参数总量，示例如下。

```
block5_conv1 (Conv2D)         (None, 11, 11, 512)       2359808

block5_conv2 (Conv2D)         (None, 11, 11, 512)       2359808

block5_conv3 (Conv2D)         (None, 11, 11, 512)       2359808
```

执行 2 个 epoch 后，模型性能与对猫的图片的预测结果如下。

```
Epoch 2/2
586/586 [==============================] - 3077s 5s/step - loss: 0.6932 - accuracy:
0.5015 - val_loss: 0.6932 - val_accuracy: 0.4957
This image is 50.26 percent cat and 49.74 percent dog.
```

使用数据增强技术，同样对模型进行 2 个 epoch 的训练，模型的性能与对猫的图片的预测结果如下。

```
Epoch 2/2
586/586 [==============================] - 3034s 5s/step - loss: 0.6932 - accuracy:
0.5015 - val_loss: 0.6932 - val_accuracy: 0.4957
This image is 50.25 percent cat and 49.75 percent dog.
```

扩展表 7-1，如表 7-2 所示。

表 7-2

模　型	epoch	val_loss	val_accuracy	inference
Xception 架构+数据增强	2 个	0.5500	0.7340	cat: 86.33%; dog: 13.67%
VGG16 预训练模型	2 个	0.1466	0.9462	cat: 99.41%; dog: 0.59%
VGG16 预训练模型+数据增强	2 个	0.1339	0.9524	cat: 99.05%; dog: 0.95%
VGG16 模型微调	2 个	0.6932	0.4957	cat: 50.26%; dog:49.74
VGG16 模型微调+数据增强	2 个	0.6932	0.4957	cat: 50.25 %; dog: 49.75%

可以看出，基于 VGG16 微调的模型，泛化能力非常差，预测结果不理想，其结果就是二分类的概率（50%），无法与特征提取方法和通过 Xception 架构实现的模型相比。这是什么原因造成的呢？有没有优化的可能呢？问题肯定出在 vgg16_conv_base 模型参与重训的 3 个二维卷积层上。

block5_conv1（Conv2D）、block5_conv2（Conv2D）、block5_conv3（Conv2D）这 3 个卷积层的参数量均为 2359808 个，共计 7079424 个。在如此规模的网络上进行训练，如果完全重训，则会严重破坏它们在 ImageNet 数据集上学习到的接近目标高层特征的空间表示，而中层特征在本例小规模的训练样本上，通过 3 个卷积层重新学习是非常困难的。因此，我们要回到模型微调的思路上，尽量让重新学习的卷积层只进行对于新样本的适应性学习，即在重训过程中 3 个卷积层的权重更新不要太大，尽可能保留已有的特征空间。

优化与更新各个网络层的权重是优化器的职责所在，因此，我们要选择一个学习率比较小的优化器。本例使用的优化器是 Adam，学习率是 0.001（optimizers.Adam(1e-3)）。现在，将 RMSProp 作为 3 个卷积层重新训练的优化器（在前面的例子中经常看到的优化器），设置它的学习率为 0.00001。编译模型，代码如下。

```
# 编译模型
model.compile(
            # optimizer=optimizers.Adam(1e-3),
            optimizer=optimizers.RMSprop(lr=1e-5),
            loss="binary_crossentropy",
            metrics=["accuracy"],
)
```

基于上面的编译方法编译模型，重新训练 2 个 epoch。训练日志与预测结果如下。

```
Epoch 1/2
586/586 [==========================] - 3105s 5s/step - loss: 0.5348 - accuracy:
0.8836 - val_loss: 0.1756 - val_accuracy: 0.9539
Epoch 2/2
586/586 [==========================] - 3124s 5s/step - loss: 0.1574 - accuracy:
0.9416 - val_loss: 0.1489 - val_accuracy: 0.9594
This image is 100.00 percent cat and 0.00 percent dog.
```

从 IPython 控制台的输出日志可以分析，在更改优化器及相应的学习率后，模型的性能出现了惊人的提升。第 2 个 epoch 训练完成后，验证精度高达 0.9594，验证损失低至 0.1489，对猫的图片的预测结果为 100%。验证精度与预测结果甚至高于“VGG16 预训练模型+数据增强”的方式。

扩展表 7-2，如表 7-3 所示。

表 7-3

模　型	epoch	val_loss	val_accuracy	inference
Xception 架构+数据增强	2 个	0.5500	0.7340	cat: 86.33%; dog: 13.67%
VGG16 预训练模型	2 个	0.1466	0.9462	cat: 99.41%; dog: 0.59%
VGG16 预训练模型+数据增强	2 个	0.1339	0.9524	cat: 99.05%; dog: 0.95%
VGG16 模型微调+Adam（1e-3）	2 个	0.6932	0.4957	cat: 50.26%; dog: 49.74
VGG16 模型微调+数据增强+Adam（1e-3）	2 个	0.6932	0.4957	cat: 50.25 %; dog: 49.75%
VGG16 模型微调+数据增强+RMSprop（lr=1e-5）	2 个	0.1489	0.9594	cat: 100 %; dog: 0%

通过本例可以总结出模型微调的关键点，具体如下。

- 选择预训练模型的哪些层进行微调。
- 选择合适的优化器。

7.7　生成式深度学习实践

理想中的人工智能，其主要任务是代替人类完成一些非创造性的活动。目前的研究表明，人类的左脑负责分析推理，右脑负责直觉与创新。AI 的作用是代替人类的左脑，将人类从逻辑推理、理性分析、模式感知等繁重、重复的任务中解脱出来，更多地去进行一些创造性的活动。现在，人工智能的三大任务——分类、回归、聚类——均与人类左脑的统计、分析、推理相关。在人类的创造性活动中，AI 也可以辅助进行创新。如何将 AI 技术作为增强人类创新能力的工具，是本节将要讨论的内容。

为什么这样说呢？以艺术创作为例，一幅图画、一首乐曲、一首诗词、一篇小说等，都有其特有的统计结构（Statistical Structure）。这些统计结构，要么与空间有关，要么与时间（顺序）有关。前面反复强调过，学习这些统计结构正是深度学习所擅长的。这些统计结构不带有人类的情感与智慧，因此不是艺术创作，但能为人类进行艺术创作提供一个新的参考角度，这个角度就是机器学习，即机器是如何理解这些统计结构的——不可否认的是，肯定与人类的理解方式不一样。

利用人工智能完成相关任务，有被动式任务，也有主动式任务。本书前面的例子均为被动式任务，生成式深度学习则是一种主动式任务。

7.7.1 基于 ResNet50 的 Deep Dream 技术实践

Deep Dream 是由 Google 的 Alexander Mordvintsev 在 2017 年 7 月发布的。它是一种采用图像分类模型，在输入图片上通过梯度上升算法最大限度地激活特定层或特定层中的特定单元，使得输入图片产生梦幻般（Dream）的视觉效果的图像过滤技术（Image-Filtering Technique）。在神经网络模型训练的反向传播过程中，优化器将损失函数获得的值作为反馈信号，使用梯度下降算法优化各个网络层的权重，试图让模型的性能达到最优。Deep Dream 技术则反其道而行之，反向运行一个卷积神经网络，对输入样本使用梯度上升算法，使特定的卷积层或卷积层的特定单元的过滤器的激活最大化，从而让输入图片产生意想不到的视觉效果。

我们不从零开始构建卷积网络，而是使用 ResNet50 作为预训练模型，并去掉其顶部（分类器）的网络层，只使用其在 ImageNet 数据集上训练获得的权重作为模型实例。如图 7-25 所示，Deep Dream 技术对图片视觉效果的影响：左边是原图；右边是使用 Deep Dream 技术处理后的视觉效果。

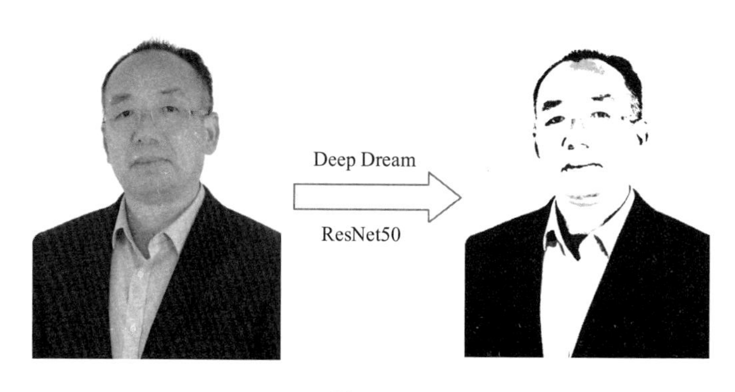

图 7-25

实现过程如下。

- 第一步：设置原始图片，构建图片预处理函数。
- 第二步：实例化预训练模型并设置参与 Deep Dream 运算的相关参数。
- 第三步：构建用于计算损失值的函数。
- 第四步：定义相关的梯度函数。
- 第五步：执行 Deep Dream 算法，显示结果。

下面，我们看看如何实现上述各个步骤，示例如下。

```
# -*- coding: utf-8 -*-
"""
Created on Wed Jul 22 22:41:08 2020
@author: T480S
"""
# 导入资源文件
import numpy as np
import matplotlib.pyplot as plt
import tensorflow as tf
from tensorflow.keras import preprocessing,Model,applications
from tensorflow.keras.applications import resnet50
```

第一步，在导入本例需要的资源文件后，选择一个原始图片文件 guozewen.jpg，并将该文件放在 deepdream 文件夹下（该文件夹与本例模型文件在相一目录下）。该原始图片经过 Deep Dream 技术得到的结果图片 guozewen_dream_resnet50，也放置在 deepdream 文件夹下，格式为 PNG。由于本书所述开发环境的限制，原始图片文件的大小最好不要超过 100kB。示例如下。

```
# 设置原始图片并构建图片预处理函数
img_path = "./deepdream/guozewen.jpg"
result_dream = "./deepdream/guozewen_dream_resnet50"

# 加载并显示图片
img_dream = preprocessing.image.load_img(img_path)
plt.imshow(img_dream)
```

接下来，我们编写两个图片预处理函数：preprocess_dream_image 函数负责从 deepdream 文件夹中读取图片 guozewen.jpg，并对图片的大小、张量的格式进行相应的处理，以使其满足预训练模型 ResNet50 对输入图片的要求；deprocess_num_to_image 函数的作用是将张量转换为有效图片，用于生成图片 guozewen_dream_resnet50.png，也就是原始图片经过 Deep Dream 运算的结果。示例如下。

```
# 预处理图片函数：从磁盘目录加载原始图片文件，并将其处理成符合 ResNet50 要求的格式
# 使用预训练模型：ResNet50 模型
def preprocess_dream_image(init_img):
    prep_img = preprocessing.image.load_img(init_img)
    prep_img = preprocessing.image.img_to_array(prep_img)
    prep_img = np.expand_dims(prep_img, axis=0)
    prep_img = resnet50.preprocess_input(prep_img)
    return prep_img

# 图像转换函数：将张量（NumPy 数组）转换为有效的图片
def deprocess_num_to_image(num_to_img):
    num_to_img = num_to_img.reshape((num_to_img.shape[1],
                                     num_to_img.shape[2], 3))
    num_to_img /= 2.0
    num_to_img += 0.5
    num_to_img *= 255.0
    num_to_img = np.clip(num_to_img, 0, 255).astype("uint8")
    return num_to_img
```

第二步，实例化预训练模型。通过 tensorflow.kersa.application 构建 ResNet50 实例 img_dream_model。该实例作为预训练模型，保留了在 ImageNet 数据集上训练得到的权重，去掉了顶层网络（分类器相关部分）。示例如下。

```
# 构建 ResNet50 实例，去掉顶层网络，只保留在 ImageNet 数据集上训练得到的权重
img_dream_model = applications.resnet50.ResNet50(weights='imagenet',
                                                 include_top=True)
```

然后，设置 img_dream_model 模型中哪些卷积层参与 Deep Dream 运算，同时指定该层对最大损失的贡献值。这个操作非常重要，因为选定的卷积层与对最大损失贡献的大小将直接影响 Deep Dream 运算的视觉效果。按照表示学习过程，越靠近输入层将学到图片越低层的特征，越靠近输出层将学到图片越高层的特征。如果想利用 ResNet50 学习到的几何纹理图案渲染原始图片，则应选择 img_dream_model 模型中靠近输入层的卷积层参与 Deep Dream 运算。反之，如果想使用类别图案渲染原始图片，则应选择 img_dream_model 模型中靠近输出层的卷积层参与 Deep Dream 运算。示例如下。

```
# 选择部分神经网络层，用于最大限度地激活该层，目的是最大化该层的损失值
# 在执行过程中可以调节这些值，以获得不同的视觉效果
# 基于 ResNet50 预训练网络选定的激活层
layer_settings = {
            "conv2_block1_add": 0.5,     # 该层激活对最大化损失的贡献为 0.5
            "conv2_block2_add": 1.0,
            "conv2_block3_add": 1.0,
            "conv3_block1_add": 1.0,
            "conv3_block2_add": 1.5,
            "conv3_block3_add": 2.0,
         }

# 创建字典 layer_dicts：将 img_dream_model 的名称映射为层的实例
layer_dicts = dict(
   [
      (layer.name, layer.output)
      for layer in [img_dream_model.get_layer(name) for name in
               layer_settings.keys()]
   ]
)

# 建立一个模型，返回每个目标层的激活值
activation_value_model = Model(inputs=img_dream_model.inputs,
                               outputs=layer_dicts)
```

第三步，构建一个用于计算图片损失的函数，示例如下。

```
# 定义用于计算损失值的函数：输入一张图片，返回损失值
def compute_actual_loss(input_image):
   activation_features = activation_value_model(input_image)
   # 初始化损失值
   loss = tf.zeros(shape=())
   for name in activation_features.keys():
      coeff = layer_settings[name]
      # 获取层的输出
      activation = activation_features[name]
      # 将当前层特征的 L2 范数添加到 loss 中
      # 为了避免出现边界伪影，损失中仅包含非边界的像素
      # reduce_prod 用于计算一个张量在各个维度上各元素的积
      # cast 用于将张量的数据格式转换为 float32
      # reduce_sum 用于计算张量在某个维度上的和，可以在求和后降维
      # square 用于计算元素的平方
      scaling = tf.reduce_prod(tf.cast(tf.shape(activation), "float32"))
      loss += coeff * tf.reduce_sum(tf.square(activation[:, 2:-2, 2:-2, :]))
```

```
                    / scaling
    return loss
```

第四步，构建相关的梯度函数，示例如下。

```
# 定义相关梯度函数
# 定义用于计算梯度上升的函数：为每个尺度（octave）设置梯度上升循环
# 模型以图执行模式运行
@tf.function
def gradient_ascent_octave(img, learning_rate):
    with tf.GradientTape() as tape:
        tape.watch(img)
        loss = compute_actual_loss(img)
    # 计算梯度值
    grads = tape.gradient(loss, img)
    # 梯度标准化
    # reduce_mean 用于计算张量在指定轴上的平均值，可以在计算平均值后降维
    grads /= tf.maximum(tf.reduce_mean(tf.abs(grads)), 1e-6)
    img += learning_rate * grads
    return loss, img

# 定义梯度上升循环函数：执行 iterations 次梯度上升
def gradient_ascent_octave_loop(img, iterations, learning_rate, max_loss=None):
    for i in range(iterations):
        loss, img = gradient_ascent_octave(img, learning_rate)
        # 当 loss 的值大于 max_loss 的值时中断梯度上升过程，控制（伪影）视觉效果
        if max_loss is not None and loss > max_loss:
            break
        print("... Loss value at step %d: %.2f" % (i, loss))
    return img
```

第五步，执行 Deep Dream 算法并输出结果，示例如下。

```
# 执行 Deep Dream 算法
# 定义超参数：调整这些超参数，可以获得新的、不同的视觉效果
grads_step = 0.01              # 定义梯度上升的步长
grads_num_octave = 3           # 执行梯度上升的尺度的次数
# 两个尺度的大小比例，每个尺度都是前一个尺度的 1.4 倍，即放大 40%
grads_octave_scale = 1.4
grads_iterations = 20          # 每个尺度的梯度上升的步数（loss 的值增大的次数）
# 定义 loss 的最大值；如果大于该值，则中断梯度上升过程，控制（伪影）视觉效果
grads_max_loss = 20.0

# 在不同的尺度上迭代运行训练循环
original_img = preprocess_dream_image(img_path)
original_shape = original_img.shape[1:3]
```

```
# 准备一个由形状元组组成的列表，它定义了运行梯度上升的不同尺度
list_shapes_tuple = [original_shape]
for i in range(1, grads_num_octave):
    shape = tuple([int(dim / (grads_octave_scale ** i)) for
                   dim in original_shape])
    list_shapes_tuple.append(shape)

# 将形状列表反转，变为升序
list_shapes_tuple = list_shapes_tuple[::-1]
# 将图片的 NumPy 数组的大小缩放至最小尺寸
shrunk_original_img = tf.image.resize(original_img, list_shapes_tuple[0])
# 张量复制：返回一个与 original_img 相同的张量
img = tf.identity(original_img)

# Deep Dream 算法实现 ==================================
for i, shape in enumerate(list_shapes_tuple):
    print("Processing octave %d with shape %s" % (i, shape))
    # 放大 dream 图
    img = tf.image.resize(img, shape)
    # 执行梯度上升，改变 dream 图
    img = gradient_ascent_octave_loop(img, iterations=grads_iterations,
                                      learning_rate=grads_step,
                                      max_loss=grads_max_loss
    )
    # 原始图片像素化：将原始图片的小版本放大
    upscaled_shrunk_original_img = tf.image.resize(shrunk_original_img, shape)
    # 通过计算获得原始图片的高质量版本
    same_size_original = tf.image.resize(original_img, shape)
    # 计算图片在放大过程中丢失的细节：在本例中每个 octave 放大 40%
    lost_detail = same_size_original - upscaled_shrunk_original_img

    # 将图片放大过程中丢失的细节重新注入 dream 图
    img += lost_detail
    shrunk_original_img = tf.image.resize(original_img, shape)

# 保存经过 Deep Dream 算法计算的图片
preprocessing.image.save_img(result_dream + ".png",
                             deprocess_num_to_image(img.numpy()))
# Deep Dream 算法实现 ==================================

# 显示结果
from IPython.display import Image,display
display(Image(result_dream + ".png"))
```

本例展示了基于预训练网络实现 Deep Dream 技术的完整过程。大家可以通过调节预训练模型中参与 Deep Dream 运算的卷积层或其对最大化损失值贡献的大小来观察输出的效果。Deep Dream 技术不仅可以在卷积神经网络中使用，也可以应用于循环神经网络，构建奇特、诡异、梦幻般的音乐或声音。

7.7.2 基于 VGG19 网络的风格迁移实践

风格迁移（Neural Style Transfer，NST）①是由 Leon A. Gatys、Alexander S. Ecker、Matthias Bethge 在 2015 年 9 月提出的。它是一种对一张输入图片保留主要内容，从而对其风格进行重构的技术。输入图片的主要内容是指图片的高层空间结构、目标或物体级的局部高层特征，风格是指图片的边角、颜色、纹理等低层或中层特征（风格来源于一张参考图片）。

在 Gatys 等人的文章中，以梵高的《星夜月》作为参考风格图片，以一张德国图宾根市（Tübingen）的风景照片中的建筑物作为内容，使用 VGG 网络生成了一张风格迁移图片，如图 7-26 所示。

可以看出，风格迁移技术使用的预训练卷积神经网络负责接收一张需要保留其主要内容的目标图片与一张风格参考图片。它能同时计算目标图片、风格参考图片与生成图片（风格迁移后生成的图片）在卷积神经网络的相关网络层的激活值，然后，进行风格重建（Style Reconstructions）与内容重建（Content Reconstructions），重建过程是通过优化损失函数实现的。损失函数通过卷积神经网络计算层激活的值来定义。

---

① 来自文章 *A Neural Algorithm of Artistic Style*。

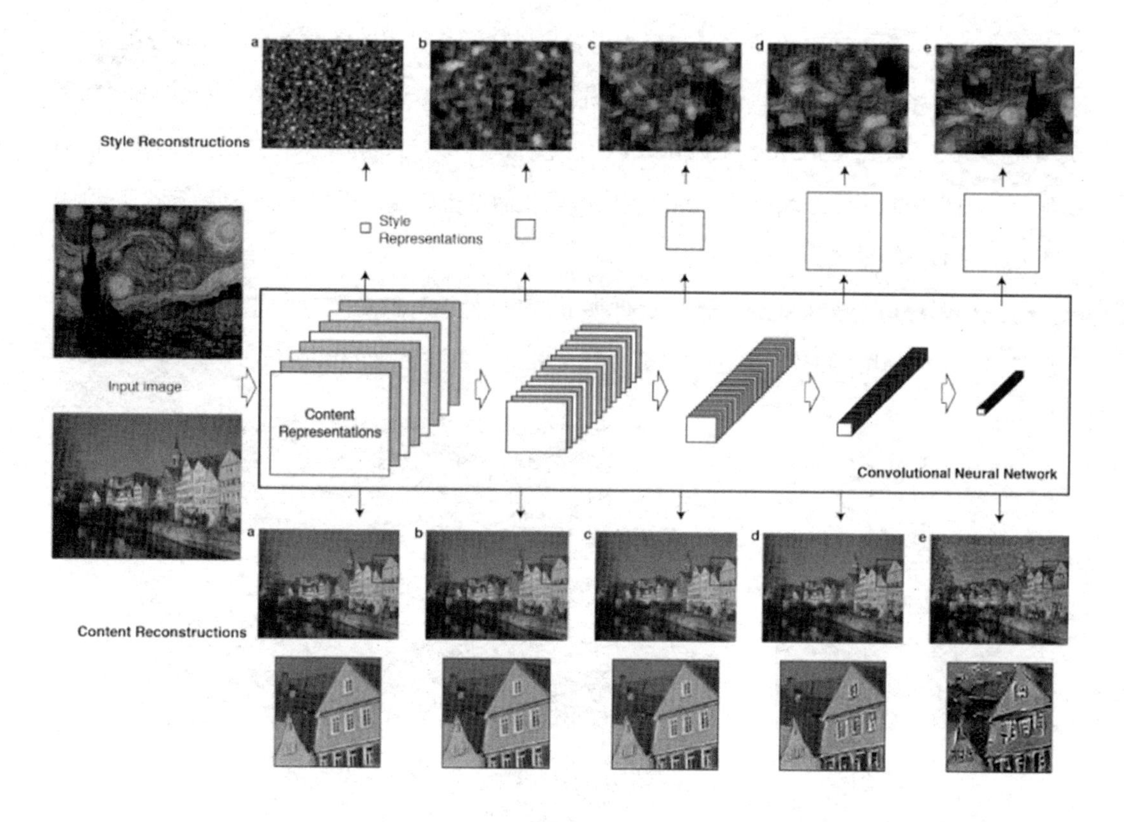

图 7-26

在风格迁移技术中有三类损失值，具体如下，我们的目的是最小化这些损失值。

- 风格损失（Style Loss）：用于衡量风格参考图片与生成图片之间的差异。风格损失值越小，说明生成图片的风格越接近风格参考图片，具体来说，就是两张图片的边缘、角点、色彩、纹理等特征高度相似。
- 内容损失（Content Loss）：用于衡量输入的目标图片与生产图片之间的差异。内容损失越小，说明生成图片的内容越接近目标图片。
- 总变差损失（Total Variation Loss）：对经过内容重建与风格重建的组合图片进行像素级的操作，使经过风格迁移的图片具有局部空间的连续性与相关性，整幅图片有一致的视觉效果，避免过渡像素化。

本例将 VGG19 网络作为预训练模型，演示图片在纹理这种中层特征上的风格迁移，具体过程如下。

首先，导入需要的资源文件，并初始化参与风格迁移过程的图片信息。共有三类图片，分别是目标图片 guozewen.jpg、风格参考图片 fangao_1.jpg、经过风格迁移的生成图片。前两类图片为 JPG 格式，建议大小在 200kB 以内。生成图片的格式为 PNG，只定义文件名的前缀信息。因为我们想跟踪风格迁移的过程，所以我们希望风格迁移程序按一定的运行频度保留生成图片的中间结果。

这三类图片均存放在 styletransfer 文件夹下，该文件夹与本例代码在同一目录下。目标图片就是 7.8.1 节使用的照片，风格参考图片是《星夜月》，如图 7-27 所示。

目标图片

风格参考图片

图 7-27

第一步的代码如下。

```
# 导入资源文件
import numpy as np
import tensorflow as tf
from tensorflow.keras import Model,applications,preprocessing,optimizers

# 设置参与风格迁移任务的图片信息
# 指定目标图片及其磁盘目录
targe_image = './styletransfer/guozewen.jpg'
# 指定风格参考图片及其磁盘目录
style_reference_image = './styletransfer/fangao_1.jpg'
# 指定经过风格迁移生成的图片的位置及文件名前缀
generated_image_prefix = './styletransfer/guozewen_style_transfer'

# 显示目标图片与风格参考图片
from IPython.display import Image, display
```

```
display(Image(targe_image))
display(Image(style_reference_image))
```

指定经过风格迁移运算生成的图片的尺寸，代码如下。

```
# 设置生成的图片的尺寸
gen_width, gen_height = preprocessing.image.load_img(targe_image).size
img_gen_height = 500
img_gen_width = int(gen_width * img_gen_height / gen_height)
```

下面我们要定义两个非常重要的图片处理函数，分别是 preprocess_styletranfer_image 和 deprocess_num_to_image。前者从磁盘读取图片文件，并调整图片大小、设置图片格式，将其转换为预训练模型能够处理的张量，或者将张量（NumPy 数组）转换为有效的图片文件，示例如下。

```
# 用于预处理图片的函数，使用预训练模型 VGG19
def preprocess_styletranfer_image(image_path):
    img = preprocessing.image.load_img(
        image_path, target_size=(img_gen_height, img_gen_width)
    )
    img = preprocessing.image.img_to_array(img)
    img = np.expand_dims(img, axis=0)
    img = applications.vgg19.preprocess_input(img)
    # 将张量对象、数字数组、Python 列表和 Python 标量转换为张量
    return tf.convert_to_tensor(img)

# 图像转换函数：将张量（NumPy 数组）转换为有效的图片
def deprocess_num_to_image(x):
    x = x.reshape((img_gen_height, img_gen_width, 3))
    # 减去 ImageNet 的平均像素值，使其中心为 0
    x[:, :, 0] += 103.939
    x[:, :, 1] += 116.779
    x[:, :, 2] += 123.68
    # 将图像数据由 BGR 格式转换为 RGB 格式
    x = x[:, :, ::-1]
    x = np.clip(x, 0, 255).astype("uint8")
    return x
```

第二步，构建基于 VGG19 的预训练模型 img_styletransfer_model。该模型保留了 VGG19 在 ImageNet 数据集上学习到的权重，舍弃顶部的全连接层，示例如下。

```
# 创建 VGG19 预训练模型实例：保留从 ImageNet 学习到的权重，不含顶部的全连接层
img_styletransfer_model = applications.vgg19.VGG19(weights="imagenet",
                                                   include_top=False)

# 创建字典 layer_dicts：将 img_styletransfer_model 的名称映射为层的实例
layers_dicts = dict([(layer.name, layer.output) for layer in
                           img_styletransfer_model.layers])

# 建立一个模型，返回 VGG19 的每个目标层的激活值
activation_value_model = Model(inputs=img_styletransfer_model.inputs,
                             outputs=layers_dicts)
```

上面两段代码与 Deep Dream 的代码类似。下面我们设置预训练模型中参与风格迁移的网络层。

有 5 个卷积层参与风格损失的相关运算。block5_conv2 层参与与内容损失有关的运算。通过 img_styletransfer_model.summary 方法浏览预训练模型的概要信息可知，所有与风格损失运算有关的层都比 block5_conv2 层离输出层远，这说明 block5_conv2 层能学习到更接近内容（物体或目标）的高层特征，而 block5_conv2 之前的二维卷积层更多地学习到的是图片纹理等中层和低层特征。

```
# 预训练模型 img_styletransfer_model 中参与风格损失计算的层
style_layer_names = [
                "block1_conv1",
                "block2_conv1",
                "block3_conv1",
                "block4_conv1",
                "block5_conv1",
            ]
# 预训练模型 img_styletransfer_model 中用于计算内容损失的层
content_layer_name = "block5_conv2"
```

第三步，实现风格迁移。前面说过，我们的最终目的是通过梯度下降算法最小化风格损失值、内容损失值、总变差损失值。这 3 个损失值越小，目标图片的内容保留得就越多，与风格参考图片的风格就越一致，风格迁移后生成的图片的视觉效果就越好。但是，这 3 个损失值难免会相互影响，所以，需要找到一个平衡点。

接下来，初始化 3 类损失在风格迁移过程中的权重。可以通过调整下面的权重值来观察风格迁移后的视觉效果。

```
# 设置 3 类损失在风格迁移过程的权重
total_variation_loss_weight = 1e-6     # 总变差损失所占权重
style_loss_weight = 1e-6               # 风格损失所占权重
content_loss_weight = 2.5e-8           # 内容损失所占权重
```

为了计算风格迁移损失，需要定义 4 个函数，分别是格拉姆矩阵（Gram Matrix）函数、风格损失函数、内容损失函数、总变差损失函数。

格拉姆矩阵函数用于在计算风格损失的过程中获得一个图片张量的格拉姆矩阵，示例如下。

```
# 计算输入的图片张量的格拉姆矩阵，即原始特征矩阵中相互关系的映射
def gram_matrix_func(x):
    x = tf.transpose(x, (2, 0, 1))
    features = tf.reshape(x, (tf.shape(x)[0], -1))
    gram = tf.matmul(features, tf.transpose(features))
    return gram
```

风格损失函数用于维护风格参考图片在生成图片中的风格，损失值越小，风格就越接近。本例迁移的是参考图片的局部纹理特征（Local Textures），示例如下。

```
# 基于风格参考图片与生成图片的特征映射的拉格姆矩阵
def style_loss_func(style, generated):
    # 获得风格参考图片的拉格姆矩阵
    S = gram_matrix_func(style)
    # 获得生成图片的拉格姆矩阵
    C = gram_matrix_func(generated)
    channels = 3
    size = img_gen_height * img_gen_width
    return tf.reduce_sum(tf.square(S - C)) / (4.0 * (channels ** 2) * (size ** 2))
```

内容损失函数用于维护目标图片在生成图片中的内容，也就是目标图片的高层空间特征在生成图片中的表示情况，损失值越小，内容就越接近，示例如下。

```
# 内容损失函数：用于维护目标图片在生成图片中的内容，损失值越小，内容就越接近
def content_loss_func(base, generated):
    return tf.reduce_sum(tf.square(generated - base))
```

总变差损失函数用于保持生成图片在空间层次上的相关性与连续性，损失值越小，生成的图片就越像一个整体，视觉效果就越好，示例如下。

```
# 总变差损失函数：用于保持生成图片在空间层次上的相关性与连续性
def total_variation_loss_func(x):
    a = tf.square(
        x[:, : img_gen_height - 1, : img_gen_width - 1, :] -
        x[:, 1:, : img_gen_width - 1, :]
    )
    b = tf.square(
        x[:, : img_gen_height - 1, : img_gen_width - 1, :] -
        x[:, : img_gen_height - 1, 1:, :]
    )
    return tf.reduce_sum(tf.pow(a + b, 1.25))
```

设置上述 4 个与计算损失有关的函数后，就可以构建用于计算风格迁移的函数了。该函数接收 3 种形式的参数，分别是目标图片（base_image）、生成图片（generated_image）、目标参考图片（style_reference_image），返回 3 类损的失加权和，示例如下。

```
# 计算风格迁移损失
def compute_styletransfer_loss(generated_image, base_image,
                               style_reference_image):
    # 将 3 张图片拼接为一个张量
    input_tensor = tf.concat(
        [base_image, style_reference_image, generated_image], axis=0
    )
    features = activation_value_model(input_tensor)

    # 初始化损失值
    loss = tf.zeros(shape=())

    # 增加内容损失：一个卷积层 block5_conv2
    layer_features = features[content_layer_name]
    base_image_features = layer_features[0, :, :, :]
    combination_features = layer_features[2, :, :, :]
    loss = loss + content_loss_weight * content_loss_func(
        base_image_features, combination_features
    )

    # 增加风格损失：多个卷积层 block1_conv1~block5_conv1
    for layer_name in style_layer_names:
        layer_features = features[layer_name]
        style_reference_features = layer_features[1, :, :, :]
        combination_features = layer_features[2, :, :, :]
        sl = style_loss_func(style_reference_features, combination_features)
        loss += (style_loss_weight / len(style_layer_names)) * sl
```

```
    # 增加总变差损失
    loss += total_variation_loss_weight *
           total_variation_loss_func(generated_image)
    return loss
```

TensorFlow 有即时执行与图执行两种模式。TensorFlow 2.0 及以上版本默认使用即时执行模式，这种模式具有灵活、易调试的特点。图执行模式则具有高性能与易部署的特点。风格迁移计算耗时很长，为了提高执行效率，在这里采用图执行模式计算损失值与梯度值。“@tf.function”装饰（Decorator）改变了 TensorFlow 2.0 默认的即时执行模式，让模型以图执行模式运行，示例如下。

```
@tf.function
# 以图执行模式计算损失值和梯度值，效率更高
def compute_loss_and_grads(generated_image, base_image, style_reference_image):
    with tf.GradientTape() as tape:
        # 计算风格迁移过程中目标图片与风格参考图片相对于生成图片的损失值
        loss = compute_styletransfer_loss(generated_image, base_image,
                                style_reference_image)
    # 获取损失相对于生成图片的梯度
    grads = tape.gradient(loss, generated_image)
    # 返回当前的损失值、梯度值
    return loss, grads
```

本例使用批梯度下降算法（Vanilla Gradient Descent）计算梯度。下面的代码配置了批梯度下降算法的相关参数，并通过 optimizers.schedules.ExponentialDecay 方法调节优化器的学习率随时间变化的幅度。

```
# 初始学习率为 100.0，每 100 次迭代后，学习率降低为原来的 0.96
optimizer = optimizers.SGD(
    optimizers.schedules.ExponentialDecay(
        initial_learning_rate=100.0, decay_steps=100, decay_rate=0.96
    )
)
```

调用 preprocess_styletranfer_image 函数对三类图片进行预处理后，为了将损失值降到最小，我们重复执行批梯度下降算法，并在每 100 次迭代后保存经过风格迁移生成的图片，以监控风格迁移的变化过程。

需要说明的是，本例自定义了一个训练循环（Training Loop），在每次循环过程中通过调用 tf.GradientTape 实例获得梯度信息，并使用 optimizer.apply_gradients 方法修改生成图片的权重，示例如下。

```
# 利用图片预处理函数，对目标图片、风格参考图片、生成图片进行预处理
base_image = preprocess_styletranfer_image(targe_image)
style_reference_image = preprocess_styletranfer_image(style_reference_image)
generated_image = tf.Variable(preprocess_styletranfer_image(targe_image))

# 设置迭代次数
iterations = 4000
for i in range(1, iterations + 1):
    loss, grads = compute_loss_and_grads(
        generated_image, base_image, style_reference_image
    )
    # 在自定义的训练循环中，通过调用 tf.GradientTape 的实例获得梯度信息
    # 通过 optimizer.apply_gradients 方法修改生成图片的权重
    optimizer.apply_gradients([(grads, generated_image)])
    if i % 100 == 0:
        print("Iteration %d: loss=%.2f" % (i, loss))
        # 将张量转换为图片
        img = deprocess_num_to_image(generated_image.numpy())
        fname = generated_image_prefix + "_at_iteration_%d.png" % i
        preprocessing.image.save_img(fname, img)

# 显示风格迁移完成后的最后一张生成图片
display(Image(generated_image_prefix + "_at_iteration_100.png"))
```

至此，完成了基于 VGG19 预训练模型的风格迁移代码。

下面，我们列出部分生成图片，如图 7-28 所示，跟踪将《星空月》的纹理风格迁移到图片 guozewen.jpg 上的结果。随着训练循环次数的增加，生成图片与风格参考图片的风格越接近，风格损失也越小。由此可以看出，风格迁移本质上是使用卷积神经网络已经学习到的知识（内容与风格）创建一张新的图片。

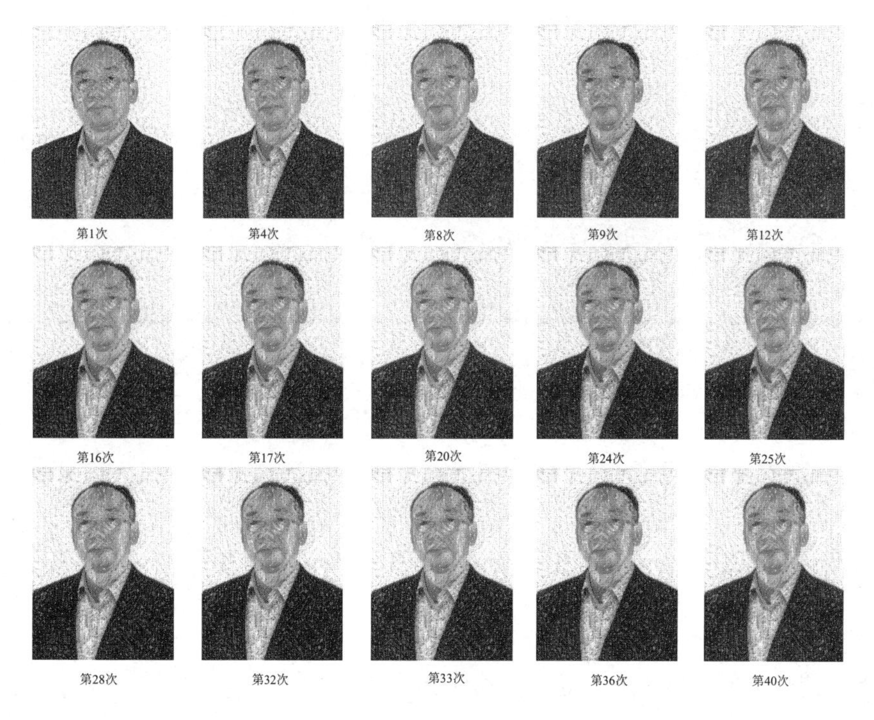

图 7-28

7.8　使用自定义回调函数监控模型的行为

本章前面的内容对深度学习调优进行了初步的探讨。网络模型的调优是一个系统工程，也是 AI 算法工程师的不二使命。如何优雅地通过优化模型使之获得良好的泛化能力，是 AI 算法工程师必须修炼的技能。

我们已经知道，在使用深度学习模型解决一个具体问题时，在模型创建之初很多内容都是通过先验知识（甚至是随意）指定的。例如：使用哪种神经网络？神经网络的拓扑结构是什么？神经网络有多少层？隐层使用哪种激活函数？输出层是否要使用激活函数，使用哪种激活函数？编译时使用哪种损失函数，使用哪种优化器，优化器的学习率是多少？神经网络层的模型参数设置为多少？是否要使用随机失活技术，随机失活比率是多少？是否要对训练样本进行批标准化？文本预处理采用什么方式，是随模型学习方式的词嵌入还是预训练词嵌入？如何进行训练样本的预处理？是否要使用数据增强技术，使用哪种数据增强技术？如何科学、合理地划分数据集？等等。每一个具体问题都有个性化的因素，任何先验知识都只能作为指导。根据模型的训练与使用情况对上述（不限于）问题进行合理的解答是一个必不可少的过程——这个过程就是模型的优化过程。

7.8.1 将约束理论应用于模型调优

要想优化模型，首先要知道模型在训练、评估、推理过程中的种种行为，通过对行为特征进行分析，尽可能找出性能瓶颈，同时，分析产生瓶颈的原因，找出解决办法。

在管理学中有一个约束理论（Theory Of Constraints，TOC），是由以色列物理学家高德拉特（Goldratt）博士提出的。它以持续改进（Continuous Improvement）为目标，承认一个系统中至少存在一个及以上的约束限制其生产的客观性，需要通过五步走（Five Focusing Steps）的方式，不断打破约束条件，周期性地持续解决问题。

- 第一步：找出系统中存在哪些约束。
- 第二步：寻找突破（Exploit）这些约束的办法。
- 第三步：使系统中的其他所有活动均服从于第二步中提出的各种措施。
- 第四步：执行第二步中提出的措施，使第一步中找出的约束不再是系统的约束。
- 第五步：回到第一步。别让惰性成为约束，持续不断地改善。

这个理论同样适用于对神经网络模型的调优。例如，当我们面临拟合问题时，通常使用诸如增加模型的超参数、对模型参数正则化、随机失活、残差连接、数据增强等技术解决模型的过拟合问题，然后对模型的损失指标、度量指标进行调优，直到过拟合问题又成为模型性能的主要障碍时，再通过上述方法解决过拟合问题。如此循环执行，不断提高模型的泛化能力。

那么，现在的问题就是如何找到神经网络模型中的约束条件了。tf.keras.callbacks 提供了一种强大的方法，让我们可以获得模型运行过程中的相关信息。通过对这些信息的分析与挖掘，就有可能找出其中的问题。

在前面的章节中，我们使用 tf.keras.callbacks 内置的回调函数，在模型的训练过程中实现了人为干预，使用的函数包括 Tensorboard、EarlyStopping、ModelCheckpoint。这些干预有利于我们对模型的训练过程和训练的中间结果进行监控与分析。在模型调优过程中，这些信息往往是不够的，但幸运的是，我们可以自定义一些回调函数，对模型的训练、评估、推理过程实现深度干预，获得更多、更有用的信息，从而了解模型的相关行为。

回调函数是一种功能非常强大的工具，为模型的调优提供了有力的支撑。下面将详细介绍如何构建自己的回调函数，以及如何使用这些回调函数。

所有可实例化回调函数的类都继承自 tf.keras.callbacks.Callback 抽象类，它们重载了 Callback 基类在模型的训练、评估、预测/推理各个阶段的一些方法。这些方法可以让我们获得相应训练阶段模型内部的状态和统计信息，有助于我们对模型的性能进行分析。

自定义回调函数同样继承自 Callback 基类，可以在模型的 fit、evaluate 或 predict 方法中通过 callbacks 参数调用。按照应用范围，自定义回调函数可以分为以下三类。

- 全局回调函数：可以在 fit、evaluate、predict 方法调用之前与之后使用。
- epoch 级的回调函数：只在训练阶段使用，即在 fit 方法调用之前或之后使用。
- batch 级的回调函数：可以在 fit、evaluate、predict 方法调用之前与之后使用。

7.8.2　构建全局回调函数

在本节中，我们通过使用二维卷积网络解决 MNIST 数据集多分类任务的例子来详细介绍如何构建与使用全局自定义回调函数。这个模型与模型的训练过程是我们非常熟悉的。

首先，定义一个名为 CustomGlobalCallback 的回调函数类，该类继承自 Callback 基类，内部定义了 6 个函数，分别用于 fit 方法、evaluate 方法、predict 方法执行前与执行后。本例函数的作用很简单，就是读取当前方法（fit、evaluate、predict）的日志并输出，日志通常包括损失值、性能指标值（例如精度、均方差等）、轮次（epoch 数）、批次（batch 数）等，示例如下。本例旨在示范，在实际工作中，读者可以根据需要在各个函数体中自己编写逻辑代码。

```
from tensorflow import keras

# 构建全局自定义回调函数（Global）
class CustomGlobalCallback(keras.callbacks.Callback):
    # fit 方法调用  ====================================
    # 训练开始
    def on_train_begin(self, logs=None):
        dicts = list(logs.keys())
```

```
        print("Starting training; got log keys: {}".format(dicts))
    # 训练结束
    def on_train_end(self, logs=None):
        print("Stop training; "
              "loss is:{:7.4f};accuracy is:{:7.4f};val_loss is :{:7.4f};"
              "val_accuracy is:{:7.4f}".format(logs["loss"],logs["accuracy"],
                                              logs["val_loss"],logs["val_accuracy"]))

    # evaluate 方法调用  ===============================
    # 测试开始
    def on_test_begin(self, logs=None):
        dicts = list(logs.keys())
        print("Start testing; got log keys: {}".format(dicts))
    # 测试结束
    def on_test_end(self, logs=None):
        print("Stop testing; "
             "loss is:{:7.4f};accuracy
is:{:7.4f}".format(logs["loss"],logs["accuracy"]))

    # predict 方法调用  ===================================
    # 预测开始
    def on_predict_begin(self, logs=None):
        dicts = list(logs.keys())
        print("Start predicting; got log keys: {}".format(dicts))
    # 预测结束
    def on_predict_end(self, logs=None):
        dicts = list(logs.keys())
        print("Stop predicting; got log keys: {}".format(dicts))
```

接下来，复用前面使用过的加载 MNIST 数据集、数据预处理、构建卷积神经网络、模型编译的代码，示例如下。

```
# 数据准备：加载数据
from tensorflow.keras import layers,datasets,utils,Sequential

print('load MNIST...')
(train_images,train_labels),(test_images,test_labels) =
datasets.mnist.load_data()
# len(train_images), 查看数据大小

# 数据预处理：将数据缩放到[-1,1]或[0,1]之间
train_images = train_images.reshape((60000,28,28,1))  # 神经网络需要的张量形状
train_images = train_images.astype('float32') / 255   # 将数据缩放到[0,1]之间

test_images = test_images.reshape((10000,28,28,1))    # 神经网络需要的张量形状
```

```
test_images = test_images.astype('float32') / 255     # 将数据缩放到[0,1]之间

# 对分类标签进行编码
train_labels = utils.to_categorical(train_labels)
test_labels = utils.to_categorical(test_labels)

# 构建卷积神经网络
model = Sequential([

layers.Conv2D(32,(3,3),strides=(1,1),activation='relu',input_shape=(28,28,1)),
       layers.MaxPooling2D(2,2),
       layers.Conv2D(64,(3,3),activation='relu'),
       layers.MaxPooling2D(2,2),
       layers.Conv2D(64,(3,3),activation='relu'),
       layers.Flatten(),
       layers.Dense(64,activation='relu'),
       layers.Dense(10,activation='softmax')
       ])
model.build()
model.summary()      # 查看 model 的形状与参数量

# 指定神经网络的优化器、损失函数、度量指标
model.compile( optimizer='rmsprop',loss='categorical_crossentropy',
           metrics=['accuracy'])
```

然后，在 fit、evaluate、predict 方法中调用 CustomGlobalCallback 方法（要注意调用格式）。为了显示自定义回调函数的效果，我们将 fit 方法的 verbose 参数设置为 0，即不输出 fit 方法本身的运行日志。同样，我们也可以设置 evaluate 方法与 predict 方法的 verbose 参数为 0，不输出它们自身的相关日志。示例如下。

```
# 训练模型，同时调用自定义回调函数 CustomGlobalCallback
model.fit( train_images,train_labels,
       epochs=10, batch_size=128, verbose=0, validation_split=0.1,
       callbacks=[CustomGlobalCallback()],)

# 模型评估，同时调用自定义回调函数 CustomGlobalCallback
model.evaluate( test_images,test_labels, batch_size=128, verbose=0,
           callbacks=[CustomGlobalCallback()],)

# 模型预测，同时调用自定义回调函数 CustomGlobalCallback
model.predict( test_images, batch_size=128, verbose=0,
           callbacks=[CustomGlobalCallback()],)
```

这是我们第一次看到在evaluate方法与predict方法中使用回调函数与batch_size参数。IPython 控制台输出的日志如下。

```
Starting training; got log keys: []
Start testing; got log keys: []
Stop testing; loss is: 0.0613;accuracy is: 0.9805
Start testing; got log keys: []
Stop testing; loss is: 0.0525;accuracy is: 0.9857
Start testing; got log keys: []
Stop testing; loss is: 0.0419;accuracy is: 0.9872
Start testing; got log keys: []
Stop testing; loss is: 0.0377;accuracy is: 0.9895
Start testing; got log keys: []
Stop testing; loss is: 0.0339;accuracy is: 0.9910
Start testing; got log keys: []
Stop testing; loss is: 0.0383;accuracy is: 0.9898
Start testing; got log keys: []
Stop testing; loss is: 0.0359;accuracy is: 0.9903
Start testing; got log keys: []
Stop testing; loss is: 0.0321;accuracy is: 0.9913
Start testing; got log keys: []
Stop testing; loss is: 0.0425;accuracy is: 0.9902
Start testing; got log keys: []
Stop testing; loss is: 0.0389;accuracy is: 0.9923
Stop training; loss is: 0.0086;accuracy is: 0.9973;val_loss is :
0.0389;val_accuracy is: 0.9923
Start testing; got log keys: []
Stop testing; loss is: 0.0344;accuracy is: 0.9915
Start predicting; got log keys: []
Stop predicting; got log keys: []
```

大家可以对这些日志进行科学的分析，挖掘其中的信息。例如，绘制 loss、val_loss、accuracy、val_accuracy 的趋势图，计算相邻两个指标的差值并对差值进行分析等，从而获得模型在学习、推理过程中重要的统计数据，并根据分析结果采取必要的、有效的行动。

7.8.3 构建 epoch 级的自定义回调函数

在模型训练过程中，训练集中所有的样本都会参与一次训练，这称为一个 epoch。epoch 是 fit 方法特有的关键参数，在模型的评估、预测/推理过程中没有 epoch 的概念。因此，epoch 级的自定义回调函数只发生在 fit 方法中，示例如下。

```
from tensorflow import keras

# 构建epoch级的自定义回调函数（Epoch-Level）
class CustomEpochCallback(keras.callbacks.Callback):
    # fit 方法调用  =======================================
    # 训练开始
    def on_epoch_begin(self, epoch, logs=None):
        dicts = list(logs.keys())
        print("Start epoch {} of training; got log keys: {}".format(epoch,
                dicts))

    # 训练结束
    def on_epoch_end(self, epoch, logs=None):
        print("End epoch {} of training; "
              "loss is:{:7.4f};accuracy is:{:7.4f};val_loss is :{:7.4f};"
              "val_accuracy is:{:7.4f}".format(epoch,
                                      logs["loss"],logs["accuracy"],
                                      logs["val_loss"],logs["val_accuracy"]))
```

CustomEpochCallback 类同样继承自回调函数的抽象基类 Callback，它定义了两个函数，在 fit 方法执行前或执行后调用。在 on_epoch_end 函数中，从 logs 中读取每个 epoch 执行后的 loss、accuracy、val_loss、val_accuracy 的值，输出小数点后 4 位的浮点数。与 fit 方法有关的部分，示例如下。

```
# 训练模型，同时调用自定义回调函数 CustomEpochCallback
model.fit( train_images,train_labels,
        epochs=10, batch_size=128, verbose=0, validation_split=0.1,
        callbacks=[CustomEpochCallback()],)
```

运行日志如下。

```
Start epoch 0 of training; got log keys: []
End epoch 0 of training; loss is: 0.2534;accuracy is: 0.9204;val_loss is :
0.0537;val_accuracy is: 0.9847
Start epoch 1 of training; got log keys: []
End epoch 1 of training; loss is: 0.0568;accuracy is: 0.9822;val_loss is :
0.0427;val_accuracy is: 0.9885
Start epoch 2 of training; got log keys: []
End epoch 2 of training; loss is: 0.0396;accuracy is: 0.9871;val_loss is :
0.0423;val_accuracy is: 0.9885
Start epoch 3 of training; got log keys: []
End epoch 3 of training; loss is: 0.0291;accuracy is: 0.9910;val_loss is :
0.0378;val_accuracy is: 0.9893
```

```
Start epoch 4 of training; got log keys: []
End epoch 4 of training; loss is: 0.0226;accuracy is: 0.9933;val_loss is :
0.0331;val_accuracy is: 0.9918
Start epoch 5 of training; got log keys: []
End epoch 5 of training; loss is: 0.0180;accuracy is: 0.9943;val_loss is :
0.0449;val_accuracy is: 0.9887
Start epoch 6 of training; got log keys: []
End epoch 6 of training; loss is: 0.0139;accuracy is: 0.9957;val_loss is :
0.0352;val_accuracy is: 0.9923
Start epoch 7 of training; got log keys: []
End epoch 7 of training; loss is: 0.0124;accuracy is: 0.9959;val_loss is :
0.0307;val_accuracy is: 0.9922
Start epoch 8 of training; got log keys: []
End epoch 8 of training; loss is: 0.0097;accuracy is: 0.9968;val_loss is :
0.0390;val_accuracy is: 0.9933
Start epoch 9 of training; got log keys: []
End epoch 9 of training; loss is: 0.0082;accuracy is: 0.9971;val_loss is :
0.0514;val_accuracy is: 0.9913
```

本例仅列出了每个 epoch 训练完成后的损失与精度。我们不仅可以计算同一个 epoch 的训练损失差与验证损失差、训练精度差与验证精度差，相邻两个 epoch 的验证损失差、验证精度差等，从而动态监控模型的训练情况，还可以将一些复杂的干预程序放到 on_epoch_begin、on_epoch_end 函数中。

7.8.4 构建 batch 级的自定义回调函数

在模型的训练、评估、预测，尤其是训练过程中，样本是以批次为单位送入神经网络的。batch_size 也是 fit 方法中一个非常重要的参数，它说明一个 batch 中包含多少个训练样本。batch 级的自定义回调函数可以用在 fit、evaluate、predict 方法中，与全局回调函数相似，可以在执行这 3 个方法之前或之后调用，示例如下。

```
from tensorflow import keras

# 构建Batch级的自定义回调函数（Batch-Level）
class CustomBatchCallback(keras.callbacks.Callback):
    # fit方法调用   ========================================
    # 训练开始
    def on_train_batch_begin(self, batch, logs=None):
        dicts = list(logs.keys())
        print("Training: start of batch {}; got log keys: {}".format(batch,
                                    dicts))
```

```
    # 训练结束
    def on_train_batch_end(self, batch, logs=None):
        print("Training: end of batch {}; "
              "loss is:{:7.4f};accuracy is:{:7.4f}".format(batch,
                                    logs["loss"],logs["accuracy"]))

    # evaluate 方法调用  ==================================
    # 测试开始
    def on_test_batch_begin(self, batch, logs=None):
        dicts = list(logs.keys())
        print("Evaluating: start of batch {}; got log keys: {}".format(batch,
                                    dicts))

    # 测试结束
    def on_test_batch_end(self, batch, logs=None):
        print("...Evaluating: end of batch {}; "
              "loss is:{:7.4f};accuracy is:{:7.4f}".format(batch,
                                    logs["loss"],logs["accuracy"]))

    # predict 方法调用  ==================================
    # 预测开始
    def on_predict_batch_begin(self, batch, logs=None):
        dicts = list(logs.keys())
        print("Predicting: start of batch {}; got log keys: {}".format(batch,
                                    dicts))

    # 预测结束
    def on_predict_batch_end(self, batch, logs=None):
        print("Predicting: end of batch {};"
              "outputs is:{}".format(batch, logs["outputs"]))
```

CustomBatchCallback 类同样继承自回调函数的基类 Callback，其内部定义了 6 个函数，用于监控与跟踪 fit、evaluate、predict 方法的执行过程。在模型网络结构部分，除了回调函数的名称，其他代码与前面的基本相同，本节不再列出。在每个 batch 的 end 函数中，输出 fit 与 evaluate 方法执行每一个 batch_size 后的损失值与精度值。predict 方法则用于输出 10 个类别的预测概率。由于调用 CustomBatchCallback 类的输出内容比较多，这里只截取 3 个方法的部分日志作为示例，具体如下。

```
Training: start of batch 419; got log keys: []
Training: end of batch 419; loss is: 0.2669;accuracy is: 0.9158
Training: start of batch 420; got log keys: []
```

```
Training: end of batch 420; loss is: 0.2664;accuracy is: 0.9159
Training: start of batch 421; got log keys: []
Training: end of batch 421; loss is: 0.2659;accuracy is: 0.9161
Evaluating: start of batch 0; got log keys: []
Evaluating: end of batch 0; loss is: 0.0446;accuracy is: 0.9844
Evaluating: start of batch 1; got log keys: []
Evaluating: end of batch 1; loss is: 0.0434;accuracy is: 0.9844
Evaluating: start of batch 2; got log keys: []
Evaluating: end of batch 2; loss is: 0.0540;accuracy is: 0.9844
Evaluating: start of batch 3; got log keys: []
Evaluating: end of batch 3; loss is: 0.0513;accuracy is: 0.9863
Evaluating: start of batch 4; got log keys: []
Evaluating: end of batch 4; loss is: 0.0484;accuracy is: 0.9875
Evaluating: start of batch 5; got log keys: []
Evaluating: end of batch 5; loss is: 0.0503;accuracy is: 0.9857
Predicting: start of batch 78; got log keys: []
Predicting: end of batch 78;outputs is:[[1.11807577e-10 1.00000000e+00
1.01702785e-10 4.77371845e-15
  2.26786590e-09 1.03302881e-12 6.88352361e-11 1.95138661e-09
  1.43561579e-10 1.77002232e-10]
 [2.87356120e-12 6.95187410e-08 9.99989510e-01 8.18274393e-10
  8.50002848e-14 1.07862995e-16 2.31124004e-16 1.02745862e-05
  1.74394657e-07 9.01086931e-12]
  ......
 [4.34273201e-10 2.27189130e-08 2.14360904e-10 5.18798728e-08
  1.86236881e-09 8.73625538e-07 9.99999046e-01 2.12174310e-12
  7.06969483e-11 1.35771663e-11]]
```

我们也可以在 CustomBatchCallback 类中 batch 的 begin 或 end 函数中植入自己的业务逻辑，以获取更多的信息，为模型调优提供支撑。

第 8 章　模型的工程封装与部署

纸上得来终觉浅，绝知此事要躬行。

——《冬夜读书示子聿》　陆游

本章将为读者详细介绍神经网络模型的工程封装方法与部署过程。细心的读者可能已经发现，前面所有的例子在模型训练完成后，除了使用 predict 方法进行预测，没有继续进行操作。如何对已经训练好的模型进行封装？如何将应用层或业务层的数据提供给训练好的神经网络模型进行预测？神经网络模型与实际的工程业务是如何协同工作的？这些都是本章要讨论的问题。

从模型到工程化应用，通常分为两步：对神经网络模型进行封装；将模型部署到工程应用中。

8.1　深度学习模型的工程封装方法

不同的 AI 框架训练完成后，保存模型的格式是不同的。TensorFlow 框架保存模型的 3 种格式是 h5、ckpt 与 TensorFlow 独有的跨平台的 SavedModel。ckpt 只保存模型的权重，加载时需要使用与训练时相同的资源文件（相同的模型网络拓扑结构、超参数等）。其余两种格式同时保存了模型的结构与权重，它们的区别在于，h5 将网络结构与权重保存在一个文件中，SavedModel 将网络结构与权重保存在一个文件夹下的多个文件中。无论哪种格式，对模型的封装方法主要有以下 3 种。

- 使用标准 Python 封装模型：使用 Python 语言加载训练好的模型，在完成相关业务逻辑后，通过 WSGI Web 应用程序框架进行部署。这是一种最直接、最常用的方式，因为 AI 框架通常是基于 Python 语言开发的，同种语言的封装比较容易实现。本节将利用一个轻量级的 WSGI 框架，详细介绍如何利用原生态的 Python 语言进行模型封装，同时为第三方提供服务。

- 使用 C 或 C++ 封装模型：先通过 C 或 C++ 语言，将模型的 C 函数封装成 Python 或 Java.jni 的库，再将封装后的 Python 库通过 WSGI 框架提供给第三方使用（这部分和第一种封装方式相同）。相关 Java.jni 库则可以通过 Java 语言调用，通过 Tomcat、Nginx 等 Web 容器对外提供服务。除了 TensorFlow，其他主流 AI 框架，例如 Kaldi、PyTorch（含 Caffe2）、Caffe、CNTK、MXNet 等，通过训练得到的模型均提供 C 函数形式的接口。这些模型的封装多使用这种方式。
- 使用 Python 扩展封装模型：尽管 Python 与 C 属于不同的语言，但 Python 提供了一个称为 Python 扩展的模块 ctypes 与 C 和 C++ 进行交互。ctypes 模块可以直接封装深度学习模型的 C 函数，从而实现业务应用对模型的调用。

相比之下，使用 C 与 C++ 封装模型的方式安全性比较高，能适应主流开发语言；Python 扩展（ctypes）方式比标准 Python 方式速度快 5 ~ 10 倍（经验数据），且安全性比标准 Python 封装方式高。

此外，TensorFlow 框架提供了一个可以将模型部署到生产环境的平台——TensorFlow Extended（TFX）。这是一个端到端的部署平台，能够通过一系列组件在生产环境中实现深度学习建模、训练、推理与管理部署的流水线式的任务。TensorFlow Serving 是其中之一，它是一个高性能的开源库，可以让训练得到的模型在生产环境中部署并对外提供服务。它最大的特点是支持自动模型热更新与自动模型版本管理。本章将利用一个简单的例子对其工作原理进行介绍。

8.2 使用 Flask 部署神经网络模型

我们先看看如何使用标准 Python 方式封装模型，并利用 Flask 框架对外提供接口服务以及基于 Web 应用协同工作。

本节将基于 7.3 节使用 Xception 架构实现猫狗图片分类任务的模型，详细介绍通过 Flask

部署模型的方法。猫狗图片分类任务的模型通过 Python 封装，然后提供给业务系统使用。

8.2.1　Flask 是什么

Flask[①]是一个轻量级的 WSGI Web 应用程序框架。新手入门快速而简单并能够扩展到复杂的应用程序，是 Flask 的设计目的。它最初只是 Werkzeug 和 Jinja 的一个简单的包装器，现在已经成为最流行的 Python Web 应用程序框架之一。

Flask 提供了一些建议，但不强制执行任何依赖项或项目布局，而是由开发人员自行选择他们想要使用的工具和库。Flask 社区提供了许多扩展，使添加新功能变得容易。安装 Flask 的方法非常简单，在 Windows 的 DOS 环境中执行“pip install Flask”命令即可。

我们将以 Flask 的“Hello World”程序为例，剖析其运行机制。先看以下代码。

```
from flask import Flask
app = Flask(__name__)

@app.route('/')
def hello_world():
    return 'Hello, World!'

if __name__ == '__main__':
    app.run()
```

这是一个最小的 Flask 应用程序。运行 Flask 后，在浏览器地址栏中输入“http://loaclhost:5000”，便可返回“Hello world!”，如图 8-1 所示。

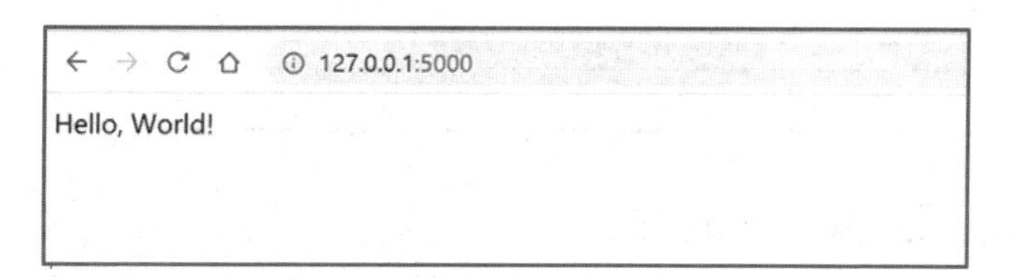

图 8-1

我们分析一下上述代码。在导入 Flask 类后，我们创建了一个 Flask 类的实例，这个实例将成为 WSGI 应用。__name__ 参数的值是应用程序模块的名称，是必须设置的。通过该参

① 链接 8-1。

数，Flask 框架才知道在哪个地方可以找到实例使用的信息，例如静态页面、模板等。“@app.route('/')”以路由的方式触发 Flask 框架，运行其下面定义的函数所执行的相关内容，即在浏览器地址栏中输入“http://127.0.0.1:5000/”后，返回函数 hello_world 的执行结果。后面两行用于定义 hello_world 函数及函数体。最后两行用于执行实例。

可以看出，route 装饰器的作用是把函数 hello_world 绑定到 route 括号里定义的 URL。这里的定义非常简单，后面我们将会讨论如何通过 route 装饰器在 URL 中以标记的方式添加变量。标记部分会作为关键字参数传递给下面的函数。变量的规则通过转换器进行限定，示例如下。

```
@app.route('/predict/<string: img>')
def pred_img(img):
...
```

这段代码说明 URL“http://127.0.0.1:5000/predict/”接收一个字符串类型的 img 变量，这个变量会在 pred_img 函数中使用，URL 返回 pred_img 函数的执行结果。

常用的转换器类型，如表 8-1 所示。

表 8-1

类　　型	说　　明
string	（默认值）接收任何不包含斜杠的文本
int	接受正整数
float	接受正浮点数
path	类似于 string，但可以包含斜杠
uuid	接受 UUID 字符串

在这个过程中，Werkzeug 的作用什么呢？它本质上是一个 Socket 服务端，可接收 HTTP 请求并对请求进行预处理，然后触发 Flask 框架。

在这里只介绍了 Flask 在本章中使用的参数，更多的内容大家可以参考其官方网站①。在对 Flask 框架有了基本的了解之后，就可以开始我们的第一次深度学习模型部署之旅了。

① 链接 8-2。

8.2.2　将模型部署成接口提供给第三方使用

在 7.3 节，我们利用 Xception 架构完成了猫狗图片分类任务，并在模型训练过程中通过回调函数以 epoch 频度保存了模型。下面将利用第 2 个 epoch 训练循环结束后保存的模型实现工程化应用与部署，并使用 Python 封装模型。

首先，将模型 dog_cat_cls_2.h5 复制到本例程序同级目录下。我们知道，h5 方式保存了模型的网络拓扑结构和参数，在恢复时不需要使用网络资源文件。该模型的性能为：验证损失值 0.5500，验证精度值 0.7340。

本例将模型封装成接口提供给第三方使用。接口为 http://127.0.0.1:5000/predict/，参数如表 8-2 所示。

表 8-2

输入参数名称	功能描述	备　注
img	待预测的图片文件名，含扩展名	必须放在 ./image_pred/ 目录下

返回值如表 8-3 所示。

表 8-3

输入参数名称	功能描述	备　注
result	字符串，返回预测结果	预测图片包含猫与狗的概率的描述文本

现在，已经调用了实例 http://127.0.0.1:5000/predict/cat.jpg。

下面，我们来完成模型的加载、封装与相关的接口服务。导入所需的资源文件，包括加载 dog_cat_cls_2.h5 模型所需的 Keras 相关资源包及 Flask 资源包，示例如下。

```
import tensorflow as tf
from tensorflow.keras import models,preprocessing
from flask import Flask
```

第一步，通过 load_model 方法加载 dog_cat_cls_2.h5 模型，示例如下。

```
# 加载猫狗图片分类模型
image_pred = models.load_model('dog_cat_cls_2.h5')
```

第二步，创建 Flask 实例（即 app），示例如下。

```
# 定义 Flask 实例
app = Flask(__name__)
```

第三步，按照接口设计要求，定义 URL“http://127.0.0.1:5000/predict/”，并通过 route 装饰器将函数 pred_img 绑定到该 URL。同时，定义一个 string 类型的变量 img，该变量将作为预测图片文件供函数 pred_img 使用。pred_img 函数加载输入的图片 img，并对其进行张量化，调用 image_pred 的 predict 方法进行预测，组装并返回预测结果，示例如下。

```
# 使用 route 装饰器将函数 pred_img 绑定到 URL
@app.route('/predict/<img>')
def pred_img(img):
    img = preprocessing.image.load_img( 'image_pred/' + img,
                                        target_size=(180, 180))
    img_array = preprocessing.image.img_to_array(img)
    img_array = tf.expand_dims(img_array, 0)
    # 对输入图片进行预测
    predictions = image_pred.predict(img_array)
    score = predictions[0]          # 预测得分
    result = '预测这张图片是猫的概率为：%.4f；狗的概率为：%.4f。' % (1-score,score)
    return result                   # 返回预测结果
```

第四步，运行 Flask 实例，示例如下。

```
# 启动 Flask 实例
if __name__ == '__main__':
    app.run()
```

至此，完成了所有的程序代码。

上面的代码可以在 Windows 的 DOS 环境下执行，方法如下。

```
set FLASK_APP=02_Image_Predict_URL.py      # 通过上面的代码保存的 Python 文件
set FLASK_DEBUG=1     # 启动调试模式；如果出现错误，就会在 Web 页面显示调试与错误信息
flask run             # 执行代码
```

也可以在 IDE 环境 Spyder 中直接执行以上命令，如图 8-2 所示。

在本例程序的同级目录下建立一个文件夹 image_pred，在该文件下存放如图 8-3 所示的两张图片，猫的图片的文件名为 1.jpg，狗的图片的文件名为 2.jpg。

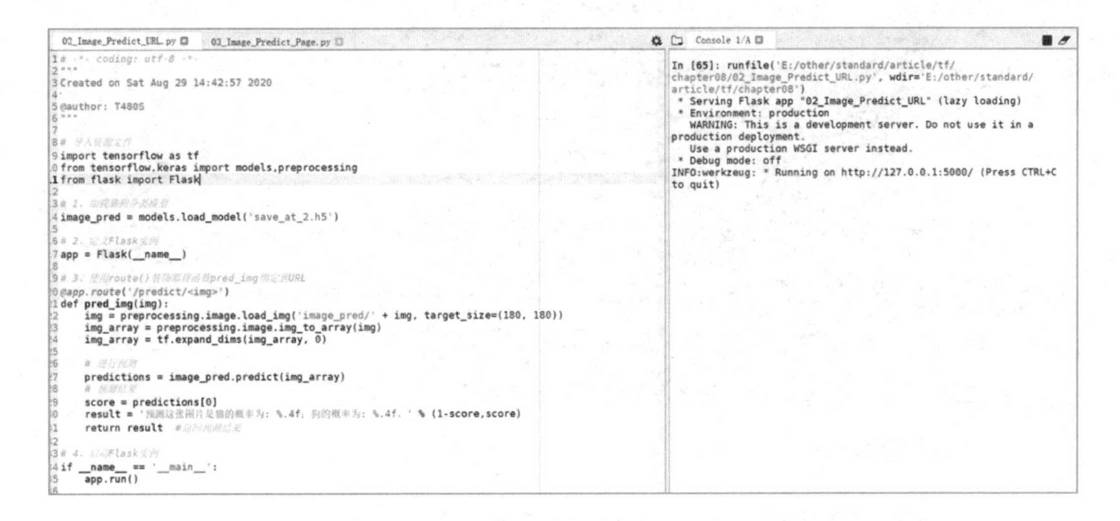
02_Image_Predict_URL.py
03_Image_Predict_Page.py
Console 1/A
-*- coding: utf-8 -*-
"""
Created on Sat Aug 29 14:42:57 2020

@author: T480S
"""
import tensorflow as tf
from tensorflow.keras import models,preprocessing
from flask import Flask
image_pred = models.load_model('save_at_2.h5')
app = Flask(__name__)
@app.route('/predict/<img>')
def pred_img(img):
img = preprocessing.image.load_img('image_pred/' + img, target_size=(180, 180))
img_array = preprocessing.image.img_to_array(img)
img_array = tf.expand_dims(img_array, 0)
predictions = image_pred.predict(img_array)
score = predictions[0]
return result
if __name__ == '__main__':
app.run()
In [65]: runfile('E:/other/standard/article/tf/chapter08/02_Image_Predict_URL.py', wdir='E:/other/standard/article/tf/chapter08')
* Serving Flask app "02_Image_Predict_URL" (lazy loading)
* Environment: production
WARNING: This is a development server. Do not use it in a production deployment.
Use a production WSGI server instead.
* Debug mode: off
INFO:werkzeug: * Running on http://127.0.0.1:5000/ (Press CTRL+C to quit)

图 8-2

图 8-3

打开浏览器（本例使用的浏览器是 Chrome 84.0.4147.135，64 位正式版），通过上述接口对两张图片进行预测。

- 对猫的图片进行预测：在浏览器地址栏中输入“http://127.0.0.1:5000/predict/1.jpg”，返回结果如图 8-4 所示。

127.0.0.1:5000/predict/1.jpg

预测这张图片是猫的概率为: 0.5460；狗的概率为: 0.4540。

图 8-4

- 对狗的图片进行预测：在浏览器地址栏中输入“http://127.0.0.1:5000/predict/2.jpg”，返回结果如图 8-5 所示。

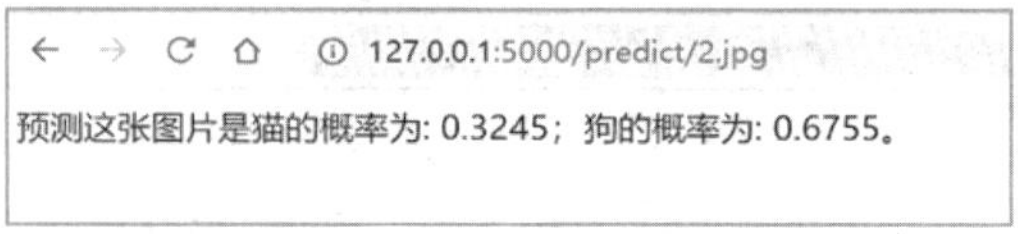

← → C ⌂ ⓘ 127.0.0.1:5000/predict/2.jpg

预测这张图片是猫的概率为: 0.3245； 狗的概率为: 0.6755。

图 8-5

从预测结果可知，模型 dog_cat_cls_2.h5 对猫与狗的预测样本均预测正确，对狗的预测样本的预测准确度要高一些。

这是一个简单的示例程序，读者可以基于这个方法扩展思路，为第三方提供更为丰富的 API，其方式不限于 URL，也可以提供其他类型的 API。这些封装了深度学习模型的 API，可以作为 SaaS 服务集成在任意平台中。

8.2.3 深度学习模型与 Web 应用协同工作

深度学习模型被封装后，除了可以对外提供接口服务，还可以与 Web 应用协同工作，接收从 Web 页面输入的数据，并将通过深度学习模型推理的结果返回 Web 应用。本节将通过一个简单的例子详细介绍这方面的实现方法，使用的模型仍然是 dog_cat_cls_2.h5。

为了简化操作，参与预测的依然是 image_pred 目录下的一张猫的图片（1.jpg）与一张狗的图片（2.jpg）。本例的代码文件与 image_pred 在同一个目录下，设计思路还是采用 8.2.2 节的方式封装 dog_cat_cls_2.h5 模型，利用 Flask 框架提供的功能响应第三方请求。第三方请求来自一个 Web 页面，通过 Python 封装的猫狗图片分类模型在 Flask 框架下进行预测，并将预测结果返回该 Web 页面。在与 Web 页面交互的过程中，使用基于 Python 的模板引擎 jinja2 实现对 Web 页面的转义。在这方面我们不需要做过多的配置，Flask 框架自动配置了 jinja2 模板引擎。jinja2 模板是一个文本文件，可以生成任何基于文本的格式，例如 HTML、XML、CSV、LaTeX 等。关于 jinja2 模板的更多信息，读者可以参考其官方资料①。

Flask 框架通过 render_template 方法实现 jinja2 模板，过程比较简单，只要将模板名称和将相关运行结果（本例是对猫和狗的图片的预测结果）传递给模板的变量即可。Flask 框架在一个名为 templates 的目录下寻找 render_template 方法中已经定义的模板名称。

本例的模板是一个 Web 页面，文件名为 page.html。在本例程序文件的同级目录下新建

① 链接 8-3。

一个 templates 目录，并将 page.html 文件放在该目录下，这样 render_template 方法就能找到 page.html 模板了。

dog_cat_cls_2.h5 模型封装及 Flask 相关代码（文件名为 03_Image_Predict_Page.py），具体如下。

```
# 导入所需资源包
import tensorflow as tf
from tensorflow.keras import models,preprocessing
from flask import Flask,request,render_template

# 1、加载猫狗图片分类模型
image_pred = models.load_model('dog_cat_cls_2.h5')

# 2、定义 Flask 实例
app = Flask(__name__)

image_size = (180, 180)

# 3、使用 route 装饰器将函数 pred_img 绑定到 URL
@app.route('/pred',methods=['GET','POST'])
def pred_img():

    if request.method == 'POST':
       img = str(request.form['image'])

       img = preprocessing.image.load_img('image_pred/' + img + '.jpg',
                                          target_size=image_size)
       img_array = preprocessing.image.img_to_array(img)
       img_array = tf.expand_dims(img_array, 0)

       # 进行预测
       predictions = image_pred.predict(img_array)
       score = predictions[0]
       # 组装预测结果
       pred_output = '预测这张图片是猫的概率为：%.4f；狗的概率为：%.4f。'
                   % (1-score,score)
       # 将预测结果推送给模板参数
       return render_template('page.html',output=pred_output)
    # 返回模板
    return render_template('page.html')

# 4、启动 Flask 实例
```

```
if __name__ == '__main__':
    app.run()
```

Flask 的路由功能将函数 pred_img 绑定到实例 http://127.0.0.1:5000/pred，并通过模板的 render_templates 方法与 page.html 进行交互。page.html 的代码如下。

```
<!DOCTYPE html>
<html>
<head>
    <meta charset="utf-8" />
    <title>Using Model</title>
    <meta name="viewport" content="width=device-width, initial-scale=1">
</head>
<body>
    <form method="post">
        <label for="image">请输入预测图片:</label>
        <input name="image" id="image" style="width: 50%" required>
        <input type="submit">
    </form>
    <!-- jinja2 语法 -->
    {% if output is defined %}
        <p>预测结果:</p>
        <span>{{ output }}</span>
    {% endif %}
</body>
</html>
```

这里使用 jinja2 定义了一个 output 参数，这个参数在 pred_img 函数中被赋予了猫狗图片分类模型对输入图片的预测结果。正如前面所述，该结果将通过 render_templates 方法返回 page.html。

通过 Spyder 运行 03_Image_Predict_Page.py 程序，打开 Chrome 浏览器（版本与 8.2.2 节相同），在地址栏中输入“http://127.0.0.1:5000/pred”，如图 8-6 所示。

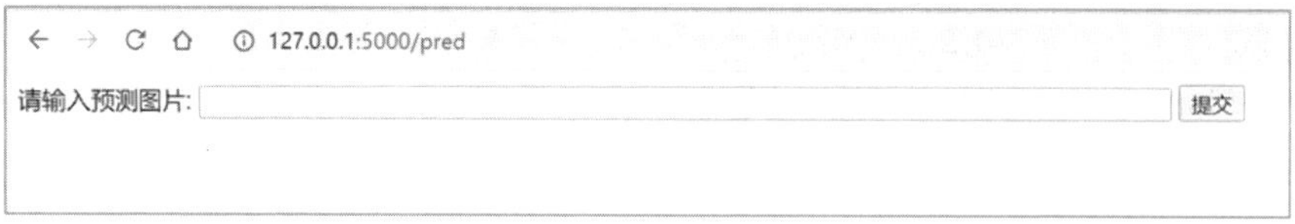

图 8-6

在输入框中输入猫的图片的主文件名“1”，如图 8-7 所示。

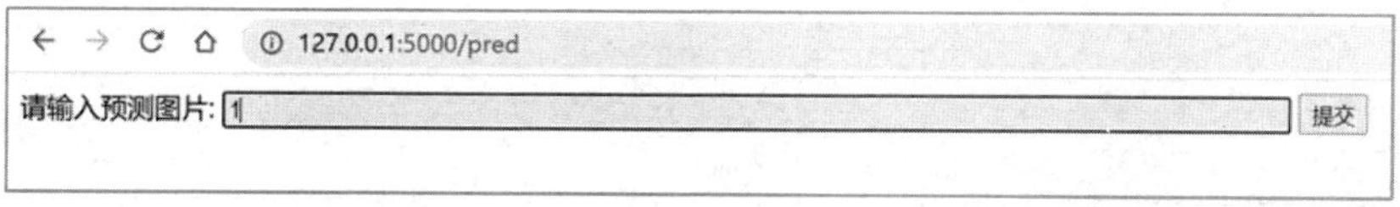

← → C ⌂ ⓘ 127.0.0.1:5000/pred

请输入预测图片: 1 提交

图 8-7

单击“提交”按钮，获得预测结果，如图 8-8 所示。

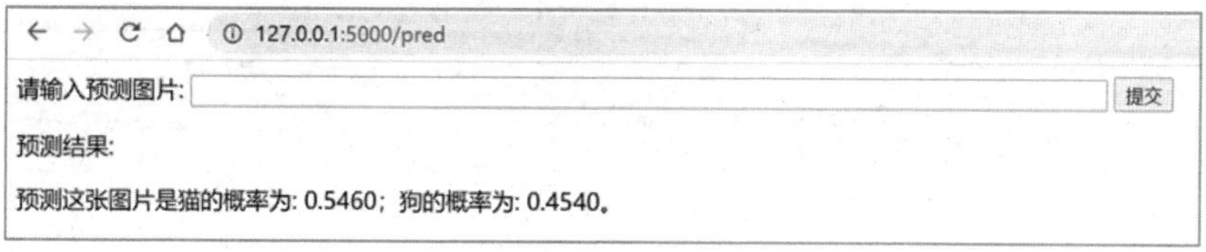

← → C ⌂ ⓘ 127.0.0.1:5000/pred

请输入预测图片: 提交

预测结果:

预测这张图片是猫的概率为: 0.5460；狗的概率为: 0.4540。

图 8-8

如果输入狗的图片的主文件名，预测结果如图 8-9 所示。

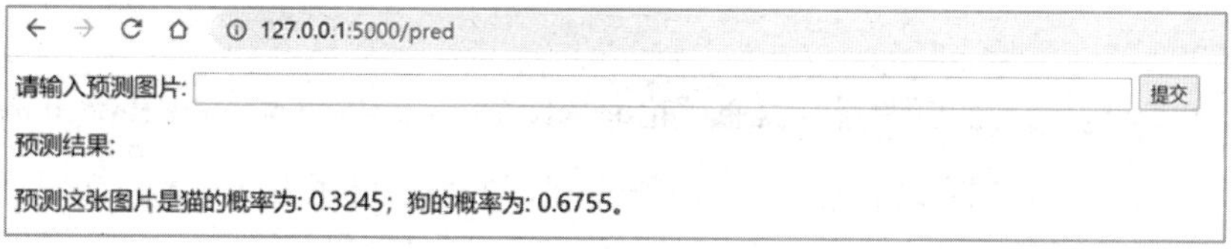

← → C ⌂ ⓘ 127.0.0.1:5000/pred

请输入预测图片: 提交

预测结果:

预测这张图片是猫的概率为: 0.3245；狗的概率为: 0.6755。

图 8-9

至此，我们完成了一个将深度学习模型部署到 Web 的简单示例。该模型也可以与 C/S 模式的应用、移动端应用集成，提供商业级的服务。

8.3 基于 TFX 的部署实践

TensorFlow 框架提供了一个将模型从研发环境部署到生产环境的功能强大的平台。本节将详细介绍在 TFX 平台上部署组件的工作原理及相关实践。

8.3.1 TensorFlow Serving 服务模型

TensorFlow Serving 是 TensorFlow 提供的 TFX（TensorFlow Extended）平台的一个重要的组件，是专门为生产环境设计的。TFX 与机器学习模型集成，构成了灵活、高性能、可扩展的服务系统，提供了丰富的服务器 API 和 REST 客户端 API，其工作流程如图 8-9 所示。

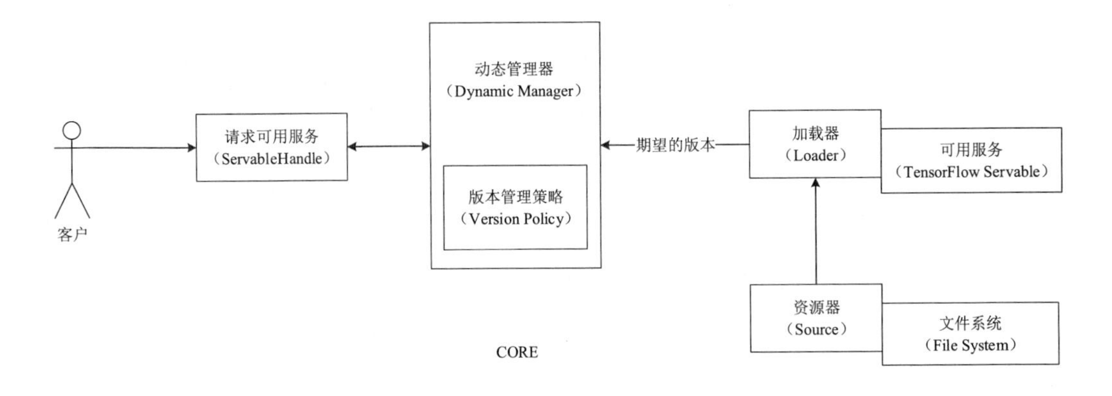

图 8-9

概括来说，资源器通过文件系统为所有可用服务创建加载器，加载器将客户期望的可用服务版本提供给动态管理器，动态管理器根据版本管理策略将请求的可用服务加载并提供给客户端。

TensorFlow Serving 的资源器可以通过轮询文件系统或 RPC（Remote Procedure Call，远程过程调用）之类的机制发现任意存储系统中的可用服务。可用服务是客户端用于进行计算的基础对象，例如查找模型、利用模型进行推理等。TensorFlow 服务将模型表示为一个或多个可用服务（当然，可用服务也可以作为模型的一部分）。加载器管理着可用服务的生命周期，用于对加载或卸载可用服务的 API 进行标准化，提供规范化的服务。动态管理器尝试满足客户端对可用对象的请求，通过版本策略确定要采取的下一个操作，该操作可能是卸载以前加载的版本，也可能是加载新版本。版本策略则规定了每个可用服务的版本加载和卸载顺序，包括可用性保留策略（Availability Preserving Policy）和资源保留策略（Resource Preserving Policy）。可用性保留策略能够避免加载零版本，也就是说，应在卸载旧版本之前加载新版本。资源保留性策略则能够避免同时加载两个版本，也就是说，应在加载新版本之前卸载旧版本。TensorFlow Serving CORE 用于协调资源器、加载器、可用服务、动态管理器的运行。

在了解了 TensorFlow Serving 的基本原理后，就可以开始部署深度学习模型了。

8.3.2　基于 TensorFlow Serving 与 Docker 部署深度学习模型

我们还是以基于 Xception 架构训练的猫狗图片分类模型（dog_cat_cls_2.h5）为例，详细剖析 TensorFlow Serving 部署模型的过程。在本例中，将在 Windows 10 64 位专业版操作系统上，通过 Docker 容器完成此项任务（使用的 Docker 安装文件是 Docker_Desktop_2.1.0.5_Installer.exe）。

第一步是安装 Docker。在安装 Docker 之前，需要运行 Hyper-V。如果无法运行 Hyper-V，则要将下面的代码保存在 hyper-v.cmd 文件里。

```
pushd "%~dp0"
dir /b %SystemRoot%\servicing\Packages\*Hyper-V*.mum >hyper-v.txt
for /f %%i in ('findstr /i . hyper-v.txt 2^>nul') do dism /online /norestart
/add-package:"%SystemRoot%\servicing\Packages\%%i"
del hyper-v.txt
Dism /online /enable-feature /featurename:Microsoft-Hyper-V-All /LimitAccess /ALL
```

然后，以管理员的身份运行 hyper-v.cmd。完成后，在“控制面板”的“程序”→“启用或关闭 Windows 功能”中勾选 Hyper-V 选项，以管理员身份运行下面的代码。

```
REG ADD "HKEY_LOCAL_MACHINE\software\Microsoft\Windows NT\CurrentVersion" /v
EditionId /T REG_EXPAND_SZ /d Professional /F
```

环境准备好后，双击 Docker_Desktop_2.1.0.5_Installer.exe，运行安装程序，直到安装结束。除了安装过程中需要使用操作系统的登录密码进行授权，其他选项保持默认设置即可。安装成功后，在 DOS 环境下执行“docker version”命令，可以查看相关信息。

启动 Docker 后，在 Windows 快捷菜单栏中将出现 Docker 的图标，如图 8-10 所示。需要特别说明的是，如果要让 Docker 在 CPU 上运行，就需要 CPU 支持虚拟化（本例在 CPU 上运行），设置方式是：重启计算机，进入 BIOS，找到“Configuration”或“Security”选项，选择“Virtualization”或“Intel Virtual Technology”选项，退出，再次重启计算机。

第二步是获得最新版本 TensorFlow Serving 的 Docker 镜像。执行如下命令，即可安装 TensorFlow Serving 的最小 Docker 镜像。

```
docker pull tensorflow/serving
```

```
管理员: Windows PowerShell
Windows PowerShell
版权所有 (C) Microsoft Corporation。保留所有权利。

尝试新的跨平台 PowerShell https://aka.ms/pscore6

PS C:\WINDOWS\system32> docker version
Client: Docker Engine - Community
 Version:           19.03.5
 API version:       1.40
 Go version:        go1.12.12
 Git commit:        633a0ea
 Built:             Wed Nov 13 07:22:37 2019
 OS/Arch:           windows/amd64
 Experimental:      false

Server: Docker Engine - Community
 Engine:
  Version:          19.03.5
  API version:      1.40 (minimum version 1.12)
  Go version:       go1.12.12
  Git commit:       633a0ea
  Built:            Wed Nov 13 07:29:19 2019
  OS/Arch:          linux/amd64
  Experimental:     false
 containerd:
  Version:          v1.2.10
  GitCommit:        b34a5c8af56e510852c35414db4c1f4fa6172339
 runc:
  Version:          1.0.0-rc8+dev
  GitCommit:        3e425f80a8c931f88e6d94a8c831b9d5aa481657
 docker-init:
  Version:          0.18.0
  GitCommit:        fec3683
PS C:\WINDOWS\system32>
```

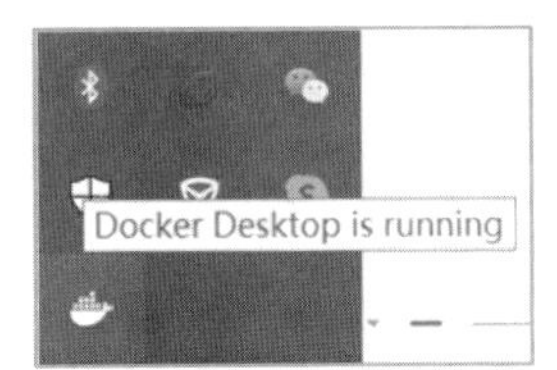

图 8-10

运行 Docker 容器，将容器的端口发布到主机的端口，然后将主机路径设置为模型中需要使用 SaveModel 方法的容器的位置，示例如下。

```
docker run -p 8501:8501 --mount
type=bind,source=/path/to/my_model/,target=/models/my_model -e
MODEL_NAME=my_model -t tensorflow/serving '&'
```

上述命令中的参数说明如下。

- -p：指定主机到 Docker 容器的端口映射。
- --mount：说明 Docker 将挂载一个 TensorFlow Serving 容器，这个容器里有可用服务，例如机器学习（含深度学习）模型。
- type：指定挂载的类型。bind 方式是将前一个目录挂载到后一个目录上，即所有对后一个目录的访问都是对前一个目录的访问。
- source：指定 mount 挂载的源地址，即将要部署深度学习模型的地址。这里的模型，必须是 TensorFlow 特有的 SaveModel 格式的模型，即通过 tf.saved_model.save 方法保存的模型。其格式如下。

```
- dog_cat_cls_example（模型名称）
  - 20200903（模型版本）
    - assets
    - variables
      - variables.data-00000-of-00001
      - variables.index
    - saved_model.pb（TensorFlow 自有的 SavedModel pb 模型格式）
```

- target：说明将深度学习模型挂载到 Docker 容器中的位置，即模型的目标位置，默认设置是将模型挂载到 models 目录下。
- -e：说明环境变量。
- MODEL_NAME：说明模型的名称。
- -t：说明将模型挂载到哪个容器，通常挂载到 tensorflow/serving 容器。
- '&'：说明在后台运行。

在这里，启动了一个 Docker 容器，它将 REST API 端口 8501 发布到主机端口 8501，将 gRPC API 端口发布到主机端口 8500，同时通过参数 MODEL_NAME 将一个名为 my_model 的模型绑定到默认的模型基本路径，如图 8-11 所示。

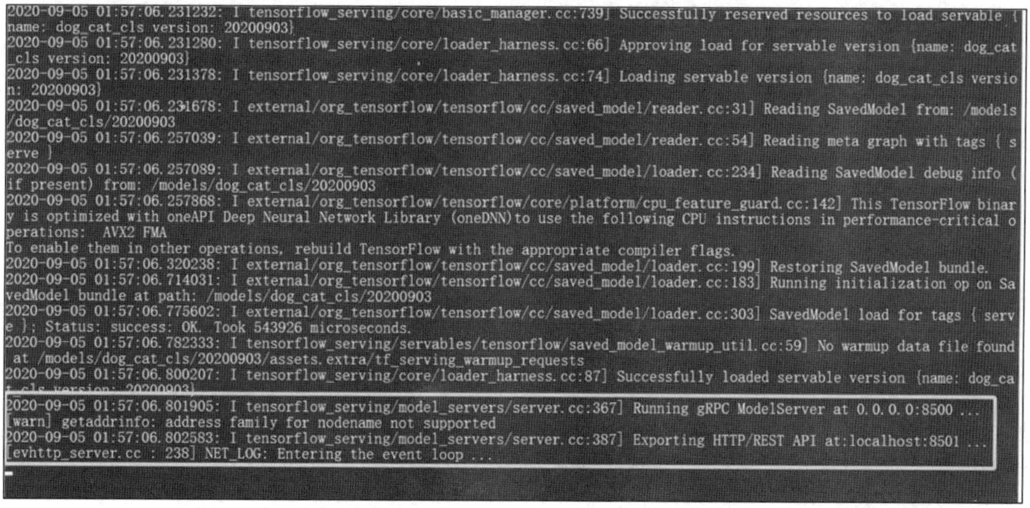

```
2020-09-05 01:57:06.231232: I tensorflow_serving/core/basic_manager.cc:739] Successfully reserved resources to load servable {
name: dog_cat_cls version: 20200903}
2020-09-05 01:57:06.231280: I tensorflow_serving/core/loader_harness.cc:66] Approving load for servable version {name: dog_cat
_cls version: 20200903}
2020-09-05 01:57:06.231378: I tensorflow_serving/core/loader_harness.cc:74] Loading servable version {name: dog_cat_cls versio
n: 20200903}
2020-09-05 01:57:06.231678: I external/org_tensorflow/tensorflow/cc/saved_model/reader.cc:31] Reading SavedModel from: /models
/dog_cat_cls/20200903
2020-09-05 01:57:06.257039: I external/org_tensorflow/tensorflow/cc/saved_model/reader.cc:54] Reading meta graph with tags { s
erve }
2020-09-05 01:57:06.257089: I external/org_tensorflow/tensorflow/cc/saved_model/loader.cc:234] Reading SavedModel debug info (
if present) from: /models/dog_cat_cls/20200903
2020-09-05 01:57:06.257868: I external/org_tensorflow/tensorflow/core/platform/cpu_feature_guard.cc:142] This TensorFlow binar
y is optimized with oneAPI Deep Neural Network Library (oneDNN)to use the following CPU instructions in performance-critical o
perations:  AVX2 FMA
To enable them in other operations, rebuild TensorFlow with the appropriate compiler flags.
2020-09-05 01:57:06.320238: I external/org_tensorflow/tensorflow/cc/saved_model/loader.cc:199] Restoring SavedModel bundle.
2020-09-05 01:57:06.714031: I external/org_tensorflow/tensorflow/cc/saved_model/loader.cc:183] Running initialization op on Sa
vedModel bundle at path: /models/dog_cat_cls/20200903
2020-09-05 01:57:06.775602: I external/org_tensorflow/tensorflow/cc/saved_model/loader.cc:303] SavedModel load for tags { serv
e }; Status: success: OK. Took 543926 microseconds.
2020-09-05 01:57:06.782333: I tensorflow_serving/servables/tensorflow/saved_model_warmup_util.cc:59] No warmup data file found
 at /models/dog_cat_cls/20200903/assets.extra/tf_serving_warmup_requests
2020-09-05 01:57:06.800207: I tensorflow_serving/core/loader_harness.cc:87] Successfully loaded servable version {name: dog_ca
t_cls version: 20200903}
2020-09-05 01:57:06.801905: I tensorflow_serving/model_servers/server.cc:367] Running gRPC ModelServer at 0.0.0.0:8500 ...
[warn] getaddrinfo: address family for nodename not supported
2020-09-05 01:57:06.802583: I tensorflow_serving/model_servers/server.cc:387] Exporting HTTP/REST API at:localhost:8501 ...
[evhttp_server.cc : 238] NET_LOG: Entering the event loop ...
```

图 8-11

TensorFlow Serving 对外提供如下两种接口服务。

- gRPC API 接口服务：默认端口为 8500，使用 HTTP/2 协议，有 POST 与 GET 两种请求方式。
- REST API 接口服务：默认端口为 8501，使用 HTTP/1 协议。除了 POST 与 GET 请求方式，还有 PUT、DELETE 等多种请求方式。

第三步，将猫狗图片分类模型 dog_cat_cls_2.h5 转换为 TensorFlow 特有的 SavedModel 模型 dog_cat_cls_example，然后将该模型装载到 TensorFlow Serving 容器中。模型转换代码如下。

```
import tensorflow as tf
from tensorflow.keras import models

# 1、加载猫狗图片分类模型
model = models.load_model('dog_cat_cls_2.h5')
# 2、将模型 dog_cat_cls_2.h5 转换为 SavedModel 模型，模型的版本号为 20200903
tf.saved_model.save(model,'dog_cat_cls_example/20200903')
```

进入 Windows PowerShell（Windows 管理员的 DOS 界面）操作窗口，通过“docker ps”命令查看 TensorFlow Serving 所在的容器名称，本例为 nervous_newton（容器名称是随机生成的，有可能会变化），然后将 dog_cat_cls 模型复制到 nervous_newton 的 models 目录下，命令如下。

```
docker cp ./chapter08/dog_cat_cls_example nervous_newton:/models/
```

进入 nervous_newton 容器，查看是否复制成功，示例如下。

```
docker exec -it nervous_newton bash
cd models
ll
```

如果能列出 dog_cat_cls_example 模型，则说明复制成功。

第四步，启动 Docker 容器，部署 dog_cat_cls_example 模型，示例如下。

```
docker run -p 8502:8502 --mount
type=bind,source=E:\other\standard\article\tf\chapter08\dog_cat_cls_example,
target=/models/dog_cat_cls_example -e MODEL_NAME=dog_cat_cls_example -t
tensorflow/serving '&'
```

如果出现如图 8-11 所示的窗口，则说明启动成功；否则，应根据错误提示，排查并纠正错误。

现在，就可以通过浏览器或 Windows 的 DOS 系统访问 TensorFlow Serving 提供的 REST API 与 gRPC API 了。

第五步，访问 TensorFlow REST API，获得该模型的相关信息，例如模型的版本、状态等信息。访问方式如下。

- URL：http://localhost:8502/v1/models/dog_cat_cls_example。
- DOS：curl http://localhost:8502/v1/models/dog_cat_cls_example。

执行结果如下。

```
C:\>curl http://localhost:8501/v1/models/dog_cat_cls_example
{
 "model_version_status": [
  {
   "version": "20200903",
   "state": "AVAILABLE",
   "status": {
       "error_code": "OK",
       "error_message": ""
   }
  }
 ]
}
```

使用 dog_cat_cls_example 模型进行推理，依然用“1”表示猫的图片，用“2”表示狗的图片。

对猫的图片（1.jpg）进行预测，结果如下。

```
curl -d '{"instances": [1]}' -X POST
http://localhost:8501/v1/models/dog_cat_cls_example:predict
{
   "predictions": [0.5460]
}
```

对猫的图片的预测得分为 0.5460。

对狗的图片（2.jpg）进行预测，结果如下。

```
curl -d '{"instances": [2]}' -X POST
http://localhost:8501/v1/models/dog_cat_cls_example:predict
{
```

```
  "predictions": [0.6755]
}
```

对狗的图片的预测得分为 0.6755。

本例演示了如何通过 URL 或 DOS 系统调用 TensorFlow Serving 提供的接口。在实际工作中，可以根据具体情况，通过第三方系统的相关开发语言（例如 C/C++、Java、Python 等）调用 TensorFlow Serving 提供的接口。

第 9 章　回顾与展望

回看射雕处，千里暮云平。

——《观猎》　王维

从涵盖的学科和技术的角度看，人工智能是一个涉及面很广的领域。马文·明斯基将人工智能定义为“让机器来完成那些如果由人来做则需要智能的事情的科学”。机器学习是人工智能的一个子领域，是实现人工智能的一种方法。深度学习是机器学习的一种实践，目前是实现机器学习的最佳实践。深度学习最大的特点是能自主学习数据的特征，然后根据学习到的特征进行数据推理并预测结果，目前在人工智能的感知智能领域独领风骚。

9.1　神经网络的架构

本书主要介绍了机器学习自主学习数据特征的三类网络，即全连接网络、卷积神经网络与循环神经网络。这三类网络面对的都是有一定规则的欧氏数据。

全连接网络是一种密集连接的神经网络，是一种全局学习模式，通过 Dense 层堆叠而成，擅长处理 1D 向量数据。本书详细介绍了使用全连接网络解决灰度图片分类、序列数据分类、标量回归等任务的方法。全连接网络的缺点是由于其稠密连接特性导致的无法构造复杂的规模化的网络模型（规模化网络拓扑结构参数量过大，难以训练），这限制了全连接网络在计算机视觉、自然语言处理方面的深度应用。但是，在利用卷积神经网络或循环神经网络解决分类问题时，全连接网络通常作为分类器使用，在回归问题中也不乏其身影。

卷积神经网络虽然没有记忆功能，但能够很好地学习到与空间维度相关的计算机视觉数据的空间特征。卷积神经网络巧妙地利用了空间维度上的局部相关性与权值共享的机制，有效地解决了全连接网络的性能问题。在硬件设备（AI 专有服务器及 GPU、FPGA、ASIC 等芯片技术的成熟与兴起）和大数据的加持下，卷积神经网络已然成为解决计算机视觉相关问题的主流方法，并衍生了很多有特色的卷积神经网络模型。这些模型在各类相关的国际比赛中大放异彩，在计算机视觉领域的实际工程应用中为深度学习扛起了一面大旗。

循环神经网络有记忆功能，能够有效地学习到与时间维度相关的序列数据的特征，在全局语义与权值共享思想的指导下，大大提高了循环神经网络模型的训练效率。另外，循环神经网络通过门控机制有效解决了学习长序列时的短时记忆问题，已经成为语音处理（或者说计算机听觉领域）主要采用的网络模型。

虽然卷积神经网络与循环神经网络在各自的领域表现突出，但有时将这两种网络混合在一起，利用其各自所长解决某些特定的问题，会产生意想不到的效果。例如，使用一维卷积网络与循环神经网络解决对时间不敏感的长序列相关问题，就是一个比较好的实践。其实，本书中的大多数示例都采用了混合网络结构，例如 CNN+Dense、RNN+Dense、Conv1D+GRU 等。

9.2 构建神经网络模型的流程与实践

构建一个神经网络模型，包括如下步骤。

- 确定要解决的问题，也就是我们想通过深度学习做什么。深度学习主要解决三类问题，即分类、回归与聚类，并要深入分析问题所处的应用场景。问题所处的应用场景非常重要。在目前深度学习的技术背景下，基于场景的模型开发是一个良好的实践，能让深度学习模型具有较强的泛化能力。
- 准备数据与数据预处理，即针对要解决的问题，准备相应的数据，包括训练数据、验证数据、测试数据。这三类数据的任务不同：训练数据负责训练模型并让模型获得合适的模型参数；验证数据负责验证模型的拟合能力以及让模型获得合适的超参数；测试数据则负责验证模型的泛化能力。这三类数据应遵循独立同分布假设，而且应与具体的业务场景相关。此外，根据选择的算法，可能需要对数据进行标注。样本张量化与标准化操作是数据预处理的主要任务，在这个阶段必须要防止数据污染问题。对于训练数据比较少的情况，可以考虑使用数据增强技术来扩大数据规模，也可以考虑使用预训练模型。数据集可以通过数据生成器来构建。此外，tf.keras.preprocessing 提供了 image_dataset_from_directory、text_dataset_from_directory 等函数，从磁盘目录中读取文件，构建自定义的训练集、验证集与测试集。

- 构建神经网络模型：本书介绍了两种构建神经网络模型的方法，分别是使用 Sequential 方法构建层线性堆叠模型、使用函数式 API 方法构建复杂模型。Sequential 方法采用逐层堆叠各种类型的网络层的方式建立网络，使网络模型具有线性拓扑结构。这种拓扑结构只能处理单输入单输出任务，因此在工程实践中使用范围有限，更多的是通过函数式 API 方法构建模型。通过函数式 API 方法，可以构建任何复杂的网络模型，以适配各种商业应用中的实际任务。理论上，函数式 API 方法可以实现任何多输入多输出模型，可以方便地实现从层到层图再到模型级的共享，还可以构建任何复杂的非线性网络拓扑结构，是在网络层层面优化模型结构、提高模型性能的基础。在构建模型时，需要指定网络层使用什么激活函数。在深度学习中使用激活函数的主要目的是让网络具有非线性因素，以提高模型拟合复杂函数的能力。在隐层常用的激活函数是 ReLU。在分类任务中，输出层多使用 Sigmoid 与 Softmax 函数，前者常用在二分类与单标签多分类任务中，后者常用在多标签多分类任务中。
- 编译模型：其任务是有效地训练模型，进行相关配置。主要包括三个方面：训练模型时使用哪种优化器及优化器的学习率是多少；使用哪种损失函数；使用哪种类型的指标来评价模型的性能。在多输出模型中，通常是一个损失函数与性能评价指标的列表，不同的输出可以有不同的损失函数与评价指标。此外，一个输出也可以用多个评价指标来进行性能评价。常用的优化器是 RMSProp，二分类任务使用的损失函数通常为 binary_crossentropy，多分类任务使用的损失函数通常为 categorical_crossentropy、sparse_categorical_crossentropy。MSE、MAE 多用在标量回归或向量回归中。
- 训练模型：fit 是训练模型的主要方法，它通过循环迭代数据集，让模型自主学习样本的特征。模型的训练与验证同时进行：训练的目的是让构建的模型获得合理的模型参数；验证的目的是判断模型拟合能力的强弱，并基于损失值通过优化器让模型获得合适的超参数，试图使模型具备良好的泛化能力。fit 方法的重要参数包括 epochs、

batch_size、validatioin_data、validation_split，在训练之前需要指定。监控、跟踪、干预网络模型的 fit 过程，可以通过 callbacks 参数调用内置的回调函数或自定义回调函数实现，调用时机包括每个 epoch 前后、每个 batch 前后、fit 的全局过程中（为模型调优提供了分析数据）。模型训练完成后，将返回一个 history 对象，这个对象包含每个 epoch 的训练损失值、训练度量值、验证损失值、验证度量值。

- 测试模型：利用测试数据集，使用 evaluate 方法对模型的性能进行评估。执行 evaluate 方法需要指定测试集（测试样本及样本所对应的标签），它也是按批次进行模型评估的，batch_size 的默认值为 32，也可以显式指定。evaluate 方法也提供了 callbacks 参数用于调用回调函数，可以在 evaluate 方法执行前后、每个 batch 执行前后通过回调函数跟踪或干预模型的评估情况。在 evaluate 方法执行后，将返回评估的损失值与度量值。模型的泛化能力是通过 predict 方法实现的。检验模型的泛化能力，也可以使用测试集，但最好使用测试集以外的生产环境中的数据，以使泛化能力更具广泛性与普适性。predict 方法为输入的样本生成一个预测结果并输出。类似于 evaluate 方法，predict 方法也是以 batch 方式执行的，batch_size 的默认值为 32，也可以根据需要设定，其回调函数的使用方法与 evaluate 方法类似。
- 保存模型：在模型的训练过程中，使用回调函数保存模型，既是一个良好的习惯，也是一项优秀的、值得推荐的实践。当然，也可在训练结束后保存模型。本书介绍了多种保存模型的方法，既可以只保存模型参数，也可以将模型参数与模型结构同时保存下来，供后续使用。Save 方法将模型的结构与参数保存在同一个文件中，不需要使用网络资源文件就可以恢复。SaveModel 方法与 Save 方法类似，是 TensorFlow 提供的模型保存方法，具有平台无关性。save_weights 方法只保存模型的参数，在恢复时需要使用与训练时相同的资源文件。
- 使用模型：通过 load_model 方法或 load_weights 方法恢复模型。load_model 方法适用于通过 Save 方法与 SaveModel 方法保存的模型。load_weights 方法适用于通过 save_weights 方法保存的模型。通过 SaveModel 方法保存的模型文件，也可以使用 tf.saved_model.load 函数加载。恢复后的模型，可以继续训练或用于二次开发。

以上介绍的是一个相对通用的构建深度学习模型的流程。在此基础上，本书通过分析示例代码的方式介绍了深度学习的一些高阶实践，包括如何使用函数式 API 方法实现层共享、层图共享、模型共享（模型嵌套与装配），如何构建卷积神经网络与循环神经网络协同解决任务的混合网络模型。本书还详细介绍了经典的网络模型，例如 VGG16、VGG19、Inception V3、Xception、ResNet50，以及它们在生成式深度学习、预训练网络等方面的应用。在自然语言处理方面，本书讨论了预训练词嵌入在序列数据中的实践，同时介绍了防止过拟合的一些常用方法，以及如何通过构造自定义回调函数跟踪、干预模型的学习过程。

9.3　深度学习的局限性与展望

虽然深度学习在感知智能的实际应用中获得了巨大的成功，并引领了人工智能的第三次浪潮，但也有其局限性与脆弱性。

深度学习的局限性主要表现在我们多次提到的深度学习模型的泛化能力上。我们要求训练集、验证集、测试集遵循独立同分布假设并希望实现训练样本的规模化，这说明：模型的预测或推理能力只在模型已经看到的样本上表现良好，而且，看到的样本越多，有可能表现得越好。深度学习学到的只是从输入到输出的映射，这是一种局部泛化现象，对没有见过的内容几乎一无所知——哪怕被预测的内容与模型看到过的样本存在某些必然的、内在的逻辑关系。另外，局部泛化还表现在业务场景中：同一个目标在不同的业务场景中，深度学习模型可能表现迥异，从而较好地适配训练样本所在的业务场景。这与人类的认知不一样：首先，人类的认知过程不需要大量样本，也不需要像深度学习一样进行密集采样；其次，认知的场景具有无关性，即人类的大脑可以通过少量或极少量样本进行抽象建模，并结合已有知识，基于抽象模型实现理解、解释、规划、推理、演绎、归纳等泛化能力。

深度学习对训练样本非常敏感，样本的质量，包括样本的标注质量，将直接影响模型的性能——这是深度学习模型脆弱性最直接的表现。例如，在模型的训练过程中，我们可以使用与第 8 章介绍的生成式深度学习实践类似的做法，在模型学习目标的高层特征时人为添加错误特征（这种样本称为对抗样本），有效地实现对深度学习模型的欺骗，从而影响模型的预测性能，甚至使模型作出错误的预测。

尽管如此，我们也不可否认，深度学习在感知智能上取得了巨大的成功，它已经或即将给很多行业带来深刻的变化。人类已经进入智能化时代，计算机技术的使命是尽可能释放人类的脑力，让我们在享受智能化带来的便利的同时，更多地进行创造性的、富有人类情感的活动。在这个过程中，深度学习正在发挥积极的作用。但是，从感知智能到认知智能，深度学习还有很长的路要走，正是——

“路漫漫其修远兮，吾将上下而求索。”